蛋鸭高效益养殖与
产品加工技术

陈宗刚　孙国梅　编著

科学技术文献出版社
SCIENTIFIC AND TECHNICAL DOCUMENTATION PRESS

·北京·

图书在版编目(CIP)数据

蛋鸭高效益养殖与产品加工技术/陈宗刚,孙国梅编著.—北京:科学技术文献出版社,2013.7
ISBN 978-7-5023-7912-4

Ⅰ.①蛋… Ⅱ.①陈… ②孙… Ⅲ.①蛋鸭-饲养管理 Ⅳ.①S834

中国版本图书馆 CIP 数据核字(2013)第 101646 号

蛋鸭高效益养殖与产品加工技术

策划编辑:孙江莉 责任编辑:孙江莉 责任校对:赵文珍 责任出版:张志平

出　版　者	科学技术文献出版社
地　　　址	北京市复兴路 15 号　　邮编 100038
编　务　部	(010)58882938,58882087(传真)
发　行　部	(010)58882868,58882874(传真)
邮　购　部	(010)58882873
官方网址	http://www.stdp.com.cn
发　行　者	科学技术文献出版社发行　全国各地新华书店经销
印　刷　者	北京金其乐彩色印刷有限公司
版　　　次	2013 年 7 月第 1 版　2013 年 7 月第 1 次印刷
开　　　本	850×1168　1/32
字　　　数	204 千
印　　　张	9.75
书　　　号	ISBN 978-7-5023-7912-4
定　　　价	23.00 元

编　委　会

前　言

蛋鸭养殖是我国的一个传统和优势产业,近年来对鸭蛋和鸭产品的需求,无论是国内还是国际市场都呈大幅度增长态势,使越来越多的人把养鸭作为自己首选的致富项目。

但调查中发现,我国蛋鸭养殖目前还存在组织化程度低,资金投入不足,防疫意识不强、容易大规模发病等问题,这在一定程度上影响了蛋鸭养殖者的经济效益。为此,笔者组织了相关人员,到当地多家鸭养殖场(户)进行现场调研,并收集整理了各地先进的科研成果与技术,编成了本书,目的是让蛋鸭养殖场(户)掌握蛋鸭高效益养殖的新技术,获得更好的收益。

本书编写过程中,参阅了有关书籍及资料,在此谨向有关原作者表示衷心的感谢。由于作者水平有限,书中疏漏和错误之处恳请同行及广大读者批评指正。

编者

目　录

第一章　蛋鸭养殖概述

蛋鸭养殖是我国的一个传统和优势产业,近年来鸭蛋和鸭产品的需求无论是国内还是国际市场都呈大幅度增长态势,使养鸭规模不断扩大,越来越多的人通过蛋鸭养殖实现了脱贫致富。

第一节　鸭的生活习性

家鸭(图 1-1)起源于野鸭,因培育目的及饲养环境不同而产生了各类品种间的差异,但其外形、基本羽色和生活习性等仍保持了其祖先的许多特点。头大而圆,无冠和髯,喙长而扁平,上下腭边缘成锯齿状角质化突起;颈较长;体躯宽长,呈船形,前驱昂起;羽毛丰满、翅较小而复翼羽较长;公鸭有钩状性羽;尾短,尾脂腺发达,腿短,第 2、3、4 趾间有蹼;善游水,性胆怯,喜合群;嗜食动物性饲料;母鸭鸣叫响亮,公鸭声沙哑;羽色有与其祖先相似的麻雀羽以及白羽和黑羽等类型。

1. 喜水性

鸭善于在水中觅食、嬉戏和求偶交配。鸭的尾脂腺发达,能分泌含有脂肪、卵磷脂、高级醇的油脂,鸭在梳理羽毛时,常用喙压迫尾脂腺,挤出油脂,再均匀地涂抹于全身羽毛上,使羽毛不被水浸湿,从而起到隔水防潮、御寒的作用。

图 1-1　鸭(左:雄;右:雌)

鸭的交配通常是在水中进行的,但水面太窄、水质差时或无水面时,在陆地上或垫料(草)上也能正常交配。但是,鸭休息时不喜欢潮湿的环境,因为潮湿的栖息环境不利于鸭冬季保温和夏季散热,并且容易使鸭子腹部的羽毛受潮,加上粪尿污染,导致鸭的羽毛腐烂、脱落,对鸭生产性能的发挥和健康不利。

2. 合群性

鸭性情温驯,胆小易惊,只要有比较合适的饲养条件,不论鸭日龄大小,混群饲养都能和睦共处,争斗现象不明显。但在喂料时一定要让群内每只鸭都有充分的吃料位置,否则,将有一部分个体由于吃料不匀而消瘦。

3. 杂食性

鸭是杂食性动物,食谱比较广,很少有择食现象,再加之颈长灵活,又有良好的潜水能力,故能广泛采食各种动植物性食料。鸭的味觉不发达(味蕾数少),对饲料的适口性要求不高,凡无酸败和异味的饲料都会无选择地大口吞咽,对异物和食物无辨别能力,常把异物当成饲料吞食。

鸭的口叉深,食道大,能吞食较大的食团。鸭舌边缘分布有许多细小乳头,这些乳头与嘴板交错,具有过滤作用,使鸭能在水中捕捉到小鱼虾,并且有助于鸭对采食的饲料进行适当磨碎。鸭的肌胃发达,消化力也强,肌胃内经常贮存有沙粒帮助消化。

4. 耐寒怕热

成鸭的大部分体表覆盖着正羽,非常致密且多绒毛,保温性能很好,对寒冷有较强的抵抗力。研究表明,鸭脚骨的凝固点很低,北风呼啸、寒气逼人的严冬,鸭还常在水中嬉戏、觅食。只要饲料好,有充足的饮水,仍然能维持正常体重和产蛋。

相反,鸭对炎热环境的适应性差,羽毛对保温有利,但对散热不利,加之鸭无汗腺排汗散热,在气温超过25℃时散热较困难。但鸭像鸡一样有许多气囊,可用来加强和改善呼吸过程的散热,还可进入水中,通过传导散热,因而鸭的抗暑能力稍强于鸡。所以,在炎热的夏季,鸭只经常泡在水中活动才感到舒适,或在树阴下休息,觅食时间减少,采食量下降,产蛋量也有所下降。因此,在集约化养鸭场,多采用搭凉棚或悬挂遮阳网等方法来防暑降温。

5. 生活规律性

鸭的生活环境昼夜交替变化,受此影响鸭的某些习性也产生了与之相适应的昼夜变化规律。如果在生产中能顺应这种变化规律,实行规范化、科学化饲养,就能饲养管理好鸭群,降低饲养成本,有效提高蛋鸭的产蛋率,从而提高饲养效益。

(1)采食规律:自然光照下,鸭群在一昼夜内有 3 个采食高潮,分别在早晨、中午和晚上(一般来说,产蛋鸭傍晚采食多,不产蛋鸭清晨采食多,这与晚间停食时间长和形成蛋壳需要钙、磷等有关),因此早晚应多投料,需要给药或拌饲给药时,最好安排在鸭子采食高峰时进行。

(2)鸭产蛋的昼夜变化规律:蛋鸭产蛋大多集中在后半夜到黎明以前这段时间,通常不在白天产蛋。为提高产蛋率应做到晚上 10 时准时关灯,停止照明,以保证蛋鸭在次日 1~4 时的安静环境中产蛋;如发现鸭子产蛋普遍晚于 5 时,并且蛋头较小,说明其日粮中精料不足,要及时按标准增加精料;若鸭子在白天产蛋,则多是因饲料单一、营养不足,早上出舍过早或鸭舍内温度高、湿度大等恶劣环境所致。应有针对性地改善其饲养管理条件,并暂时推迟鸭子每天早上出舍时间(8 时)。

(3)鸭交配的昼夜变化规律:据报道,种鸭交配一般要选择早晨或傍晚,因此饲养专供孵化用种蛋的种鸭,要充分利用种鸭早上或晚上的交配高峰期让其进行交配,以提高种蛋受精率;生产商品蛋的蛋鸭,无此必要。

(4)酉时病的昼夜变化规律:酉时病是因鸭子于每天下午酉时(17~19 时)发病而得名。该病发作时鸭子剧烈骚动、快速聚堆,导致部分弱鸭被践踏致死,死亡率常达 20% 左右。此病是由于运输应激所致,所以应尽量减少鸭子远距离运输前后的各种应激。鸭子运输后数日内,于每天酉时前 1~2 小时在日粮中添加抗应激药物,以便及时制止酉时病发生。

(5)免疫应答的昼夜变化规律:据报道,家禽对免疫制剂(疫苗、菌苗等)敏感性的强弱呈昼夜周期性变化,白天敏感性差,免疫应答迟钝;夜间接近凌晨时,肾上腺素分泌最多,免疫应答最敏感。所以家禽(包括鸭、鹅、鸡)的免疫工作在凌晨时进行效果好。一是家禽夜间停止活动,容易捕捉,应激反应小;二是每天凌晨时进行接种可使其更快、更好地产生免疫力。

6. 无就巢性

禽类的就巢性(俗称"抱窝")是繁衍后代的生活习性,但鸭经过人类长期驯养、驯化和选种配种,已经丧失了这种本能,这样就延长了鸭产蛋的时间,而种蛋的孵化和雏鸭的养护就由人采用高效率的办法来完成。但生产实践中仍有一少部分鸭在日龄过大或气候炎热时出现就巢现象。

7. 抗病力强

鸭的祖先生活在水中,由于水源受到污染机会较多,鸭受疾病威胁较大。为了获得较好的抗病能力,鸭在漫长进化过程中,免疫器官如胸腺等退化较晚,这样就大大地增强了机体的抗病能力。所以鸭的抗病力较强,并且感染发病的疾病种类相对较少,注射疫苗后免疫效果较好。

8. 定巢性

鸭产蛋具有定巢性,第一个蛋产在什么地方,以后仍到什么地方产蛋,如果这个地方被别的鸭占用,则在门口站立等待而不进旁边空窝。由于排卵在产蛋后半小时左右,等待时间过长,延迟排卵,会减少产蛋量。因此,在开产前应设置足够的产蛋巢。

9. 其他

鸭喜食颗粒饲料,不爱吃过细的饲料和黏性饲料,有先天的辨色能力,喜采食黄色饲料,在多色饲槽中吃料较多,喜在蓝色水槽中饮水,愿饮凉水,不喜饮高于体温的水,也不愿饮黏度很大的糖水。

第二节 主要蛋鸭品种

我国是世界上蛋鸭品种资源最多的国家,其中饲养量最大和范围最广的蛋鸭品种是绍兴鸭、山麻鸭和金定鸭。

1. 绍兴鸭

绍兴鸭又称绍兴麻鸭、浙江麻鸭,原产地是浙江省绍兴县,目前分布遍及浙江省及全国各省,是我国优良的高产蛋鸭品种。

(1)体型外貌:根据毛色可分为红毛绿翼梢鸭和带圈白翼梢鸭两个类型。

红毛绿翼梢公鸭全身羽毛以深褐色为主。头至颈部羽毛均呈墨绿色,有光泽。镜羽亦呈墨绿色,尾部性羽墨绿色,喙、胫、蹼均为橘红色。母鸭全身以深褐色为主,颈部无白圈,颈上部褐色,无麻点。镜羽墨绿色,有光泽。腹部褐麻,无白色,虹彩褐色,喙灰黄色或豆黑色,蹼橘黄色,爪黑色,皮肤黄色。

带圈白翼梢公鸭全身羽毛深褐色,头和颈上部羽毛墨绿色,有光泽。母鸭全身以浅褐色麻雀羽为基色,颈中间有2～4厘米宽的白色羽圈。主翼羽白色,腹部中下部羽毛白色。虹彩灰蓝色,喙豆黑色,胫、蹼橘红色,爪白色,皮肤黄色。

(2)生产性能:成年体重 1.35～1.5 千克(公母鸭无明显差异)。开产日龄 135～145 天,年产蛋量一般群 260 枚左右,选育群可达 300～310 枚,平均蛋重 61～63 克。蛋壳为玉白色,少数为白色或青绿色。

2. 金定鸭

金定鸭属麻鸭的一种,又称绿头鸭、华南鸭,是福建传统家禽良种。

(1)体型外貌:体型较长,前躯高抬,公鸭胸宽背阔,头部和颈上部羽毛具有翠绿色光泽,无明显的白颈圈,前胸赤褐色,背部灰褐色,腹部灰白带深色斑纹,翼羽深褐有镜羽,尾羽黑褐色。母鸭身体细长,匀称紧凑,腹部丰满,全身羽毛呈赤褐色麻雀羽,背部羽毛从前向后逐渐加深,腹部羽毛较淡,颈部羽毛无黑斑,翼羽深褐色,有镜羽。公鸭和母鸭的喙黄绿色,虹彩褐色。胫、蹼橘红色,爪黑色。

(2)生产性能:成年体重公鸭 1.5~2.0 千克,母鸭 1.5~1.7 千克。母鸭 110~120 日龄开产,年产蛋量 240~260 枚,平均蛋重 70~72 克,蛋壳以青色为主。

3. 山麻鸭

山麻鸭是福建省优良小型蛋用鸭种。

(1)体型外貌:公鸭头中等大,颈秀长,眼圆大,胸较浅,躯干呈长方形;头颈上部羽毛为孔雀绿,有光泽,有白颈圈。前胸羽毛赤棕色,腹羽洁白。从前背至腰部羽毛均为灰棕色。尾羽、性羽为黑色。母鸭羽色有浅麻色、褐麻色、杂麻色三种。喙青黄色,胫、蹼橙红色,爪黑色。

(2)生产性能:成年体重 1.4~1.6 千克(公母相似)。见蛋日龄 110~130 天,年产蛋量 250 枚左右,平均蛋重 55 克。

4. 攸县麻鸭

攸县麻鸭又称攸县鸭,是我国体型最小的蛋用型品种,是湖南省著名的蛋用型地方鸭种。

(1)体型外貌:公鸭的头部和颈上部羽毛墨绿色,有光泽,颈中部有宽 1 厘米左右的白色羽圈,颈下部和胸部的羽毛红褐色,腹部灰褐色,尾羽墨绿色;喙青绿色,虹彩黄褐色,胫、蹼橘黄色,爪黑色。母鸭全身羽毛披褐色带黑斑的麻雀羽,群中深麻羽色者占 70%,浅麻羽色者占 30%。喙黄褐色,胫、蹼橘黄色,爪黑色。

(2)生产性能:成年体重公鸭 1.50 千克,母鸭 1.35 千克。母鸭 110 日龄左右开产,公鸭性成熟 100 天左右。年产蛋量 200～250 枚,平均蛋重 60 克,白壳蛋占 90%,青壳蛋占 10%。

5. 荆江麻鸭

荆江麻鸭是我国长江中游地区广泛分布的蛋用型鸭种。

(1)体型外貌:荆江麻鸭头清秀、颈细长、肩较狭、背平直、体躯稍长而向上抬起,喙石青色,胫、蹼橙黄色。全身羽毛紧密,眼上方长眉状白毛。公鸭头、颈部羽毛有翠绿色光泽,前胸、背腰部羽毛褐色,尾部淡灰色;母鸭头颈部羽毛多为泥黄色,背腰部羽毛以泥黄为底色上缀黑色条斑或浅褐色为底色上缀黑色条斑,群体中以浅麻雀色者居多。

(2)生产性能:成年体重公鸭为 1.34 千克,母鸭为 1.44 千克。母鸭约 100 日龄左右开产,年产蛋 214 枚,平均蛋重为 63 克,白壳蛋较大,青壳蛋小。

6. 三穗鸭

三穗鸭属蛋用型鸭种,耐粗饲,饲料利用能力强,是贵州省蛋用型地方鸭种。

(1)体型外貌:三穗鸭公鸭体躯稍长,胸部羽毛红褐色,颈中下部有白色颈圈,背部羽毛灰褐色,腹部羽色浅褐色,颈部及腰尾部披有墨绿色发光的羽毛。母鸭颈细长,体躯近似船形,羽毛以深褐色麻雀羽居多。翅上有镜羽。三穗鸭虹彩褐色,胫、蹼橘红色,爪黑色。

(2)生产性能:成年体重公鸭1.69千克,母鸭1.68千克。开产日龄110～130天,年产蛋量200～240枚,蛋重63～65克,蛋壳以白色为主,少数青色。

7. 连城白鸭(又称白鹜鸭)

连城白鸭是中国麻鸭中独具特色的小型白色变种,是全国唯一的药用鸭,是福建蛋用型地方鸭种。

(1)体型外貌:体躯狭长,头小,颈细长,前胸浅,腹部下垂,行动灵活,觅食力强,富于神经质。公、母鸭的全身羽毛均为白色,喙青黑色,胫、蹼灰黑色或黑红色。

(2)生产性能:成年体重公鸭1.4～1.5千克,母鸭1.3～1.4克。开产日龄为120～130天,年产蛋220～240枚,平均蛋重58克,白壳蛋占多数,少数青色。

8. 莆田黑鸭

莆田黑鸭是我国蛋用型品种中唯一的黑色羽品种,是福建省蛋用型地方鸭种。

(1)体型外貌:体型轻巧紧凑、行动灵活迅速。公、母鸭的全身羽毛都是黑色,喙墨绿色,胫、蹼黑色,爪黑色。公鸭头颈部羽毛有光泽,尾部有性羽,雄性特征明显。

(2)生产性能:成年体重公鸭1.68千克,母鸭1.34千克。母鸭开产日龄120天左右,年产蛋250～280枚,蛋重70克,壳色以白壳蛋居多。

9. 高邮鸭

高邮鸭是我国优良的兼用型麻鸭品种,是我国江淮地区良种,系全国三大名鸭之一,属蛋肉兼用型地方优良品种,以产双黄蛋著称。

(1)体型外貌：该品种背阔肩宽胸深，体躯长方形。公鸭头和颈上部的羽毛深绿色，有光泽，背、腰、胸部均为褐色芦花羽；腹部白色；臀部黑色。喙青绿色，喙豆黑色；虹彩深褐色；胫、蹼橘红色，爪黑色。母鸭全身羽毛褐色，有黑色细小斑点，如麻雀羽；主翼羽蓝黑色。喙青色，喙豆黑色；虹彩深褐色；胫、蹼灰褐色，爪黑色。

(2)生产性能：成年体重公鸭2.3～2.4千克，母鸭2.6～2.7千克。母鸭开产日龄110～120天，公鸭性成熟日龄100天左右。年产蛋量140～160枚，平均蛋重75克。蛋壳以白色为主，约占83%，青壳蛋占17%左右。

10. 大余鸭

大余鸭是江西省优良的兼用型麻鸭品种。

(1)体型外貌：该品种无白色颈圈，翼部有墨绿色镜羽。喙青色，胫、蹼青黄色。公鸭头、颈、背部羽毛红褐色，少数个体头部有墨绿色羽毛。母鸭全身羽毛褐色，有较大的黑色雀斑。

(2)生产性能：成年鸭体重2～2.2千克。母鸭开产日龄为180～200天，年产蛋量180～220枚，平均蛋重70克左右，蛋壳白色。

11. 巢湖鸭

巢湖鸭具有体质健壮、行动敏捷、抗逆性和觅食能力强等特点，是安徽省巢湖地区劳动人民经过长期人工选育和自然驯化而形成的优良地方品种。

(1)体型外貌：体型中等大小，呈长方形，结构紧凑。公鸭的头、颈上部羽毛呈墨绿色，有光泽，前胸和背、腰部羽褐色,缀有黑色条斑。腹部白色,尾羽黑色,喙黄绿色,虹彩褐色,胫、蹼橘红色,爪黑色。母鸭体羽浅褐色,缀黑色细条纹,呈浅麻细花型,有蓝绿色镜羽,眼上方有白色或浅黄色眉纹。

（2）生产性能:成年体重公鸭 2.1～2.7 千克,母鸭 1.9～2.4 千克。开产日龄为 140～160 天,年产蛋 160～180 枚。平均蛋重 70 克,蛋壳有白色、青色两种,其中白色占 87%。

12. 微山麻鸭

微山麻鸭是体型较小的兼用型鸭品种,是山东省地方良种。用微山麻鸭蛋加工的松花蛋因质量高且味美,远销至日本、北美、东南亚诸国和我国港澳地区。

（1）体型外貌:体型轻小紧凑,颈细长。前躯稍窄,后躯宽厚而丰满,按羽色分青麻和红麻两种类型,主要区别母鸭羽色,青麻基本羽色为暗褐色带黑斑,红麻为红褐色带黑斑。公鸭皆为绿头颈,主、副翼羽黑色,尾羽黑色。

（2）生产性能:成年体重公鸭 1.91 千克,母鸭 1.94 千克;红麻鸭公鸭为 1.76 千克,母鸭为 1.89 千克。母鸭开产日龄为 150～180 天,年产蛋 140～150 枚,平均蛋重 80 克,蛋壳颜色有两种,青麻鸭产青壳蛋,红麻鸭产白壳蛋。

13. 文登黑鸭

山东省地方良种。

（1）体型外貌:全身羽毛以黑色为主,有"白嗉"、"白翅膀尖"特征,头方圆形,颈细、中等长,全身皮肤浅黄色。虹彩深褐色,喙以青黑色为主,深黑色较少。公鸭头颈羽毛青绿色,尾部有 3～4 根性羽。蹼黑色或蜡黄色。

（2）生产性能:成年体重公鸭 1.9 千克,母鸭 1.8 千克。开产日龄为 150 天,年产蛋 203～282 枚,蛋重为 80 克,蛋壳颜色多为淡绿色,还有淡棕色和白色。

14. 淮南麻鸭

淮南麻鸭又叫固始鸭,是河南省地方良种,具有耐粗饲、抗病强、生长快、产蛋高、肉质鲜嫩、绒毛细软等特点。

(1)体型外貌:母鸭多为褐麻色。公鸭黑头,白颈圈,颈和尾羽黑色,白胸腹。母鸭全身褐麻色。胫、蹼黄红色,喙青黄色。

(2)生产性能:成年体重公鸭 1.55 千克,母鸭 1.38 千克。年产蛋 130 枚,平均蛋重为 61 克,蛋壳青色。

15. 恩施麻鸭

恩施麻鸭属小型蛋用型鸭种,是湖北省地方良种。

(1)体型外貌:前躯较浅,后躯宽广,羽毛紧凑,颈较短而粗,公鸭头颈绿黑色,颈有白颈圈,背、腹部呈青褐色,每片羽毛的边缘有极细的白羽毛,尾部有 2～4 根卷羽上翘。母鸭颈羽与背羽颜色相同,多为麻色,胫、蹼黄色。

(2)生产性能:成年体重公鸭 1.36 千克,母鸭 1.62 千克。开产日龄 180 天,年产蛋 180 枚,蛋重 65 克,蛋壳多为白色,也有少数青色。

16. 沔阳麻鸭

沔阳麻鸭是优良的蛋肉兼用型鸭,是湖北省地方良种。

(1)体型外貌:体型长方。头颈上半部和主翼羽为孔雀绿色,有金色光泽,颈下半部和背腰为棕褐色。母鸭全身为斑纹细小的条状麻色。喙青黄色、胫橘黄色、蹼乌爪黑。

(2)生产性能:成年体重公鸭 1.69 千克,母鸭为 2.08 千克。115～120 日龄开产,平均年产蛋 160 枚,蛋重为 74～79克,壳色白色居多。

17. 临武鸭

临武鸭是湖南肉蛋兼优型地方良种,中国的八大名鸭之一,有着上千年悠久的养殖历史,曾作为朝廷的贡品,声名远播。

(1)体型外貌:体型较大,躯干较长,后躯比前躯发达,呈圆筒状。公鸭头颈上部和下部以棕褐色居多,也有呈绿色者,颈中部有白色颈圈,腹部羽毛为棕褐色,也有灰白色和土黄色者。性羽2～3根。母鸭全身麻黄色或土黄色,喙和脚多呈黄褐色或橘黄色。

(2)生产性能:成年体重公鸭2.5～3千克,母鸭2～2.5千克。开产日龄160天,年产蛋180～220枚,平均蛋重为67.4克,壳乳白色居多。

18. 中山麻鸭

中山麻鸭是蛋肉兼用型品种,被列为广东优良地方禽种之一。

(1)体型外貌:公鸭头、喙稍大,体躯深长,头羽花绿色,颈、背羽褐麻色,颈下有白色颈圈。胸羽浅褐色,腹羽灰麻色,镜羽翠绿色。母鸭全身羽毛以褐麻色为主,颈下有白色颈圈。喙灰黄色、胫、蹼橙黄色。

(2)生产性能:成年体重为1.7千克。开产日龄为130～140天,年产蛋180～220枚,平均蛋重为70克,蛋壳白色。

19. 靖西大麻鸭

广西地方优良家禽品种。

(1)体型外貌:体型硕大,躯干呈长方形,羽色分三种类型,即深麻型(马鸭)、浅麻型(凤鸭)和黑白型(乌鸭)。头部羽色分别为乌绿色、细点黑白花,亮绿色,胫、蹼分别为橘红色或

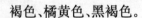

褐色、橘黄色、黑褐色。

(2)生产性能:成年体重公鸭 2.7 千克,母鸭 2.5 千克。130～140 天开产,平均年产蛋 140～150 枚,平均蛋重为 86.7 克。壳色青、白均有。

20. 广西小麻鸭

广西小麻鸭主产于广西西江沿岸。

(1)体型外貌:母鸭多为麻花羽,有黄褐麻花和黑麻花两种。公鸭羽色较深,呈棕红色或黑灰色,有的有白颈圈,头及副翼羽上有绿色的镜羽。

(2)生产性能:成年体重公鸭 1.41～1.8 千克,母鸭 1.37～1.71 千克。120～150 天开产,年产蛋 160～220 枚,蛋重为 65 克,蛋壳以白色居多。

21. 四川麻鸭

四川麻鸭是体型较小的兼用型品种,具有早熟,胸腿比较高等特点。

(1)体型外貌:体型较小,体质强健,羽毛紧密;颈细长,头清秀。公鸭多为绿头,头和颈的上部 1/3 或 1/2 的羽毛为翠绿色,腹部为灰白色羽毛,前胸为赤褐色羽毛。母鸭羽色以浅麻雀色为最多,在颈部下 2/3 处多有一白色颈羽环,性指羽黑色。喙为橘黄色,喙豆黑色;胫、蹼橘红色。

(2)生产性能:成年体重公鸭 1.70 千克,母鸭 1.60 千克。母鸭开产日龄 120 天左右,平均年产蛋量在 150 枚左右,平均蛋重 70 克左右。蛋壳以白色居多,少数为青壳蛋。

22. 兴义鸭

兴义鸭是肉蛋兼用型鸭,主产于贵州西南部。

(1)体型外貌:体型方圆,羽毛疏松,头粗大,颈粗短。公鸭绿头占 90%，头颈上部羽毛和尾羽有墨绿色发光的羽毛，颈中部有白色颈圈，胸部毛褐色，背部为黑、褐、白相间的羽毛。母鸭深麻色占 70% 以上。喙青黄或黄色、胫、蹼橘黄色、爪黑色。

（2）生产性能：成年体重公鸭 1.62 千克，母鸭 1.56 千克。开产日龄春孵鸭 145～150 天，秋孵鸭 180～200 天，年产蛋量 170～180 枚，平均蛋重为 70 克，蛋壳多数为乳白色。

23. 云南麻鸭

云南麻鸭主产于云南。

（1）体型外貌：公鸭胸深，体躯长方形，头颈上半段为深孔雀绿色，有的有一白环，体羽深褐色，腹羽灰白色，尾羽黑色，翼羽常见黑绿色。母鸭胸腹丰满，全身麻色带黄。喙黄色、胫、蹼橘红或橘黄色，爪黑。皮肤白色。

（2）生产性能：成年体重公鸭 1.58 千克，母鸭 1.55 千克。150 日龄开产，年产蛋 120～150 枚，蛋重平均为 72 克。壳色淡绿、绿、白色三种。

24. 汉中麻鸭

汉中麻鸭主产于陕西汉江两岸。

（1）体型外貌：体型较小，羽毛紧凑。毛色麻褐色居多，头清秀，喙呈橙黄色。喙、胫、蹼多为橘红色，少数为乌色，毛色麻褐色，体躯及背部土黄色并有黑褐色斑点。公鸭性羽 2～3 根，呈墨绿光泽。

（2）生产性能：成年体重公鸭 1.0 千克，母鸭 1.4 千克。160～180 日龄开产，年产蛋 220 枚，平均蛋重为 68 克，蛋壳颜色以白色为主，还有青色。

25. 宜春麻鸭

宜春麻鸭主产区位于江西省宜春市。

（1）体型外貌：羽毛多为黄麻色或黑麻色，羽毛紧贴，喙青铜色，其前端有一块似三角形的黑斑。眼外突黑褐色，颈较短稍粗，有的有项圈状白毛，前胸较小，背前高渐向后倾斜。全身皮肤粉红色，跖、蹼橘红色。体小，身狭长，体质细致紧凑，行动敏捷。

（2）生产性能：成年体重公鸭 1.0～1.2 千克，母鸭 0.8～1.0 千克。开产日龄为 120 天左右，年产蛋 180～200 枚，最高可达 250 枚，蛋重平均 55 克。

26. 江南 1 号和江南 2 号

江南 1 号和江南 2 号是由浙江省农业科学院畜牧兽医研究所主持培育的配套杂交高产蛋鸭。

（1）体型外貌：江南 1 号母鸭羽色浅褐，斑点不明显。江南 2 号母鸭羽色深褐，黑色斑点大而明显。

（2）生产性能：江南 1 号和江南 2 号成熟时体重 1660 克，江南 1 号鸭 500 日龄产蛋数平均为 306.9 枚，江南 2 号鸭 500 日龄产蛋数平均为 328 枚。

27. 卡基·康贝尔鸭

卡基·康贝尔鸭是著名的蛋用型引进鸭种，产蛋性能好，性情温顺，不易应激，是国际上优秀的蛋鸭品种。

（1）体型外貌：体躯宽而深，背平直而宽，颈略粗，眼较小，胸腹部饱满。雏鸭绒毛深褐色，喙、脚黑色，长大后羽色逐渐变浅。成年公鸭羽毛以深褐为基色，头部、颈部、翼、肩和尾部均为青铜色（带黑色），喙绿蓝色，胫、蹼橘红色。成年母鸭全身褐色，没有明显的黑色斑点，头部和颈部羽色较深，主翼羽也是褐色,无镜羽,喙灰黑色或黄褐色,胫、蹼灰黑色或黄褐色。

(2)生产性能:成年体重公鸭 2.25～2.5 千克,母鸭2.0～2.25 千克。开产日龄 130～140 天,500 日龄产蛋量 270～300 枚,蛋重 70 克左右,蛋壳白色。

28. 康贝尔鸭

康贝尔鸭是我国引进的优良蛋鸭品种,具有适应性广、产蛋量高、饲料利用率高、抗病力强等优良特性。

(1)体型外貌:体躯高大而结实,颈细长而直,背宽广平直,胸部丰满。公鸭头、颈、尾部羽毛均为古铜色,其余部位羽毛为茶褐色,喙墨绿色,胫、蹼橘红色;母鸭头、颈部羽毛为深褐色,其余部位羽毛茶褐色,喙浅褐色或浅绿色,胫、蹼黄褐色。

(2)生产性能:成年体重公鸭 2.3～2.5 千克,母鸭 2.0～2.2 千克。开产日龄 130～140 天,年产蛋量 270～300 枚,蛋重 70 克左右,蛋壳白色。

第三节　蛋鸭饲养前期的准备工作

1. 养殖环境的选择

养鸭应尽量提供良好的环境条件。环境条件是否适宜于鸭的生长发育,这在许多情况下是决定鸭养殖成功与否以及生产效率高低的关键环节。鸭养殖场的场址选择要符合科学要求,鸭舍的布局和建筑要合理,设备力求完善。

2. 饲养方式的选择

根据我国的自然条件和经济条件,鸭的饲养方式主要有

以下几种:

(1)放牧饲养:放牧饲养是我国传统的饲养方式,大规模生产时采用放牧饲养的方式已越来越少。

(2)全舍饲饲养:鸭的整个饲养过程始终在鸭舍内进行称为全舍饲圈养或关养。鸭舍内采用厚垫草(料)饲养,或是栅条地面饲养,或是网床饲养。

(3)半舍饲饲养:鸭群饲养在鸭舍、陆上运动场和(或)水上运动场,不外出放牧。吃食、饮水设在舍外,饲养管理不如全圈养那样严格。其优点与全舍饲一样,便于科学饲养。半舍饲饲养是目前我国蛋鸭生产中采用的主要方式。

3. 蛋鸭品种的选择

我国的蛋鸭品种资源丰富,除选择性情温驯、体型较小、成熟早、生长发育快、耗料少、产蛋多、饲料利用率高、适应性强、抗病力强的品种外,还应根据养殖方式、当地的消费习惯(比如蛋壳颜色、蛋个大小)选择既具有市场潜力又符合当地消费者饮食习惯的品种。

4. 鸭舍类型选择

鸭舍分临时简易鸭舍和长期固定鸭舍两大类。我国农村早期的小型鸭场大都是简易鸭舍,近几年创建的大中型鸭场大都是固定鸭舍。生产者可根据自己的条件和当地的资源情况进行选择。

(1)简易鸭舍:简易鸭舍(图1-2)只有屋顶,受环境影响较大,不适于在气候寒冷的地区使用。

(2)固定鸭舍

①简易性固定鸭舍(图1-3):除了具有屋顶外,还有三面墙,鸭舍南面向阳的一侧是陆上运动场或水上运动场。这种

图1-2　简易鸭舍

图1-3　简易性固定鸭舍

鸭舍适用范围较广。

　　②封闭性固定鸭舍：封闭性固定鸭舍(图1-4)设置的应急窗,除在断电时临时开窗通风换气以外,平常是封闭的,近几年创建的大中型鸭场大都是这种固定鸭舍。

　　封闭式鸭舍采用机械喂料,机械通风换气,人工光照,鸭

图 1-4　封闭性固定鸭舍

处于人工控制的封闭环境中,受外界干扰少,有利于鸭的生长发育。但一次性投资大,建筑造价高,光照、通风、降温等都离不开电源,对电源的依赖性很强,耗电量很大,没有电源保证就不能使用。

5. 饲养规模的选择

养鸭数量的确定,关系到效益的优劣,除有熟练的养鸭技术外,还应根据自身的财力、鸭舍面积、饲料来源、鸭种来源、鸭蛋销路来确定。如利用舍内平养,每平方米可养鸭 7～8只,开放式的每平方米不超过 5 只,运动场至少有鸭舍的 1.5倍;从出雏到开产每只约需 9～10 千克饲料,产蛋期每年需 50 千克饲料等。因此,笔者建议蛋鸭饲养规模小规模一般 500～2000 只,中等规模 3000～5000 只。这样的规模投资不大,既不浪费劳力,又便于管理,比较经济、适度。

6. 筹措养殖资金

要发展蛋鸭生产必须筹备好养殖资金。养殖资金主要有固定资本和流动资金两大类,具体包括场地建设费、鸭舍建筑费、设备购置费、鸭苗费、饲料费、疫病防治费、水电费及管理、运输、销售等费用。资金数量根据养殖规模和饲养方式而定。

第四节　提高养鸭经济效益的措施

近几年,随着鸭产品在市场上的俏销,我国的养鸭业也不断升温,越来越多的农民朋友把养鸭作为自己首选的致富项目。虽说养鸭的市场前景看好,但要想真正地养好鸭子赚大钱并不是一件容易的事,养殖者需要从以下几个方面加以注意。

1. 做好养鸭前的准备工作

决定养鸭前要做好准备工作,有些人没做好必要的准备工作就盲目购回大批雏鸭,往往因缺料、缺钱、饲养困难,导致雏鸭大量死亡。

2. 降低饲料成本

在养鸭过程中要注意降低饲料成本,因为饲料成本占整个养殖成本的75%左右,如果降低了饲料成本,养鸭的利润空间将会增加。而降低饲料成本主要应从鸭子的采食量去考虑,比如每天每只鸭子采食量是120克或150克,整个鸭群累积起来将是不可忽视的成本差异。另外,结合当地的实际情况选择一些质优价廉的饲料,以利于进一步降低饲养成本。

3. 加强疫病控制

(1)把好鸭舍建设关:避免人鸭混居,尽量远离污染源,减少疫病的发生和传染。

(2)把好消毒关:建立定期消毒制度,既要保证鸭只饲养安全,也要保证消毒质量。

(3)把好科学防疫关:结合实际建立合理的防疫计划,增强鸭体的免疫力,降低发病率,提高成活率。

(4)把好无害化处理关:要严格按照防疫要求,对染疫或疑似染疫鸭只进行火化、深埋等无害化处理,避免疫情传播。

4. 合理用药

治疗鸭病,若用药不当,治病费用就会很高,这样将直接增加养鸭的成本。要想降低养鸭药费成本,必须注意以下几点:

(1)加强饲养管理,搞好卫生、隔离和消毒工作,尽量减少鸭发病的机会,是降低养鸭医药开支的根本出路。

(2)应在专业技术人员的指导下,有针对性地给药,避免因用药不对症或剂量不适当,造成浪费或引起中毒。

(3)分清预防性投药和治疗性投药的区别。许多养鸭户预防性投药也使用或超量使用治疗量,结果不但加大了药费开支,还常常造成鸭中毒。

(4)要选择廉价、高效的药物。有些价格较贵而效果又很好的药物可用于小鸭,但用于大鸭时很不划算。

(5)用一种药物能治疗的病尽量不同时用两种药物,乱用药物常因配伍不当、剂量不足或过大而事倍功半,人为地增大了药费开支。

(6)不要因全群中有几只鸭发病就作为全群用药的依据,能隔离治疗就不要全群用药。同时,疫苗接种要常抓不懈。

(7)育成鸭后期(产蛋前)停止用药,停药时间取决于所用药物,但应保证产蛋开始时药物残留量符合要求。

(8)产蛋阶段正常情况下禁止使用任何药物,包括中草药和抗生素。产蛋阶段发生疾病应用药治疗时,应根据所用药物执行休药期。达不到休药期的,其产品不应作为无公害食品蛋上市。

(9)发生疾病的蛋鸭在使用药物治疗时,在治疗期或达不到休药期的不应作为食用淘汰鸭出售。

总之,科学用药,科学管理,才能提高经济效益。

5. 注意食品安全

安全卫生和营养保健是今后我国食品产业发展的两大主题和必然趋势。纯天然、无公害、低残留、营养丰富、色、香、味均佳是消费者永远追求的目标。因此,鸭肉和鸭蛋的生产、加工、销售企业应采用科学、先进的养殖技术和加工方法,满足消费者对食品安全、优质的需要,实现高效生产。

6. 掌握一种适于自己的孵化方法

养鸭经济效益好坏,直接受孵化这一环节的影响,如养殖场不能自我解决孵化问题,在商品销售竞争中很难有利可图。因此,养殖者可根据各自的经济条件和技术的掌握程度选择不同的孵化方式。从电褥子孵化、火炕孵化、塑料薄膜热水袋孵化,到自动孵化器孵化各有各的优缺点,但无论哪一种方式,只要操作得当,都可以达到令人满意的效果。

7. 注重技术合作与革新,提高技术含量

随着市场竞争日趋激烈,只有技术领先才能立于不败之地。鸭生产者应注意利用书刊、上网、参加产品交易会和技术交流会等各种机会,不断学习采用新技术、新工艺,并在养殖实践中加以发展创新,尽量与同行、专家保持密切联系,加强技术信息交流,不断丰富自己的养殖技术。

8. 搞好产品深加工

产品深加工能够增加产品品种,延长产品保存期,提高产品的附加值,有利于扩大产品销售量,提高经济效益。另外,深加工还可提高鸭初级产品利用率,充分挖掘鸭蛋的经济价值。

9. 把好市场脉搏

目前,我国蛋鸭生产、加工、销售、流通、消费等信息体系尚未形成,农户和小规模生产者获得信息的渠道十分有限,难以准确判断评估市场的供求关系、风险、生产成本和收益,往往造成盲目生产、销售困难重重、经济损失惨重。因此,广大养殖户要善于通过报刊、广播、网络等有效手段,及时掌握国内外鸭蛋产品的供求关系、价格变动趋势、产品品质要求、相关产业动态,以指导生产经营者制定生产计划,避免盲目生产造成损失。

10. 成立养殖合作社

各地可根据当地情况,成立鸭养殖合作社或加入已有的养殖合作社,或采取"公司＋基地＋农户"的生产模式。

第二章　养殖场舍及其设备

养殖场舍是鸭生活、栖息和繁殖的场所,场址选择是否合适,关系到蛋鸭养殖的成败和经济效益的高低。

第一节　场地选择与规划

一、场地选择

养殖方式和养殖规模确定后,合理地选择场址,对提高蛋鸭的生产性能,减少疾病侵袭,降低生产成本,提高经济效益具有重要作用。

1. 水源充足

养殖场要有稳定、水质符合养殖用水要求的水源,水量要保证高峰时期和干旱时期的最大需求(高峰时,每只成年鸭一天能喝 300~500 毫升水,以 5000 只鸭计算,加上其他用水每天可达 4~5 吨)。

2. 防疫隔离良好

鸭场的选择最好是未曾养过任何牲畜和家禽的地方。与农贸市场、屠宰加工厂、肉食品加工厂、皮毛加工厂、居民点等易于传播疾病的地方最少 1000 米,距离垃圾场等污染源 2000 米以上,特别是其他水禽养殖场尽可能远些。

3. 环境条件良好

选择场地时以平坦或稍有坡度的地形为好,土质以沙质土壤较为适合,同时要了解场址所在地的自然气候条件,如最低气温、最高气温、降雨量及最大风力等情况。离大江、大河、山体要有一定的距离,以预防洪水、塌方、雪崩、泥石流等。

4. 交通便利

鸭场位置应选择在交通方便的地方,临近公路、靠近消费地和饲料来源地。场址要与主要交通干线距离最好在 500 米以上,既要有利于防疫,又要满足鸭场繁忙运输任务的需要。

5. 保障电源

鸭场内孵化、照明、供水、供温、通风换气等都需要用电,因此较大型的鸭场,必须具备备用电源,如双线路供电或发电机等。

6. 发展空间

场地要合理规划,有利于农、林、牧、副、渔综合利用,也要考虑鸭场将来发展扩大的可能性。

另外,沿海地区要考虑台风的影响,易遭受台风袭击的地方不宜建造鸭舍。

二、场地规划

如果养殖者始终以购买形式获得雏鸭,因不饲养种鸭,布局也比较简单,主要考虑鸭群的防疫卫生和安全。

如果要饲养种鸭,要设有孵化室,在布局和规划时,除着重考虑风向、地形与建筑物的朝向外,更要考虑生产作业的流程,以便提高劳动生产率,节省投资费用;同时要考虑卫生防疫条件,防止疫病传播;还要照顾各区间的相互联系,便于管理。

1. 大型鸭场区划布置

一个完整的、规模较大的养鸭场,应包括生活区、生产区等。

(1)生活区:生活区为工作人员生活休息场所,应与生产区相距 200～300 米,并用清洁道和防疫隔离设施把生活区和生产区连接起来,以有利于防疫。

(2)生产区:完整的平养鸭舍通常由鸭舍、鸭滩(陆上运动场)、水围(水上运动场)三个部分组成。

①鸭舍:鸭舍可分为育雏舍、育成鸭舍、育肥鸭舍和种鸭舍。鸭舍应根据主导风向,按育雏舍、种鸭舍和育肥鸭舍的顺序来设置。

育雏舍应与孵化室相距在 100 米以上,距离大些更好。在有条件时,最好另设分场,专门孵化及饲养幼雏,以防交叉感染。

后备种鸭舍建筑的基本要求类似于育雏舍,但是保暖要求没有育雏舍那样严格。

育肥鸭舍用于饲养不能用作蛋用的母鸭或种用的公鸭,若购买雏鸭考虑到淘汰的只数不会太多,育肥舍不要建得太大,按购买数量的 10% 建造即可;若自行孵化因公鸭数量增多,需按雏鸭数的 20%～30% 设计。

种鸭舍主要供种用鸭产蛋用,休产期的种用鸭也在其中饲养,也可用作饲养育成阶段以至性成熟前的鸭。种鸭舍要求光照及保温条件稍好,另外还要有产蛋窝(箱)。

②鸭滩:鸭滩是水面与鸭舍之间的陆地部分,通常把它叫做鸭子的"陆地运动场"。鸭子在此吃食、梳理羽毛和昼间小

憩。其地面要平整,略向水面倾斜,不允许坑坑洼洼,以免蓄积污水。鸭滩的大部分地方是泥土地面,只在连接水面的倾斜处,要用水泥沙石,做成倾斜的缓坡,坡度 25°～30°。斜坡要深入水中,要低于最低水位。鸭滩斜坡与水面连接处,必须用砖石砌好,不能图一时省钱而用泥土铺垫。由于这个斜坡是鸭子每天上岸、下水的必经之路,使用率极高,而且上有风吹雨打,下有浊浪拍击,非常容易损坏,必须在养鸭之前修得坚固、平整。有条件和资金充足者,最好将鸭滩和斜坡用沙石铺底后,抹上水泥或铺上砖,这样的路既坚固,又方便清洁。

鸭滩如果出现坑坑洼洼,要及时修复,否则影响鸭群的运动和造成其跌倒碰伤。

③水围:鸭子是水禽,若有条件可设一定的水上运动场(无条件时可不设),让鸭子在水围内玩耍嬉戏、繁殖交尾等。

鸭舍、鸭滩、水围三者的面积比为 1:2:3,三部分需用围栏把它们围成一体,根据鸭舍的分间和鸭子分群情况,每群分隔成一个部分。陆上运动场的围栏高度为 50～60 厘米,水上运动场的围栏应超过最高水位 50 厘米,深入水下 1 米以上,可用尼龙网、铁丝网或渔网,网孔为 3 厘米×3 厘米。如果用于育种或饲养试验的鸭舍,必须进行严格分群,围栏应深入水底,以免串群。有的地方将围栏做成活动的,围栏高1.5～2 米,绑在固定的桩上,视水位高低而灵活升降,经常保持水上 50 厘米,水下 100～150 厘米。

④食棚、食槽及水槽设置:食棚是为了使鸭子在吃食时遮阴避雨,这样能保证在天气不好的情况下也能在舍外饲喂,从而有利于保持舍内清洁、干燥。

在食棚内根据所养鸭的数量放置食槽和水槽,食槽和水槽可用塑料食槽和饮水器,也可用水泥砌成长形,每100只鸭需食槽长度为3米,或3个盆斗式食槽,每250只鸭子需用双面长形饮水器2米长。

2. 小型鸭场区划布置

小型鸭场各区划分与大型鸭场基本一致,只是在布局时,一般将饲养员宿舍、仓库、灶间放在最外侧的一端,将鸭舍放在最里端,以避免外来人员随便出入,也便于饲料、产品等的运输和装卸。

第二节 鸭舍建设

鸭舍与设备用具设计合理,可有效预防鸭舍外有害病原微生物侵入。

一、建筑要求

鸭舍是鸭生活、栖息、生长和繁殖的场所,都应考虑以下几点因素。

1. 保温隔热性能好

保温性是指鸭舍内热量损失少,以让鸭在冬季不感到十分寒冷,以利于鸭生长和蛋鸭在春季提前下蛋。隔热性是指夏天舍外高温不易辐射传入舍内,使鸭感到凉爽,从而提高蛋鸭生长速度和产蛋量。

2. 便于采光

舍内充足的光照是养好蛋鸭的一个重要条件。光照可促进鸭新陈代谢,促进蛋鸭性发育。如光照强度和时间不足,则要补充人工光照。座向朝南的鸭舍有利于自然采光。

3. 通风

鸭舍内通风要良好,以降低舍内污浊空气含量,减少发病。

4. 利于防疫消毒

鸭舍内地面和墙壁要光洁,便于清洗、消毒,同时留好下水道口,以利污水排出。

5. 密闭性好

鸭舍密闭性好可以防止鼠猫等敌害的侵入和冬天寒风的侵入。

二、鸭舍类型

1. 鸭舍屋顶的式样

可根据鸭场的性质、要求和建设者的爱好等因素,选择适宜于自己的式样,目前养殖户多采用单坡式或双坡式。

(1)单坡式:单坡式结构的鸭舍,跨度小,用材较少,经济适用,阳光充足,雨水后流,前面容易保持干燥,因为前面多设有运动场。这种结构的鸭舍,其室温易受外界气温的影响。总的说,这种鸭舍适于小规模鸭的饲养。

单坡式鸭舍一般进深 3 米,前墙高 2.6 米,后墙高 2.3 米,正面宽根据饲养规模而定,并可根据具体情况隔成若干间。

(2)双坡式(或拱式):双坡式(或拱式)的跨度较单坡式大,但因建筑材料的限制,又不能造得过大,是目前应用较广的一种鸭舍,但舍内采光和通风较单坡式鸭舍稍差。这种鸭舍一般跨度在 6 米左右,最大不超过 9 米,檐口高 2~3 米以上。

2. 各类鸭舍的建筑

鸭在不同生长阶段对温度、光照、空气等外界环境的要求差异较大，因此，应建有形式和结构不尽相同的鸭舍，供饲养不同生长阶段的鸭。总之，鸭舍的建筑除掌握一般原则外，还应考虑鸭舍的不同用途要求。

(1)育雏舍：刚出壳的幼雏，其生理机能还不健全，几乎没有调节体温的能力。人工育雏成功与否，关键的环节就是保温。因此，育雏舍要有良好的保暖性能和相应的设施，育雏舍还要求阳光充足、通风良好。

育雏方式可分为平面式育雏和立体式育雏两种，两种育雏方式各自需要的育雏舍面积不同。

①平面式育雏舍：平面式育雏分为网床育雏和地面垫料育雏两种，两种育雏方式只是离地高度不同，需要的地面面积没有太大的区别，因此，要求育雏舍高度 2.5～3 米，地面垫料育雏按第 6 周每平方米 12 只设计育雏舍的长和宽（网床育雏按第 6 周每平方米 15 只计算）。如一幢长 20 米、宽 5 米的育雏舍，可用尼龙网或砖分为 4 间，每间的一边留 1 米走道。如用地面垫料育雏第 1 周按每平方米 50 只计算，每间可育雏 1000 只，每幢可育 4000 只，以后根据养殖要求进行分群，直至第 6 周的养殖密度。

②笼养育雏舍：笼养育雏舍分为单层笼和立体笼两种。

单层笼养可按照第 6 周每平方米 10 只进行设计需要多少个养殖笼和育雏舍面积。

立体笼养一般多采用四层的立体养殖笼，笼体总高一般 1.8 米（笼体加承粪板的单层笼高 45 厘米），要求最上一层与顶棚应至少有 1 米的距离，根据每个单笼的笼长为 100 厘米，宽50厘米,按照第6周每只笼装10只计算,每列立体笼的单笼个数、育雏舍立体笼的摆放行数来设计育雏舍面积。如每组笼有4个单笼组成,按第6周每只笼装10只计算,每行摆放2个笼组(即8个单笼),每行笼组之间需要1米过道,摆放4行(中间两行背对背),则1280只雏鸭至少需要8米×4米＝32平方米的育雏舍。

无论采用何种育雏方式,育雏舍一般采用双坡式,四周用红砖或空心砖砌成,顶部设保温隔热板。门最好开在一头,南北开窗,窗与舍内面积之比为1∶(6~8),寒冷地区窗的比例宜适当小些,北窗一般为南窗的1/2,南窗离地60厘米,北窗离地100厘米,墙面、门和窗要无缝,严防隙风。墙面最好抹灰,门和窗上应加网眼0.5厘米×0.5厘米的防护网,并设置布帘,既便于遮光,也可避免冷风直入鸭舍。

(2)育成鸭舍:育成鸭舍建筑的基本要求类似于育雏舍,但是保暖要求没有育雏舍那样严格。育成鸭舍可设陆上运动场,不必设置水上运动场。

(3)育肥鸭舍:育肥鸭舍用于饲养淘汰不适于蛋用的母鸭和不适于种用的公鸭,其建筑的基本要求与育成鸭舍相似。育肥鸭舍可设或不设陆上运动场和水上运动场。

(4)种鸭舍:种鸭舍又称产蛋舍,主要供种用鸭产蛋用,休产期的种用鸭也在其中饲养,也可用作饲养育成阶段以后至性成熟前的鸭。种鸭舍必须设置陆上运动场,可设或不设水上运动场。

种鸭舍的具体设计,要根据饲养方式、种鸭数目决定。其舍内设置较为简单,多分成若干小间,一般每平方米饲养8~10只,地面运动场按每平方米不超过20只为宜。水面运动场按每平方米饲养 10～20 只计算,如建人工水池,100 只鸭建 4 平方米水池即可。水池深 30～50 厘米,池水要常换,保证水质清洁。

鸭舍的地面采用厚垫草(料),或是网状地面,或是栅条地面。采用垫料饲养的,垫料要厚,要经常翻松,必要时要翻晒,以保持垫料干燥。地下水位高的地区不宜采用厚垫料饲料,可选用网状地面或栅条地面饲养,这两种地面要比鸭舍地面高 60 厘米以上,鸭舍地面用水泥铺成,并有一定的坡度(每米落差 6～10 厘米),便于清除鸭粪。网状地面最好用塑料网,网眼为 24 毫米×12 毫米,栅条地面可用宽 20～25 毫米,厚5～8 毫米的木板条或 25 毫米宽的竹片,或者是用竹子制成相距 15 毫米空隙的栅状地面,这些结构都要制成组装式,以方便拆卸、冲洗和消毒。

墙壁应涂防水材料,沿墙的四周放置巢箱。为了节省人工,可用料桶或自动饲槽。

(5)孵化场:孵化场包括种蛋贮存室、孵化室、出雏室、雏鸭分级存放室以及日常管理所必需的房室。应根据流程要求及服务项目来确定孵化场的布局,安排其他各室的位置和面积,既能减少运输距离和人员在各室的往来,又有利于防疫工作和提高建筑物的利用率。

雏鸭孵化若不用于销售,根据种蛋来源及数量,可养殖的鸭数量、孵化批次、孵化间隔、每批孵化量确定孵化形式、孵化室、出雏室及其他各室的面积。孵化室和出雏室面积,还应根据孵化器类型、尺寸、台数和留有足够的操作面积来确定。

①孵化厅、场空间:采用机器孵化,孵化场用房的墙壁,地面和天花板,应选用防火,防潮和便于冲洗的材料,孵化场各

室(尤其是孵化室和出雏室)最好为无柱结构,以便更合理安装孵化设备和操作。门高 2.4 米左右,宽 1.2～1.5 米,以利种蛋和蛋架车等的运输。地面至天花板高 3.4～3.8 米。孵化室与出雏室之间应设缓冲间,既便于孵化操作,又利于防疫。

孵化厅的地面要求坚实、耐冲洗的水泥或地板块等地面。孵化设备前应开设排水沟,上盖铁栅栏(横栅条,以便车轮垂直通过)与地面保持平整。

②孵化厅的温度与湿度:环境温度应保持在 22～27℃,环境相对湿度应保持在 60%～80%。

③孵化厅的通风:孵化厅应有很好的排气设施,目的是将孵化机中排出的高温废气排出室外,避免废气的重复使用。为向孵化厅补充足够的新鲜空气,在自然通风量不足的情况下,应安装进气巷道和进气风机,新鲜空气最好经空调设备升(降)温后进入室内,总进气量应大于排气量。

④孵化厅的供水:加湿、冷却的用水必须是清洁的软水,禁用镁、钙含量较高的硬水。供水系统接头(阀门)一般应设置在孵化机后或其他方便处。

⑤孵化厅的供电:要求按说明书安装孵化设备;每台机器应与电源单独连接,安装保险,总电源各相线的负载应基本保持平衡;经常停电的地区建议安装备用发电机,供停电使用;一定要安装避雷装置,避雷地线要埋入地下 1.5～2 米深。

(6)种蛋库:种蛋保存需要有专门的种蛋库,种蛋库可以设置在种鸭场,也可以设置在孵化厅。蛋库要求有良好的通风条件以及良好的保温和隔热降温性能,库内温度宜保持在 10～20℃。蛋库内要防止蚊、蝇、鼠和鸟的进入。蛋库的室内面积以足够在种蛋高峰期放置蛋箱,并操作方便为度。

(7)饲料加工储藏库:饲料加工储藏库要考虑到每天运送饲料而不宜建得太远,又要考虑到防疫和降低机械噪音对鸭的影响而建得太近。饲料库应能贮备 1 个月以上的库存量,成品饲料库应贮备 1 周以上的用量。原料、加工料和成品料应分开贮存。

(8)隔离区:包括病、死鸭隔离、剖检、处理等房舍和设施、粪便污水处理及贮存设施等,是养鸭场病鸭、粪便等污物集中之处,是卫生防疫和环境保护工作的重点,该区应设在全场的下风向和地势最低处,且与其他两区的卫生间距不小于50 米。

(9)粪污处理区:兽医室、病鸭舍、厕所、粪污处理池等。堆粪场应建在生活区和生产区的下风处,并建成封闭的粪池,堆粪场与生产区鸭舍间有污道连接。

(10)其他辅助生产设施:可根据自己的条件自行设定。

第三节　饲养设备及用具

无论采用何种养殖方式,都必须配备相应的设备及工具。

一、孵化所需设备

如果养殖者始终以购买形式获得雏鸭可不用购买孵化设备,若想购买种鸭后将来自行孵化则需要考虑孵化环节。

自行孵化最重要的设备为孵化器,目前多为模糊电脑孵化器,其他一些孵化器也相继并存。值得指出的是,很多孵化器厂家并无鸭蛋专用孵化器,若为鸡蛋孵化器,则按 40% 计算孵化器容量,但要用鸭蛋专用蛋盘和蛋车。总之,只要孵化器工作稳定性好,密闭性能好,装满蛋后温差小,检修和清洗等方便,控温系统灵敏,省电即可。

1. 孵化机类型

孵化机的类型多种多样。孵化器按供热方式可分为电热式、水电热式、水热式等;按箱体结构可分为箱式(有拼装式和整装式两种)和巷道式;按放蛋层次可分为平面式和立体式;按通风方式可分为自然通风和强力通风式,按大小可分为大型孵化器、中型孵化器、小型孵化器(图 2-1)和微型孵化器(图 2-2)。

图 2-1 小型孵化器

图 2-2 微型孵化器
(孵鸭蛋 40 枚)

2. 孵化机型

(1)孵化机的容量:应根据孵化厂的生产规模来选择孵化机型号的规格,当前国内外孵化机制造厂商均有系列产品,每台孵化机的容蛋量从数千枚到数万枚。

（2）孵化机的结构及性能：综合孵化设备现状来看，国内外生产的孵化器的结构基本大同小异，箱体一般都选用彩塑钢或玻璃钢板为里外板，中间用泡沫夹层保温，再用专用铝型材组合连接，箱体内部采用大直径混流式风扇对孵化设备内的温度、湿度进行搅拌，装蛋架均用角铁焊接固定后，利用涡轮蜗杆型减速机驱动传动，翻蛋动作缓慢平稳无颤抖，配选不同禽蛋的专用蛋盘，装蛋后一层一层地放入装蛋铁架，根据操作人员设定的技术参数，使孵化设备具备了自动恒温，自动控湿，自动翻蛋与合理通风换气的全套自动功能，保证了受精禽蛋的孵化出雏率。

目前，优良的孵化设备当数模糊电脑控制系统，它的主要特点是温度、湿度、风门联控，减少了温度场的波动，合理的负压进气、正压排气方式，使进风口形成负压，吸入新鲜空气，经加热后均匀搅拌吹入孵化蛋区，最后由出气口排出。孵化厅环境温度偏高时，冷却系统会自动打开，实施风冷，风门也会自动开到最大，加快空气的交换。全新的加热控制方式，能根据环境温度、机器散热和胚胎发育周期自动调节加热功率，既节能又控温精确。有两套控温系统，第一套系统工作时，第二套系统监视第一套系统，一旦出现超温现象时，第二套系统自动切断加热信号，并发出声光报警，提高了设备的可靠性。第二套控温系统能独立控制加温工作。该系统还特加了加热补偿功能，最大限度地保证了温度的稳定。加热、加湿、冷却、翻蛋、风门、风机均有指示灯进行工作状态指示；高低温、高低湿、风门故障、翻蛋故障、风扇断带停转、电源停电、缺相、电流过载等均可以不同的声讯报警；面板设计简单明了，操作使用方便。

（3）孵化机自控系统：有模拟分立元件控制系统、集成电路控制系统和电脑控制系统三种。集成电路控制系统可预设温度和湿度，并能自动跟踪设定数据。电脑控制系统可单机编制多套孵化程序，也可建立中心控制系统，一个中心控制系统可控制数十台以上的孵化单机。孵化机可以数字显示温度、湿度、翻蛋次数和孵化天数，并设有超高、低温报警系统，还能自动切断电源。

（4）孵化机技术指标：孵化机技术指标的精度不应低于所列下限指标。温度显示精度 $0.1\sim0.01℃$，控温精度 $0.2\sim0.1℃$，箱内温度场标准差 $0.2\sim0.1℃$，湿度显示精度 $2‰\sim1‰RH$，控湿精度 $3‰\sim2‰RH$。

（5）出雏器：与孵化机相同。如采用分批入孵，分批出雏制，一般出雏机的容蛋量按 $1/4\sim1/3$ 与孵化机配套。

3. 挑选

养殖场和专业户在选购孵化器时，应考虑以下几个方面：

（1）孵化率的高低是衡量设备好坏的最主要指标，也是许多孵化场不惜重金更换先进孵化设备的主要原因。机内的温度场应该均匀，没有温度死角，否则会降低出雏率；控温精度，汉显智能要好于模糊电脑，模糊电脑要好于集成电路。

（2）机器使用成本，如电费及维修保养费用等。

（3）电路设计要合理，有完善的老化检测设备；另外，整机装完后应老化试验一段时间，检测后才能出厂使用。

（4）售后服务好。一是服务的速度快；二是服务的长期性。应尽可能选择规模较大、发展势头好、能提供长期服务的厂家。

（5）使用寿命长。使用寿命主要取决于材料的材质、用料的厚薄及电器元件的质量，选购时应详加比较。另外，产品型类也是选择孵化机时应特别注意的方面。

4. 孵化配套设备

（1）发电机用于停电时的发电。

（2）水处理设备孵化场用水量大，水质要求高，水中含矿物质等沉淀物易堵塞加湿器，须有过滤或软化水的设备。

（3）运输设备用于孵化场内运输蛋箱、雏盒、蛋盘、种蛋和雏鸭。

（4）照蛋器照蛋箱，在纸箱或木箱内装灯，箱壁四周开直径3厘米孔；台式照蛋器，灯光眼与蛋盘蛋数相同，整盘操作，速度快，破损少；单头或双头照蛋器；手提多头照蛋灯，逐行照蛋，快速准确；照蛋车，光线通过玻璃板照在蛋盘内蛋上，由真空装置自动吸出无精蛋或死胚蛋。

（5）鸭蛋孵化专用蛋盘和蛋车。

（6）高压水枪用于冲洗地面、墙壁和设备。

（7）其他设备移盘设备；连续注射器；专用的雏鸭盒（可用雏鸭盒代替）等。

二、养殖所需设备

（一）育雏设备

1. 笼育雏

如果育雏舍面积有限且育雏数量较多，可采用笼养方式。笼养可减少鸭舍和设备的投资，提高劳动效率。笼养鸭生长快，成活率高，并且整齐。

目前有单层笼育雏、立体育雏笼。立体育雏是将雏鸭饲养在分层的育雏笼内，一般为四层，热源可用电热丝、热水管、电灯泡等,也可以采用热风炉或地下烟道等设施来提高室温。

设计时按 6 周龄时每平方米养 10 只计算,笼体总高 1.8 米左右,笼架脚高 30 厘米,每个单笼的笼长为 100 厘米,笼高 45 厘米(笼高+承粪板高),宽 50 厘米。底网孔径为 1 厘米×1 厘米圆形网眼的塑料网片,两层间有一承粪板,侧网与顶网的孔径为 2 厘米×1 厘米。笼门设在前面,笼门间隙可调范围为 2~3 厘米,料槽、饮水器置于笼内。生产中一般两层中间笼先育雏,随着日龄增长再分至上、下两层。

育雏笼的热源可直接提高室温来供温,也可用热水管或电热丝供温。这种育雏方式可有效地利用育雏室的空间,增加育雏数量,充分利用热源,但设备投资费用较多。

2. 网床

采用网床(图 2-3)育雏者,根据鸭舍的大小,一般每栋鸭舍靠房舍两边摆放 2 个网床或靠一边摆放一个网床,网床离地面一般为 50 厘米,中间留 1~1.2 米的过道。网上平养一般都用手工操作,有条件的可配备自动供水、给料、清粪等机械设备。

图 2-3 网床育雏

网上平养设备一般由竹板、塑料绳（市场有售）或铁丝搭建。

竹竿（板）网上平养网床的搭建是选用2厘米左右粗的圆竹竿（板）平排钉在木条上，竹竿间距2厘米左右（条板的宽为2.5～5厘米，间隙为2.5厘米），制成竹竿（板）网床，然后在架床上面铺直径是1.25厘米圆形网眼的塑料网，鸭群就可生活在竹竿（板）网床上。

用塑料绳搭建时，采用6号塑料绳者绳间距4厘米、8号塑料绳绳间距5厘米，地锚深1米，用紧线器锁紧。

塑料网片宽度有2、2.5、3米等规格，长度可根据养殖房舍长度选择，网眼同样采用直径是1.25厘米圆形网眼的塑料网。网床外缘要建30厘米高的围栏，防止鸭从网床上掉下来或者跑掉。

网床要根据不同饲养阶段的饲养密度分成大小不同的栏。栏内留一定面积的采食、饮水的场地，一般采食面积与空置面积比为1∶25。

无论是竹竿（板）网上平养网床还是塑料绳网上平养网床，架床上面铺设的塑料网都要经常检查，做到无漏洞、无破损现象，鸭群能正常地生活在网床上。

3. 垫料育雏

采用地面平养育雏要用垫料（垫料的用量可按每平方米地面4～6千克准备，以满足日常铺垫和更换时用），垫料的选择要求是干燥清洁，吸湿性好，无毒，无刺激，无霉变，质地柔软。常用的垫料有稻壳、铡碎的稻草及干杂草、秸秆碎段（10厘米左右）、锯末等。

4. 加温、保温设备

供暖设备主要有红外线灯、热风炉、烟道供温、煤炉供温、热水供温等,通过电热、水暖、气暖、煤炉或火炕加热等方式来达到加温保暖目的。采用电热、水暖、气暖,干净卫生,但成本较高。用煤炉加热比较脏,容易发生煤气中毒事故。火炕耗燃料和劳动力较多,但温度比较平稳。因此,养殖者应当因地制宜地选用经济实惠的供暖设备和方式,以保证达到所需温度。

(1)红外线灯(图 2-4):红外线灯能散发出较大的热量。在春季温暖的地区,或者选择在比较温暖的季节育雏,需要补充的热量不是很大,可采用红外线灯取暖。为了增强红外线灯的取暖效果,应制作一个大小适宜的保温灯伞,其伞部与保温伞相似。一般红外线灯泡的悬吊高度炎热的夏季离地面40~50 厘米,寒冷的冬季离地面约 35 厘米。随着鸭日龄的增加和季节的变化,应逐渐提高灯泡高度或逐渐减少灯泡数量,以逐渐降低温度。一盏 275 瓦红外线灯泡可供 100~250只雏鸭保温。

图 2-4 红外线灯

111111111111111111111

此法的优点是舍内清洁,垫料干燥,但耗电多,供电不稳定的地区不宜采用,若与火炉或地下烟道供热结合使用效果较好。

(2)热风炉(图2-5):热风炉是集中式采暖的一种,近年来采用较多,多安装在鸭舍内,蒸汽或预热后的空气,通过管道输送到舍内各处。鸭舍采用热风炉采暖,应根据饲养规模确定不同型号,如210兆焦热风炉的供暖面积可达500平方米,420兆焦热风炉供暖面积可达800~1000平方米。

图2-5 热风炉

(3)烟道供温:烟道供温有地上水平烟道和地下烟道两种。

地上水平烟道是在育雏室墙外建一个炉灶,根据育雏室面积的大小在室内用砖砌成一个或两个烟道,一端与炉灶相通。烟道排列形式因房舍而定。烟道另一端穿出对侧墙后,沿墙外侧建一个较高的烟囱,烟囱应高出鸭舍1~2米,通过烟道对地面和育雏室空间加温。

地下烟道与地上烟道相比差异不大,只不过室内烟道建在地下,与地面齐平。烟道供温应注意烟道不能漏气,以防煤气中毒。烟道供温时室内空气新鲜,粪便干燥,可减少疾病感染,适用于广大农户养鸭和中小型鸭场。

(4)煤炉供温(图 2-6):煤炉是我国广大农村,特别是北方常用的供暖方式。可用铸铁或铁皮火炉,燃料用煤块、煤球或煤饼均可,用管道将煤烟排出舍外,以免舍内有害气体积聚。保温良好的房舍,每 20~30 平方米设一个煤炉即可。

图 2-6　煤炉

此法适合于各种育雏方式,但若管理不善,舍内空气中烟雾、粉尘较多,在冬季易诱发呼吸道疾病。因此,应注意适当通风,防止煤气中毒。

(5)热水供温:利用锅炉和供热管道将热水送到鸭舍的散热器中,然后提高舍内温度。

此法温度稳定,舍内卫生,但一次投入大,运行成本高,适用于大型鸭场。

5. 饲喂工具

（1）喂料设备：喂料设备很多，可分为普通喂料设备和机械喂料设备两大类，对于中小型养鸭者来说，机械喂料设备投资大，管理、维修困难，因此宜采用普通喂料设备手工添料方式，借助手推车装料，一名饲养员可以负担 2000～3000 只鸭的饲养量。普通喂料设备具有取材容易、成本低、便于清洗消毒与维护等优点，深受广大养鸭户的喜爱。

普通喂料设备目前多使用料盘、料桶、料槽，但鸭有在多色饲槽中吃料较多的特性，因此应多准备几种颜色的料盘、料桶、料槽。料盘随鸭大小与饲养方式而异，但各种食槽都要求平整光滑，便于鸭采食又不浪费饲料，并便于清洗消毒。不论采用何种喂料设备和给料方式，都必须合理安放喂料设备的位置，使喂料设备与鸭的胸部平齐。

①料盘：主要用于开食，60 厘米×35 厘米，缘高 2～2.5 厘米的料盘每个料盘可养雏鸭 40～50 只。

②料桶：可用于各个饲养阶段，料桶材料多为塑料，容量为 3～10 千克，其特点是容量大，可一次添加大量饲料，饲喂次数少，对鸭群影响小，但应注意布料均匀。每个桶可供 30 余只鸭自由采食用。

（2）饮水设备：供鸭饮水的设备，其形式和花样多种多样，只要是清洁卫生、便于清洗的瓷盆、瓦钵、竹筒、塑料盆等均可用于鸭饮水。但鸭喜欢在蓝色水槽中饮水，因此要多准备蓝色的饮水器。

①塔形真空饮水器：塔形真空饮水器多由尖顶圆桶和直径比圆桶略大的底盘构成。

圆桶顶部和侧壁不漏气,基部离底盘高 2.5 厘米处开有 1～2 个小圆孔。利用真空原理使盘内保持一定的水位直至桶内水用完为止。这种饮水器构造简单、使用方便,清洗消毒容易。

塔形真空饮水器的容量 1～3 升,盘的直径为 160～220 毫米,槽深 25～30 毫米,可供鸭只数量 70～100 只,适用于一般蛋鸭场和专业户使用。

②吊式自动饮水器:吊式自动饮水器具有节约饮水、调节灵活、清洁卫生的优点,但投资较大,水箱、限压阀、过滤器等部件必须配好,并严格管理,否则容易漏水。吊式自动饮水器饮水盘直径 260 毫米,饮水盘高度 53 毫米,饮水盘容水量为 1 千克,可供 50～80 只鸭使用,饮水器的高度应根据鸭的不同周龄的体高进行调整。

6. 清粪设备

人工清粪多用刮板或铁锹,工具简单,实际中应用较多。另外,也有利用水枪的冲力来清粪的,这种方法比较简单而且干净,但需较多量的水,且冲出舍外的鸭粪不便于作有机肥料使用,易造成对环境的污染。

7. 其他用具

(1)护板:用木板、厚纸或席子制成。保温伞周围护板用于防止雏鸭远离热源而受凉。护板高 45～50 厘米,与保温伞边缘距离 70～90 厘米,随日龄的增加可逐渐拆除。

(2)网板:多用于网上育雏,网板用铁丝或竹板制成,网眼大小为 1.25 厘米×1.25 厘米,若分群则可另设 50 厘米高的活动隔网。

(3)照明设备:包括白炽灯、荧光灯、照度计和光照控制器等。

(4)幼雏转运箱:可用纸箱或塑料筐代替,一般高度不低于25厘米,如果一个箱的面积较大,可分隔成若干小方块。也可以用木板自己制作,一般长40厘米,宽30厘米,高25厘米。在转运箱的四周钻上通风孔,以增加箱内的空气流通。

(5)通风设备:鸭舍通风可用自然通风和机械通风,后者需吊扇或通风机。

(二)育成及成年鸭所需设备

由于诸多因素,目前蛋鸭放牧饲养的比例越来越少,主要的饲养方式还是平养(平养又分为两种,一种是鸭舍前有一个陆上运动场或水上运动场,不必强调必须有水上运动场;一种是网上平养)。调查中发现,有少量养殖者采用笼养方式,但鉴于积累的经验较少,本书不作介绍,有兴趣的朋友可以尝试养殖。

1. 食槽或料桶

食槽随鸭大小与饲养方式而异,但各种食槽都要求平整光滑,便于鸭采食又不浪费饲料,并便于清洗消毒。食槽可选用木板、汽车轮胎、硬塑料板等材料制成,也可制成固定式的水泥槽。由于鸭吃食时多有钩食甩头的习惯,为防止鸭啄食时把饲料甩出槽外和踏入槽内弄脏饲料,无论何种槽都要加上栅栏。育成及成年鸭同样要多准备几种颜色的料盘、料桶、料槽。

(1)长食槽:长食槽较普遍,适于饲喂各种饲料。饲喂蛋鸭的长食槽一般应以尖底、肚大、口小、长度以每只鸭均能占据一个采食位置,宽度以鸭群不能自由进出料槽且采食方便

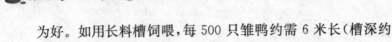

为好。如用长料槽饲喂，每 500 只雏鸭约需 6 米长(槽深约 4～5 厘米)的料槽。

(2)自流式干粉料桶：自流式干粉料桶由两部分组成，第一部分为无底料桶，高 35 厘米，上口直径 22 厘米，下口直径 25 厘米。料桶上部装有提把，可以挂吊自流干粉料桶；第二部分是饲料盆，底盘直径 40 厘米，周围外壁高 9 厘米，盘口边宽 2 厘米，盘底中央有一个直径 25 厘米，斜长 20 厘米的圆锥体，以使饲料均匀地流向底盘四周。料桶底部按平均距离支撑三根铁条与底盘连续，使料桶下部离盘底 3 厘米左右。

农村专业户可利用废桶等自行制作。干粉料桶适于采食干粉料，饲养育成阶段的商品鸭较多采用。使用干粉料桶可减轻劳动强度，操作方便，饲料也不易撒落在槽外。

不论采用何种食槽和给料方式，都必须合理安放食槽的位置，料槽的放置高度一般以高出鸭 1.5～2 厘米为宜。

2. 饮水设备

和饲养家禽类似，供鸭饮水的设备，其形式和花样多种多样，只要是清洁卫生、便于清洗的瓷盆、瓦钵、竹筒、塑料盆等均可用于鸭饮水。育成及成年鸭同样要多准备蓝色的饮水器。

(1)塔形真空饮水器：它是由一个上部尖顶圆桶和底部比圆桶稍大的圆盘。圆桶顶腰部不漏气，基部离底盘 2.5 厘米处开 1～2 个小口。圆桶盛满水后当盘内水位低于小孔时，空气从小孔中进入而水自动流入盘中。当盘中水位高过小孔时，空气进不了桶内而水流不出。

(2)长条饮水器：即长条形水槽，断面一般呈"V"字形、"U"字形。每 500 只鸭需 4 米长的水槽，水的深度应保持在能浸到鸭的鼻孔为宜。条形饮水器结构简单,供水可靠,但耗水量大,易于传播疾病。

3. 垫料

育成期以后若继续采用网上方式,可参见育雏相关部分,但育成期要设置鸭下网床的梯道。若不采用网上方式可采用舍内垫料或铺栅栏方式。垫料原材料为锯木屑、干草、碎的秸秆等。垫料要干燥清洁、无霉菌、吸水力强,无灰尘霉菌等。垫料板结或厚度不够,易造成鸭胸囊肿而降低屠体等级。因此,应定期更换。

4. 运输笼

铁笼或竹笼均可,每只笼可容 8～10 只,笼顶开一小盖,盖的直径为 35 厘米,笼的直径为 75 厘米,高 40 厘米。

5. 照明系统

光照的作用是刺激鸭的性腺发育、维持正常排卵以及使鸭能够进行采食、饮水、交流等各种活动。因此鸭舍内应设有两套照明设备,一部分光线较弱,作为鸭群休息时用;一部分强光照明,供饲喂和刺激活动时用。

6. 捕捉用具

目前常用的捕捉装置有以下几种。

(1)线网:取 60 厘米左右的 8 号铁丝一根;1.5～2.0 米长,直径 1.5～2.0 厘米左右的竹竿或木棍一根;备少量细铁线。将 8 号铁丝一端制成开放式扁圆,然后用细铁线将其与竹竿或木棍连接即成。将做好的捉鸭用具进行调试,其开口及扁圆大小以既不过小而套不进鸭脖子,也不要因过大使鸭头漏出为宜。

(2)捕捉围屏:围屏用两个木框做成,高度都是 120 厘米,一个木框宽是 150 厘米,另一个是 100 厘米。木框上加附尼龙网,两个木框用铁环或搭钮连在一起。捕捉时将围屏靠近鸭舍一角,将鸭群赶入围屏内,就可捕捉,比较方便。

(3)在鸭舍一侧设有大笼,将鸭赶入笼中,再在大笼中分隔小笼,然后一一提出。

(三)饲料加工及消毒设备

1. 饲料加工设备

现代化、高效益的养殖生产,大多采用配合饲料。因此,各养鸭场必须备有饲料加工设备,对不同饲料原料,在喂饲之前进行一定的粉碎、混合。

(1)饲料粉碎机:一般精、粗饲料在加工全价配合料之前,都应粉碎。粉碎的目的主要是提高鸭对饲料的消化吸收率,同时也便于将各种饲料混合均匀和加工成多种饲料(如粉状、颗粒状等)。在选择粉碎机时,要求机器通用性好(能粉碎多种原料),成品粒度均匀,结构简单,使用、维修方便,作业时噪声和粉尘应符合规定标准。

目前生产中应用最普遍的多为锤片式粉碎机,这种粉碎机主要是利用高速旋转的锤片来击碎饲料。工作时,物料从喂料斗进入粉碎室,受到高速旋转的锤片打击和齿板撞击,使物料逐渐粉碎成小碎粒,通过筛孔的饲料细粒经吸料管吸入风机,转而送入集料筒。

(2)饲料混合机:一般配合饲料厂或大型养殖场的饲料加工车间,饲料混合机是不可缺少的重要设备之一。混合按工序,大致可分为批量混合和连续混合两种。批量混合设备常用的是立式混合机或卧式混合机,连续混合设备常用的是桨叶式连续混合机。生产实践表明,立式混合机动力消耗较少,装卸方便;但生产效率较低,搅拌时间较长,适用于小型饲料加工厂。卧式混合机的优点是混合效率高,质量好,卸料迅速;其缺点是动力消耗大,一般适用于大型饲料厂。桨叶式连续混合机结构简单,造价较低,适用于较大规模的专业户养鸭场使用。

（3）饲料压粒机:生产颗粒饲料的压粒机,目前生产中应用最广泛的是环模压粒机和平模压粒机。环模压粒机又可分为立式和卧式两种。立式环模压粒机的主轴是垂直的,而环模圈则呈水平配置;卧式环模压粒机的主轴是水平的,环模圈呈垂直配置。一般小型厂(场)多采用立式环模压粒机,大、中型厂(场)则采用卧式环模压粒机。

2. 清洁消毒设备

清洁消毒设备主要有水洗清洁、喷雾消毒和火焰消毒。水冲清洁设备一般选高压清洗机或由高压水泵、管路、带快速连接的水枪组成的高压、冲水系统。消毒设备一般选机动背负式超低量喷雾机、手动背负式喷雾器、踏板式喷雾器,当在疫情严重的情况下,可选火焰消毒器。规模化猪场必备高压清洗机和喷雾器消毒设备。

3. 清扫用具

扫帚、铁锹、粪铲、粪筐或粪车。

4. 集蛋用具

蛋箱、蛋盒或蛋筐。

除以上设备和用具以外,养殖者可根据需要准备饲草收割设备、屠宰加工设备、秤等常用工具。

第三章　蛋鸭的营养与饲料

鸭与其他家禽一样,为了维持生命、生长和繁殖,需不断地从饲料中摄取能量、蛋白质、无机盐、维生素、水等营养物质。

第一节　蛋鸭的营养需求

优良的品种必须饲喂优质的饲料,满足其对各种营养素的需求,才能有较快的生长速度和较高的饲料转化率。由于鸭在不同时期,如生长期、发育期和繁殖期的营养需求不同,因此每一阶段都要根据其需求制定不同的营养配方。

1. 能量

鸭的一切生理活动过程,包括呼吸、循环、消化、吸收、排泄、体温调节、繁殖、生产等都需要能量,能量主要来源于日粮中的碳水化合物和脂肪。

鸭对能量的需要是有限的,多余的能量可转化为脂肪贮存在体内。能量不足时,体重减轻,消瘦,繁殖机能降低,抗病力下降;能量过高,容易肥胖,早熟,对繁殖不利。因此,饲喂鸭要注意种鸭育雏期和育肥鸭日粮能量水平要高,种鸭育成期要低,其他阶段居中。

2. 蛋白质

鸭对蛋白质的需要实际上是对各种氨基酸的需要。鸭的必需氨基酸有 10 种,即赖氨酸、蛋氨酸、色氨酸、亮氨酸、异亮氨酸、苯丙氨酸、苏氨酸、缬氨酸、精氨酸和组氨酸。其中前 8 种为成年鸭所必需的,后两种为生长鸭所必需的。

在保证蛋白质量供应的同时,还应注意蛋白质的品质,即要求蛋白质中氨基酸平衡,以保证充分吸收。

鸭蛋白质的来源主要是蛋白质饲料,常用的有豆饼(粕)、花生仁饼(粕)、菜籽饼(粕)、棉仁饼(粕)、鱼粉、肉粉、小杂鱼等。一般日粮中有 3%～10%的动物性蛋白质饲料对鸭的生长和繁殖非常有利,尤其是具有鱼腥味的动物性蛋白饲料。

3. 矿物质

矿物质是饲料或组织中的无机部分,按需要量通常分为常量元素和微量元素。常量元素需要量大以占日粮的百分比计算,微量元素需要量小以毫克/千克饲料计算。常量元素包括钙、镁、钾、钠、磷、氯、硫,微量元素主要是铁、铜、钴、锰、锌、碘、硒等。

(1)钙与磷:钙与磷是鸭体内含量最多的矿物质。99%以上的钙存在于骨骼中,骨骼中磷占全身总磷的 80%左右。钙是构成骨骼和蛋壳的主要成分,参与维持肌肉和神经的正常生理功能,还与血液凝固及细胞渗透压有关。磷不仅参与骨骼形成,还是细胞膜、磷脂和一些酶的组成物质,在碳水化合物和脂肪代谢以及维持酸、碱平衡方面也起着重要作用。

鸭很容易发生钙、磷缺乏症。雏鸭缺钙时患软骨病,产蛋鸭缺钙易骨质疏松,产软壳蛋、薄壳蛋,产蛋率及孵化率下降。缺磷时,鸭食欲不振,生长慢,严重时关节硬化,骨质松脆。日粮中钙、磷过多也对生长不利,钙过多,饲料适口性差,影响采食量,阻碍磷、锌、锰、铁等元素的吸收;磷过多会降低钙、镁利用率。在生产中钙、磷比例对其吸收有很大影响,一般以$(1.2\sim1.5):1$为宜。

(2)氯和钠:氯和钠的主要作用是维持机体渗透压和酸碱平衡。缺乏钠时,生长缓慢,产蛋下降;缺氯时,食欲下降,生长迟缓。一般植物性饲料缺乏钠和氯,因此必须在日粮中添加食盐,添加量一般为$0.25\%\sim0.5\%$,禁止添加过多出现食盐中毒。

(3)钾:钾是维持机体渗透压的主要离子。日粮中钾一般占饲料干物质的$0.2\%\sim0.3\%$。植物性饲料中富含钾,可满足鸭需要。

(4)镁和硫:镁和硫也是鸭所必需的。镁参与维持神经和肌肉的兴奋性,还是许多酶的辅助因子。硫是含硫氨基酸的组成部分,参与蛋白质合成、能量代谢和激素、羽毛形成。饲料中含有丰富的镁和硫,一般不会缺乏。

(5)铁:铁是合成血红蛋白的重要原料,是组成肌红蛋白、细胞色素和多种氧化酶的重要成分,在体内是血氧的输送者。缺铁时引起贫血,但饲料中的铁一般可满足需要。

(6)铜:铜参与铁代谢,与铁共同参与血红蛋白形成。缺铜时铁吸收不良,可引起贫血症,还会影响骨骼发育,引起骨质疏松。鸭一般不会缺铜。

(7)钴:钴是维生素B_{12}的组成成分,参与机体造血,并促进生长。钴在一般饲料中都不缺乏,缺乏时表现为贫血,生长缓慢,产蛋下降。

(8)锰:锰与骨骼生长和繁殖有关。锰不足时,雏鸭骨骼发育不良,生长受阻,骨骼短粗,严重时出现滑腱症。成年鸭产蛋量下降,孵化率低,蛋壳薄,脆性增强,破损率增加;种公鸭性欲降低,精液品质下降。鸭常用饲料中,除米糠、麸皮、苜蓿外,大多数含锰量不高,必须添加。日粮中钙、磷含量过多,会影响锰的吸收,加重锰的缺乏。

(9)锌:锌在鸭体内含量甚微,但分布很广,是许多酶类的组成成分,对繁殖有重要作用,能影响性腺活动和提高性激素活性。鸭缺锌时,食欲不振,生长迟缓,羽毛生长不好,腿骨变粗短,产蛋率下降,孵化率降低。鸭对锌的需要量为60毫克/千克,肉骨粉和鱼粉是锌的良好来源。

(10)碘:碘与甲状腺机能活动有关。缺碘时,甲状腺素合成不足,甲状腺肿大,生长受阻,繁殖力下降,孵化率降低。一般饲料和饮水中能满足鸭对碘的需要,在缺碘地区应补饲碘盐。

(11)硒:硒与维生素 E 存在协同作用。硒缺乏时,食欲减退,生长受阻,肌肉萎缩,发生白肌病和渗出性疾病。鸭对硒需要量极微,日粮中添加量一般为 0.15 毫克/千克。

4. 维生素

维生素的种类很多,化学结构各不相同,按是否溶于水分为脂溶性维生素(维生素 A、维生素 D、维生素 E、维生素 K)和水溶性维生素(维生素 C 和 B 族维生素,B 族维生素包括维生素 B_1、维生素 B_2、维生素 B_6、烟酸、叶酸、泛酸、生物素、胆碱、维生素 B_{12})。维生素在生理功能上也不是构成组织的主要成分,更不是体内的能量来源,但是对蛋白质、脂肪、碳水化合物的代谢起着十分重要的作用,现已知许多维生素参与辅酶的形成,是营养代谢中不可缺少的物质。鸭需要 13 种维生素,缺少任何一种都会造成代谢紊乱,生长迟缓,生产力下降,抗病力减弱,直至死亡,但用量过多也会引起疾病的发生。青绿及糠麸饲料中均含多种维生素,只要经常供给鸭优质的青绿饲料,一般情况下不会造成缺乏。

5. 水

水是动物机体组成和体内代谢的重要组成成分,水对保护细胞的正常形态、维持渗透压和体内酸碱平衡起重要作用。鸭口腔内唾液腺不发达,每采食一口料就饮一次水,以保证食物顺利下咽,若供水不足,将会影响正常采食。缺水和长期饮水不足,使机体健康受损,生长发育不良或体重下降,产蛋量迅速下降,蛋壳变薄,蛋重减轻。当体内水分损失 10% 时导致代谢紊乱,损失 20% 就可能造成死亡。因此,必须持续不断地给鸭提供清洁新鲜的饮水,尤其在环境温度较高时,更不能断水。

第二节 常用的蛋鸭饲料原料

规模化养鸭使用的是配合全价饲料,配合全价饲料是由多种饲料原料按一定比例混合而成。饲料原料按其营养素分为四类,即能量饲料、蛋白质饲料、矿物质饲料、饲料添加剂,水不列人饲料行列。

1. 能量饲料

凡干物质中含蛋白质低于 20%、纤维素低于 18% 的饲料都属于能量饲料。能量饲料中以动物与植物油脂所含能量最高,其次是谷物籽实与块茎饲料。谷物饲料是最主要的能量饲料,常用的饲料谷物有玉米、高粱、碎米、稻谷和大麦等,玉米是谷类饲料中能量较高的饲料之一，口味好、易消化，在配合饲粮时往往占很大的比重（事实证明用玉米作大比重能量饲料配制的全价鸭料鸭吃得少，产蛋多，产量稳）；大麦适口性差，粗纤维高，用量不宜过多；糠麸类属低能量饲料添加量也不宜过大。

调查中发现，在某些地区常见配料时以次粉代替玉米作为能量饲料的做法，实际上这种做法不可取。因为用次粉配出的全价鸭料，可使鸭采食量增大，从而增加配料工作量及鸭粪便排泄量。

2. 蛋白质饲料

蛋白质饲料包括植物性和动物性蛋白饲料两大类。植物性蛋白质饲料有各种饼粕类，如大豆饼（粕）、花生饼、菜籽饼、棉籽饼、向日葵饼等，但菜籽饼和棉籽饼中含有有毒成分，因此必须限喂或经过去毒处理后再饲喂；动物性蛋白质饲料一般是指鱼类、肉类和乳品加工的副产品及其他动物产品，常用的有鱼粉、肉骨粉、血粉、蚕蛹、黄粉虫、蝇蛆、螺蛳等，动物性蛋白饲料在使用时应注意其品质，防止腐败。

3. 青绿饲料

青饲料是指水分含量为60%以上的青绿饲料、树叶类及非淀粉质的块根、块茎、瓜果类。青饲料富含胡萝卜素和B族维生素，并含有一些微量元素，适口性好，对鸭的生长、产蛋及维持健康均有良好作用。常见的青饲料有白菜、甘蓝、胡萝卜、芹菜、苦荬菜、鸭食菜、蒲公英、苜蓿草、洋槐叶、金鱼藻、菹其草、黑藻、荇菜、槐叶萍、马蹄、水筛、柳叶藻、虾藻、大茨藻、狐藻等。冬春季没有青绿饲料，可喂苜蓿草粉、洋槐叶粉、松针粉或芽类饲料，同样会收到良好效果。用南瓜作辅料喂母鸭,产蛋量可显著增加,且蛋大、孵化率高。

4. 矿物质饲料

矿物质饲料主要为鸭提供钙、磷、钾、钠、氯等常量无机盐饲料和提供铁、铜、锰、锌、碘、硒等微量元素的无机盐和其他产品。常用的矿物质饲料有骨粉、石粉、贝壳粉、食盐、沙粒等。

5. 饲料添加剂

在蛋鸭日粮中适当添加部分营养性添加剂和非营养性添加剂,主要是完善饲料的全价性,以提高饲料的利用率,促进蛋鸭生长发育,改善蛋的品质,提高产蛋率、孵化率和繁殖力,以达到降低饲养成本的目的。

添加剂的主要成分有氨基酸、维生素和矿物质等。资料证实,在 50 千克常规蛋鸭日粮中添加 80 克蛋氨酸和 50 克赖氨酸,鱼粉的使用量可从原来 4 千克左右降到 2 千克左右,而产蛋量、蛋重等均不会受影响。维生素添加剂完全可以代替青饲料的营养功能,不仅可以起到补充维生素的作用,同时还能节省大量青饲料,减轻养鸭户的劳动强度,降低养鸭生产成本。添加矿物质也可起到提高产蛋率和节约饲料的作用。

使用饲料添加剂时应注意以下事项:

(1)正确选择:目前饲料添加剂的种类很多,每种添加剂都有各自的用途和特点。因此,应充分了解它们的性能,然后结合饲养目的、饲养条件及健康状况等选择使用。但不允许在饲料中额外添加增色剂,如砷制剂、铬制剂、蛋黄增色剂、铜制剂、活菌制剂、免疫因子等。

(2)用量适当:用量少达不到目的,用量多既增加饲养成本还会中毒。用量多少应严格遵照生产厂家在包装上的使用说明。

(3)搅拌均匀程度与效果有直接相关:饲粮中混合添加剂时,要必须搅拌均匀,否则即使是按规定的量添加,也往往起不到作用,甚至会出现中毒现象。若采用手工拌料,可采用三层次分级拌和法。具体做法是先确定用量,将所需添加剂加入少量的饲料中,拌和均匀,即为第一层次预混料;然后再把第一层次预混料掺到一定量(饲料总量的 1/5~1/3)饲料上,再充分搅拌均匀,即为第二层次预混料;最后再把第二层次预混料掺到剩余的饲料上,拌均即可。这种方法称为饲料三层次分级拌和法。由于添加剂的用量很少,只有多层次分级搅拌才能混均。

(4)混于干粉料中:饲料添加剂只能混于干饲料(粉料)中,短时间贮存待用才能发挥它的作用。不能混于加水的饲料和发酵的饲料中,更不能与饲料一起加工或煮沸使用。

(5)贮存时间不宜过长:大部分添加剂不宜久放,特别是营养添加剂、特效添加剂,久放后容易受潮发霉变质或氧化还原而失去作用,如维生素添加剂、抗生素添加剂等。

第三节 饲料的加工调制

1. 能量饲料的加工

能量饲料的营养价值和消化率一般都比较高,但是能量饲料籽实的种皮、壳、内部淀粉粒的结构等都能影响其消化吸收,所以能量饲料也需经过一定的加工,以便充分发挥其营养物质的作用。常用的方法是粉碎,但粉碎不能太细,一般加工成直径 2~3 毫米的小颗粒为宜。

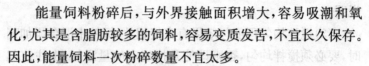

能量饲料粉碎后，与外界接触面积增大，容易吸潮和氧化，尤其是含脂肪较多的饲料，容易变质发苦，不宜长久保存。因此，能量饲料一次粉碎数量不宜太多。

2. 蛋白质饲料的加工

蛋白质饲料包括棉籽饼、菜籽饼、豆饼、花生饼、亚麻仁等，蛋白质饲料由于粗纤维含量高，作为鸭饲料营养价值低，适口性差，需要进行加工处理。

(1)棉籽饼去毒：主要通过以下几种方法。

①硫酸亚铁石灰水混合液去毒法：100千克清水中放入新鲜生石灰2千克，充分搅匀，去除石灰残渣，在石灰浸出液中加入硫酸亚铁(绿矾)200克，然后投入经粉碎的棉籽饼100千克，浸泡3～4小时即可。

②硫酸亚铁去毒法：可在粉碎的棉籽饼中直接混入硫酸亚铁干粉，也可配成硫酸亚铁水溶液浸泡棉籽饼。取100千克棉籽饼粉碎，用300千克1%的硫酸亚铁水溶液浸泡，约24小时后，水分完全浸入棉籽饼中，便可用于喂鸭。

③尿素或碳酸氢铵去毒法：以1%尿素水溶液或2%的碳酸氢铵水溶液与棉籽饼混拌后堆沤。一般是将粉碎过的100千克棉籽饼与100千克尿素溶液或碳酸氢铵溶液放在大缸内充分拌匀，然后先在地面铺好薄膜，再把浸泡过的棉籽饼倒在薄膜上摊成20～30厘米厚的堆，堆周用塑料膜严密覆盖。堆放24小时后，扒堆摊晒，晒干即可。

④加热去毒法：将粉碎过的棉籽饼放入锅内加水煮沸2～3小时，可部分去毒。此法去毒不彻底，故在日粮中混入量不宜太多，以占日粮的5%～8%为佳。

⑤小苏打去毒法：以2%的小苏打水溶液在缸内浸泡粉

碎后的棉籽饼 24 小时,取出后用清水冲洗 2 次,即可达到去毒目的。

(2)菜籽饼去毒:主要有土埋法、硫酸亚铁法、硫酸钠法、浸泡煮沸法。

①土埋法:挖 1 立方米容积的坑(地势要求干燥、向阳),铺上草席,把粉碎的菜籽饼加水(饼水比为 1:1)浸泡后装入坑内,2 个月后即可饲用。

②硫酸亚铁法:按粉碎饼重的 1% 称取硫酸亚铁,加水拌入菜籽饼中,然后在 100℃ 下蒸 30 分钟,再放至鼓风干燥箱内烘干或晒干后饲用。

③硫酸钠法:将菜籽饼掰成小块,放入 0.5% 的硫酸钠水溶液中煮沸 2 小时左右,并不时翻动,熄火后添加清水冷却,滤去处理液,再用清水冲洗几遍即可。

④浸泡煮沸法:将菜籽饼粉碎,把粉碎后的菜籽饼放入温水中浸泡 10～14 小时,倒掉浸泡液,添水煮沸 1～2 小时即可。

(3)大豆饼(粕)去毒法:一般采用加热法。将豆饼(粕)在温度 110℃ 下热处理 3 分钟即可。

(4)花生饼去毒法:一般采用加热法。在 120℃ 左右,热处理 3 分钟即可。

(5)亚麻仁饼去毒法:一般采用加热法。将亚麻仁饼用凉水浸泡后高温蒸煮 1～2 小时即可。

(6)鱼粉的加工:鱼粉加工有干法、湿法、土法 3 种。

干法生产是原料经过蒸干、压榨、粉碎、成品包装去毒的过程。湿法生产是原料经过蒸煮、压榨、干燥、粉碎包装去毒的过程。干、湿法生产的鱼粉质量好,适用于大规模生产,但投资费用大。

土法生产有晒干法、烘干法、水煮法3种。晒干法是原料经盐渍、晒干、磨粉去毒的方法。生产的是咸鱼粉,未经高温消毒,不卫生。含盐量一般在25%左右;烘干法是原料经烘干、磨碎而去毒的方法,原料里可不加盐,成品鱼粉含盐量较低,质量比前一种略好;水煮法是原料经水煮、晒干或烘干、磨粉过程去毒的方法。此法因原料经过高温消毒,质量较好。

3. 青绿饲料的加工

(1)切碎法:切碎法是青绿饲料最简单的加工方法,常用于养鸭少的农户。青绿饲料切碎后,有利于鸭吞咽和消化。

(2)干燥法:干燥的牧草及树叶经粉碎加工后,可供作配合鸭饲粮的原料,以补充饲粮中的粗纤维、维生素等营养。

青绿饲料收割期为禾本科植物由抽穗至开花,豆科从初花至盛花,树叶类在秋季,其干燥方法可分为自然干燥和人工干燥。

自然干燥是将收割后的牧草在原地暴晒5~7小时,当水分含量降至30%~40%时,再移至避光处风干,待水分降至16%~17%时,就可以上垛或打包贮存备用。堆放时,在堆垛中间要留有通气孔。我国北方地区,干草含水量可在17%限度内贮存,南方地区应不超过14%。树叶类青绿饲料的自然干燥,应放在通风好的地方阴干,要经常翻动,防止发热和日晒,以免影响产品质量。待含水量降到12%以下时,即可进行粉碎。粉碎后最好用尼龙袋或塑料袋密封包装贮藏。

人工干燥的方法有高温干燥法和低温干燥法两种。高温干燥法在800~1100℃下经过3~5秒钟,使青绿饲料的含水量由60%~85%降至10%~12%;低温干燥法以45~50℃

处理,经数小时使青绿饲料干燥。

青绿饲料的人工干燥,可以保证青绿饲料随时收割、随时干燥、随时加工成草粉,可减少霉烂,制成优质的干草或干草粉,能保存青绿饲料养分的 90%～95%。而自然干燥只能保持青绿饲料养分的 40%,且胡萝卜素损失殆尽。但人工干燥工艺要求高,技术性强,且需一定的机械设备及费用等。

4. 颗粒料的加工

生产调查中发现饲喂颗粒饲料已为广大养鸭场所接受,既卫生又较少浪费饲料。

颗粒饲料是全价配合饲料加上结合剂经颗粒机压制而成,最大优点是进食营养全面,比例稳定,而且容易采食,采食量大,饲料浪费少。

雏鸭的前期料大部分采用 2.5～3 毫米孔径的模板制成颗粒,再用破碎机破碎,后期料采用 3～4 毫米孔径的模板制成颗粒后不再破碎。颗粒饲料的优点是适口性好,鸭喜食、采食量多,保证了饲料的全价性;制造过程中经过加压加温处理,破坏了部分有毒成分,起到了杀虫、灭菌作用,饲料比较卫生,有利于淀粉的糊化,提高了利用率。但颗粒饲料制作成本较高,在加热加压时使一部分维生素和酶失去活性,宜酌情添加。制粒增加了水分,不利于保存。

第四节　配合饲料

鸭饲料可以购买商品配合饲料直接饲喂,或自己进行加工混合后饲喂。自己加工饲料必须按照各类鸭营养标准的需要,选定饲养标准,将多种饲料进行合理的搭配,配制成全价日粮。

一、日粮配合的一般原则

1. 选用的饲料品种多样化

选用的饲料品种尽可能多一些,如玉米,能量比较高,蛋白质不够,豆饼的蛋白质含量高,但必需的氨基酸不平衡,其他饲料也都有类似的问题,配料时,尽可能多用几种饲料,以便在营养上互相补充,才能充分发挥营养素的作用。

2. 选用的饲料质量必须符合标准

霉变的饲料即使价格低廉也不能使用,存放过久的饲料,营养成分有损失,特别是维生素有效含量降低,因此应尽量选用新鲜的饲料。

3. 选用价格便宜的饲料

饲料是养鸭的主要成本,约占 70% 左右。在相似质量的前提下,尽可能用当地来源广、价格便宜的饲料,才能降低饲料成本。

4. 选用货源多、能保持相对稳定的饲料

鸭对饲料比较敏感,饲料变动大,容易引起应激反应,如有变动,应逐渐过渡。

5. 选用的饲料要注意适口性

适口性差影响采食量,麸皮粗纤维含量高,有轻泻作用,不宜多喂。

6. 配制饲料时要严格掌握饲养标准

配制时应对照饲养标准,严格按计算好比例称量投料,切忌随意性。

7. 严格控制配制量

每次配制饲料,不宜数量过多,以 7～10 天能吃完为宜,

以保持饲料的新鲜。

二、饲料的配制方法

饲料可从以下三个方面来解决。

1. 购买饲料

可以从信誉较好的厂家购买各年龄期的鸭饲料。

2. 自混饲料

从饲料公司门市部购买鸭浓缩饲料,也叫料精(料精包装都注明使用对象、用量、生产日期等)。其余原料用自家的原料,料精的添加比例按说明书添加,经过5~6次混合搅拌,即成全价配合饲料。

自混饲料参考配方如下:

3天~8周龄:玉米58.7%,豆粕26%,菜粕或棉粕7%,石粉(骨粉、贝壳粉均可)4%,特预6号预混料4%,食盐0.3%。

8周龄~开产:玉米64%,豆粕16%,菜粕或棉粕6%,石粉(骨粉、贝壳粉均可)9.7%,特预6号预混料4%,食盐0.3%,另外添加金赛维适量。

产蛋期鸭:玉米51%,豆粕22%,菜粕或棉粕3%,次粉10%,石粉(骨粉、贝壳粉均可)9.7%,特预6号预混料4%,食盐0.3%。

3. 自配饲料

(1)0~2周龄饲料参考配方

配方一 玉米36%,大麦19%,糙米7%,鱼粉5%,豆饼17.3%,菜籽饼4.5%,米糠3.5%,麸皮6%,骨粉0.95%,石粉0.35%,食盐0.20%,鸭用微量元素0.10%,蛋氨酸

0.10%,另外添加多种维生素 7.5 克/千克。

配方二　玉米 36.6%,大麦 13.1%,糙米 12%,鱼粉 5%,豆饼 7%,花生饼 11.8%,菜籽饼 4.6%,米糠 3%,麸皮 5%,磷酸氢钙 0.8%,石粉 0.70%,食盐 0.20%,鸭用微量元素 0.10%,蛋氨酸 0.10%,另外添加多种维生素 7.5 克/千克。

配方三　小麦 14%,稻谷 12.1%,糙米 35.4%,鱼粉 5%,豆饼 7.3%,芝麻饼 10%,菜籽饼 5%,米糠 4.5%,麸皮 5.6%,磷酸氢钙 0.6%,石粉 0.20%,食盐 0.20%,鸭用微量元素 0.10%,另外添加多种维生素 7.5 克/千克。

(2)3~8 周龄饲料参考配方

配方一　玉米 40%,大麦 18.3%,糙米 6%,鱼粉 4%,豆饼 10.3%,棉仁饼 4%,菜籽饼 4.2%,米糠 4.9%,麸皮 6.7%,骨粉 1.2%,石粉 0.10%,食盐 0.20%,鸭用微量元素 0.10%,另外添加多种维生素 7.3 克/千克。

配方二　玉米 40%,稻谷 11.7%,糙米 11.3%,鱼粉 4%,花生饼 11.3%,棉仁饼 4%,菜籽饼 4.5%,米糠 5.4%,麸皮 6.1%,磷酸氢钙 0.8%,石粉 0.60%,食盐 0.20%,鸭用微量元素 0.10%,另外添加多种维生素 7.5 克/千克。

配方三　小麦 13.6%,稻谷 12%,糙米 39%,鱼粉 4%,芝麻饼 10%,棉仁饼 4.9%,菜籽饼 5%,米糠 5%,麸皮 5.5%,磷酸氢钙 0.7%,食盐 0.20%,鸭用微量元素 0.10%,另外添加多种维生素 7.5 克/千克。

(3)9~18 周龄饲料参考配方

配方一　玉米 37%,大麦 11%,糙米 10%,豆饼 6.5%,棉仁饼 3%,菜籽饼 5%,米糠 11.7%,麸皮 13.3%,骨粉

66

0.9%,石粉1.2%,食盐0.20%,鸭用微量元素0.10%,蛋氨酸0.10%,另外添加多种维生素7.5克/千克。

配方二 玉米37%,稻谷4.5%,糙米12.5%,花生饼6.5%,棉仁饼3.5%,菜籽饼4%,米糠14.7%,麸皮14.9%,骨粉0.8%,石粉1.2%,食盐0.20%,鸭用微量元素0.10%,蛋氨酸0.10%,另外添加多种维生素7.5克/千克。

配方三 小麦11.5%,稻谷4.5%,糙米38.5%,芝麻饼6.5%,棉仁饼4%,菜籽饼3%,米糠14.6%,麸皮15.2%,磷酸氢钙0.6%,石粉1.2%,食盐0.20%,鸭用微量元素0.10%,蛋氨酸0.10%,另外添加多种维生素7.5克/千克。

(4)育肥期饲料参考配方

配方一 玉米粉55%,米糠20%,大麦粉10%,鱼粉5%,豆饼8%,骨粉1.5%,食盐0.5%。

配方二 玉米64%,麸皮6%,豆饼19%,鱼粉8.7%,骨粉1%,生长素1%,食盐0.3%。

配方三 玉米68.3%,麸皮16%,豆饼2.5%,苜蓿干草粉8%,鱼粉3%,骨粉1%,石粉1%,食盐0.2%。

配方四 糙米、碎米84.9%,芝麻饼9.6%,鱼粉3%,骨粉1%,石粉1.1%,食盐0.4%。

配方五 玉米69.2%,麸皮14.9%,豆饼2%,苜蓿干草粉8%,鱼粉3.8%,骨粉1%,石粉1%,食盐0.1%。

(5)产蛋期饲料参考配方

配方一 玉米39%,大麦10%,糙米7%,鱼粉4%,豆饼12.9%,棉仁饼3.5%,菜籽饼3%,米糠10.3%,麸皮4.2%,贝壳粉0.1%,石粉5.6%,食盐0.20%,鸭用微量元素0.10%,蛋氨酸0.10%,另外添加多种维生素7.5克/千克。

配方二　玉米47％，稻谷7％，糙米7.5％，鱼粉4％，花生饼13.1％，棉仁饼4％，菜籽饼5％，米糠3％，麸皮3％，骨粉0.7％，石粉5.3％，食盐0.20％，鸭用微量元素0.10％，蛋氨酸0.10％，另外添加多种维生素7.5克/千克。

配方三　小麦10％，稻谷12％，糙米39％，鱼粉4％，豆饼5.4％，芝麻饼10％，菜籽饼4.5％，米糠5％，麸皮4.2％，磷酸氢钙0.8％，石粉4.7％，食盐0.20％，鸭用微量元素0.10％，蛋氨酸0.10％，另外添加多种维生素7.5克/千克。

(6)成年种公鸭饲料参考配方

配方一　玉米55％，豆饼16％，麸皮14％，鱼粉11.85％，骨粉0.6％，磷酸钙1.35％，碳酸钙1.10％，微量元素预混料0.05％，维生素预混料0.05％。

配方二　玉米59％，麸皮6％，豆饼17％，鱼粉4％，肉粉3％，骨粉5％，石粉3.5％，蛋氨酸0.15％，食盐0.3％，膨润土1.41％，添加剂0.64％。

第五节　饲喂方式

鸭的饲料按其形状区分，有粒料、粉料、颗粒饲料、碎粒料、压扁料、膨化饲料六种。

1. 粒料饲喂法

指保持原来形状的谷粒或加工打碎后的谷物饲料。

2. 粉料饲喂法

指谷物磨粉后加上糠麸、鱼粉、矿物质粉末及各种添加剂等混合而成的粉状饲料。粉料的营养完善、鸭不易挑食。但粉料适口性差一些，而且容易飞散，并且鸭有甩食的习惯，易造成浪费,因此鸭适宜拌水而成的湿拌料或潮拌料。

3. 颗粒料饲喂法

颗粒饲料是将已配合好的粉料用颗粒机制成直径为2.5~5.0毫米的颗粒。这种颗粒饲料的优点是营养完善,适口性强,鸭无法挑选,避免偏食,防止浪费,便于机械化喂料,节省劳力。产蛋鸭一般不宜喂颗粒饲料,因为容易出现过食过肥而影响产蛋。但在夏季因高温影响,鸭的食欲不振时,可采用颗粒饲料来增加鸭的采食量。颗粒饲料因需加工制造颗粒,成本稍高。此外,如水分含量较高时夏季保存不当易发霉,需加注意。

4. 碎粒料饲喂法

将制成的颗粒再经加工破碎的饲料,它除具有颗粒的优点外,由于采食速度稍慢,不致过食过肥,适于产蛋鸭和各种周龄的雏鸭喂用,只是加工成本较高。

5. 压扁料饲喂法

将谷物饲料压成扁平的形态称压扁料,可提高谷实类饲料的利用率。

6. 膨化饲料饲喂法

以较大的压力与温度将饲料挤压膨化,其淀粉部分糊化,称为膨化饲料。由于其比重轻、有空隙,故可浮在水面,又称浮性饲料。

第六节 饲料保存

1. 玉米贮藏

玉米主要是散装贮藏,一般立筒仓都是散装。立筒仓虽然贮藏时间不长,但因玉米厚度高达几十米,水分应控制在14%以下,以防发热。不是立即使用的玉米,可以入低温库贮藏或通风贮藏。若是玉米粉,因其空隙小,透气性差,导热性不良,不易贮藏。如水分含量稍高,则易结块、发霉、变苦。因此,刚粉碎的玉米应立即通风降温,装袋码垛不宜过高,最好码成井字垛,便于散热,及时检查,及时翻垛。一般应采用玉米籽实贮藏,需配料时再粉碎。

其他籽实类饲料贮藏与玉米相仿。

2. 饼粕贮藏

饼粕类由于本身缺乏细胞膜的保护作用。营养物质外露,很容易感染虫、菌。因此,保管时要特别注意防虫、防潮和防霉。入库前可使用磷化铝熏蒸,用敌百虫灭虫消毒。仓底铺垫也要彻底做好,最好用砻糠作垫底材料。垫糠要干燥压实,厚度不少于 20 厘米,同时要严格控制水分,最好控制在5%左右。

3. 麦麸贮藏

麦麸破碎疏松,孔隙度较面粉大,吸潮性强,含脂量多(多达 5%),因而很容易酸败、霉变和生虫,特别是夏季高温潮湿季节更易霉变。贮藏麦麸在 4 个月以上,酸败就会加快。新磨出的麦麸应把温度降至 $10\sim15$℃再入库贮藏。在贮藏期要勤检查,防止结露、吸潮、生霉和生虫,一般贮藏期不宜超过3 个月。

4. 米糠贮藏

米糠脂肪含量高,导热不良,吸湿性强,极易发热酸败,贮藏时应避免踩压,入库时米糠要勤检查、勤翻、勤倒,注意通风降温。米糠贮藏稳定性比麦麸还差,不宜长期贮藏,要及时推陈贮新,避免损失。

5. 叶粉的贮存

叶粉要用塑料袋或麻袋包装,防止阳光中紫外线对叶绿素和维生素的破坏。另外,贮存场所应保持清洁、干燥、通风,以防吸湿结块。在良好的贮存条件下,针叶粉可保存 2～6 个月。

6. 配合饲料的贮藏

配合饲料的种类很多,包括全价饲料、预混饲料、浓缩饲料等。这些饲料因内容物不一致,贮藏特性也各不相同;因料型不同,贮藏性也有差异。

(1)全价颗粒饲料:因经蒸汽加压处理,能杀死绝大部分微生物和害虫,而且孔隙度大,含水量较少,淀粉膨化后把维生素包裹,因而贮藏性能极好,短期内只要防潮,贮藏不易霉变,也不易因受光的影响而使维生素破坏。

(2)全价粉状饲料:全价粉状饲料大部分以谷物类为原料,表面积大,孔隙度小,导热性差,且容易吸湿发霉。其中的维生素随温度升高而损失加大。另外,光照也能引起维生素损失。因此,这类饲料不宜久放,最好不要超过 2 周。

(3)浓缩饲料:蛋白质含量丰富,含各种维生素及微量元素。这种粉状饲料导热性差,易吸潮,有利于微生物和害虫繁殖,也易导致维生素变热、氧化而失效。因此,浓缩饲料宜加入适量抗氧化剂,且不宜长时期贮藏,要不断推陈贮新。

(4)添加剂预混料:主要是由维生素和微量元素组成,有的添加了一些氨基酸、药物或一些载体。这类物质容易受光、热、水、气影响,要注意存放在低温、遮光、干燥的地方,最好加入一些抗氧化剂,贮藏期也不宜过久。维生素添加剂也要用小袋遮光密闭包装,在使用时,以维生素作添加剂再与微量元素混合,效价影响不会太大。

第七节 节约饲料的技巧

饲料费的支出约占蛋鸭饲养生产成本的70%左右,在保证日粮营养满足的前提下,降低日粮的成本费用对生产经营具有重大的经济意义,所以节约日粮是饲养蛋鸭中生产技术关键之一。

1. 合理保存饲料

保存饲料时不让饲料因为受潮发霉造成一些不必要的损失,在夏秋季节的时候要特别注意,因为这时候天气都比较潮湿,合理科学地储存好饲料可减少不必要的浪费,储存饲料时要注意避光、通风、防蛀虫的问题。

2. 注意饲喂方式

对饲料剂型的选择,各农户可根据当地商品饲料的实际情况和自己的加工能力酌情考虑,饲喂方式也可灵活掌握,但无论是采用何种喂料形式喂鸭,均应采取少给勤添的方式,一次加料不宜过多,每次加料以吃完为原则,同时还要注意每次加料量不要超过料槽或料盆深度的1/3,以免鸭子将饲料甩到槽外。

此外,饲喂蛋鸭的料槽一般应以尖底、肚大、口小、长度以每只鸭均能占据一个采食位置,宽度以鸭群不能自由进出料槽且采食方便为好,料槽的放置高度一般以高出鸭1.5~2厘米为宜。

3. 饲料的混合

和其他动物一样,鸭也不可能无限制地吸收饲料中的营养,如果饲料搭配得不合理,过多的营养只能是白白的浪费。饲料过粗,颗粒太大,鸭在吃进去之后没有经过充分消化吸收就排出体外,造成不必要的浪费,所以在鸭的养殖过程中可以合理地利用好全价饲料,把全价饲料和其他的饲料合理地搭配在一起,做到营养成分的平衡,减少对全价饲料的浪费。

鸭特别喜食动物性昆虫,有条件时应人工养殖一些动物性昆虫饵料,以满足其对动物蛋白质的需要。

4. 鸟、鼠虫害的防治

小鸟和老鼠不仅会传播很多疾病,而且还会吃掉大量的饲料,而且有的老鼠还会咬死或是惊吓到雏鸭,带来不必要的死亡,所以在养殖过程中一定要重视这些,避免不必要的损失。

5. 称体重

对要进入产蛋期的鸭要经常进行体重的测量,如果发现体重过大的话,就要对母鸭的饲料进行控制,防止因为体重过大而减少产蛋量,也可以减少饲料的浪费,所以要定期为鸭称量体重,把不同体重的鸭进行分开饲料管理。

6. 驱虫

驱虫不但能有效地预防鸭的各种肠道寄生虫病和部分原虫病,确保鸭群健康成长,且能节省饲料,降低饲养成本。在整个饲养周期中,一般驱虫2次为宜。第一次在转舍前1周进行;第二次要在繁殖准备期进行。

7. 鸭舍温度的控制

如果天气太冷体内消耗的热量就比较多,就需要不断地吃东西来补充能量,因此冬季鸭的进食量就会增加,增加饲料成本,所以冬季要合理地控制好鸭舍内的温度,夏天要注意降温。

第四章　鸭的繁育技术

为了保证蛋鸭品种的高产、稳产、优质,巩固其固有的性能,就必须重视蛋鸭的种质,开展正确的选种、选配工作,采用先进的繁育技术,结合科学的饲养管理措施,以保证鸭种群生产性能的不断提高,以提供更多的优质产品。

第一节　引　种

种鸭是养鸭业的基础,对种鸭的引进称为引种。种鸭选择的好坏不仅影响其本身,还涉及到其后代的生产性能和养殖者的经济利益。因此,应根据养殖者的生产目的和自身的条件来选择自己需要的品种。

一、品种选择

蛋鸭品种对环境都有良好的适应性,不仅能适应于放牧饲养还能适应舍圈饲养。

1. 体型外貌的选择

体型外貌是一个品种的重要特征,也是生产力高低的主要依据,因此,选择的种鸭必须具有其品种的固有特征,同时更应侧重于生产性能的选择。

2. 生产性能的选择

体型外貌与生产性能有密切关系,蛋鸭的生产性能包括产蛋力和繁殖力等。

(1)产蛋力:产蛋力的高低决定于两大因素,一是饲养管理条件的好坏;二是受遗传因素的影响。产蛋力包括开产日龄、产蛋量和蛋重等几项指标。开产日龄指的是母鸭群产蛋率达到50%时的日龄。一般来说,开产早的品种(或品系、鸭群)成熟早,产蛋量也高;开产晚的品种换羽早,产蛋量也少。蛋的重量也是标志产蛋力高低的一个重要指标,在选种时要选蛋重大的鸭群作为种用。

(2)繁殖力:鸭的繁殖力通常指产蛋量、受精率、孵化率和雏鸭的成活率等。繁殖力的高低与经济效益关系密切,繁殖力高则经济效益大;反之则低。

(3)耗料量小:觅食能力强,杂食耐粗饲,能充分利用天然饲料,饲养成本低。

(4)产蛋持久:产蛋率在90%以上的时间应达20周左右,在80%以上的时间应达40~50周,产蛋持久性好。

二、个体选择

1. 成鸭的选择

首先要选择体型外貌符合其品种特征的成鸭,之后再考虑公、母鸭个体的不同要求。

(1)成年鸭的选择

①种公鸭:头大、颈粗、胸深而突出,背宽而长,嘴齐平,眼大而明亮,腿粗而有力,体格健壮,精神活泼,生长快,羽毛紧密,有光泽,性欲旺盛。

②种母鸭:母鸭应体长而丰满但不肥胖,嘴长,眼大而灵活,头稍小颈细长,腿粗壮,两腿间的距离宽,胸部深宽,臀部丰满下垂而不擦地,尾部宽扁齐平,走路稳健,觅食力强,羽毛细致,麻鸭的斑纹要细。

(2)选择比例

①母鸭群年龄结构:一般鸭群中 1 岁母鸭占 60%～70%,2 岁母鸭占 20%～30%。

②公母比例:蛋用型麻鸭品种,公鸭的配种性能都很好。如果是种鸭群,为了保证种蛋有较高的受精率,公母鸭的比例应以 1:(20～25)为宜。如果是以生产商品蛋为目的的鸭群,则公母鸭的比例可适当小些。

(3)种鸭的运输:采用封闭式笼具运输种鸭,以防止逃逸。运输前鸭要经兽医人员检疫,并喂镇静药物,以防受惊。夏天每笼装 5～10 只,冬天可多装些。装车时在两层笼间铺一层麻袋,防止上层粪便落到下层鸭身上,最上层用麻袋罩好,以免光线太强,引起鸭兴奋。

运输途中经常检查温度是否过高或有无贼风,防止风直接吹到笼内鸭身上,同时也注意通风透气。运输时间以不超过 36 小时为度,司机最好在车内带足食品和饮水,以减少停车时间。车辆最好用厢式货车,既防雨又防寒,能通风换气。鸭运达目的地后,隔离饲养 15 天。如受风寒可饮用庆大霉素水,每只用 3000 单位,每天 2 次,连用 3 天。

2. 雏鸭的选择

引进的雏鸭应来源于健康和高产种鸭所产的后代。若鸭场或鸭场所在地区有雏鸭病毒性肝炎、鸭瘟等发生,引进这种雏鸭,有可能导致发病,造成损失。

(1)雏鸭的选择:应选择同一时间出壳、体型大小一致、体重较大、趾蹼和绒毛有光泽、脐带收缩良好、眼大有神、行动灵活的个体作为种用。凡是脐大而硬或有脐血,脐带收缩不好,行动迟缓,生理畸形,体重过轻的鸭,生命力都低,不宜留作种用。另外,还要注意是否合乎本品种的特征,如初生重大小、羽毛、嘴、趾、蹼的颜色等。在选择雏鸭时,要将公母鸭分开,并按比成鸭多 20% 的比例进鸭苗。

(2)雏鸭的性别鉴定:雏鸭的雌雄鉴别技术是一项重要而实用的技术,通过该技术可在蛋鸭初生时,将多余的公雏捡出做育肥处理,节约育雏的房舍,饲料和设备;种鸭可以按性别比例配套。总之,雌雄鉴别技术可以在养鸭业中起到增收节支的作用。

①肛门鉴别法:肛门鉴别法使用最普遍,准确率也较高,依操作手法不同,又可分为以下三种方法。

Ⅰ.翻肛鉴别法:翻肛鉴别法是最为常用的鉴别方法,操作时左手的中指和无名指夹住肛口,使其腹部向上,右手的大拇指和食指放在泄殖腔两侧,轻轻翻开泄殖腔,如在泄殖腔下方见到约 0.2～0.4 毫米的细小突起为公雏,如是呈八字状的皱襞,则为母雏鸭。

Ⅱ.捏肛鉴别法:操作时,左手抓握雏鸭,左手拇指紧贴雏鸭背部,其余四指拖住腹部,使其背向上腹向下,肛门朝向鉴别者,然后右手的拇指和食指再向泄殖腔外部的两侧轻捏,如手指感觉有一细小突起,即为公雏鸭,若没有,则为母雏。捏肛法熟练后比翻肛法速度快,要求操作者手指有较高的敏感性。

Ⅲ.顶肛鉴别法:与前两者相比,此法最难掌握,但熟练掌握后速度最快,抓握手法与捏肛相似,左手抓握雏鸭,右手中指在泄殖腔外部轻轻向上一顶。感觉有细小的突起者为公鸭雏;反之,则为母雏鸭。

②外形鉴别法:此法需要丰富的实践经验,各品种间也有一定的差异,一般来说,准确率不是很高。

公雏鸭头部较大,喙长、颈长、脚高、尾羽尖、体型较长,喙部周围毛边呈角形;母雏鸭头部较小、喙短、颈短、脚矮、尾羽散开,体型短圆,喙部周围的毛边呈弧形。

公雏鼻子狭窄,线形,鼻边粗硬,呈起伏状;母雏鼻孔宽大,圆状,鼻边柔软,不呈起伏状,下颌毛边明显坚实,呈三角形而且不整齐者为公雏;下颌毛边缘呈弧形且整齐者是母雏。

③鸣管鉴别法:鸣管又称下喉,位于气管分叉的顶部。公鸭在此处有一个膨大的球状鼓室,直径为3~4毫米,从体外胸前可以摸出,母鸭无此鸣管。

(3)了解免疫情况:鸭一般不进行任何免疫,有些鸭场对雏鸭进行肝炎病毒疫苗的注射,对该病高发区也应注射此疫苗。了解雏鸭父母代的健康和免疫情况,以供雏鸭免疫时参考。

(4)初生雏的接运:雏鸭生命力柔弱,经不起外界的剧烈震动和多变的气温。因此,自孵化出壳到1个月脱温的雏鸭不宜长途运输,否则死亡率极高。一般1个月后的雏鸭可长途运输,宜用纸箱装运,箱底垫铺麻袋片,以防滑。雏鸭存放室的温度要求24~28℃,通风良好且无穿堂风,雏鸭应当尽快运到养殖场。

要和孵化场或种鸭场签订雏鸭订购合同,保证雏鸭的数量和质量,同时确定大致接雏日期。在雏接前1周内要确定具体的接雏日期，以便育雏舍提前预热和其他准备工作的进行。雏鸭出雏经过免疫接种以后，一般需要在孵化室恢复3～5小时，然后再进行运输，并尽快送至育雏舍。最早出壳的雏鸭从出壳到雏鸭全部出齐已经经过了较长时间，加上雏鸭处理和雏鸭恢复时间，到开始装车运输时距出壳大约经过了30多个小时，因此雏鸭要尽快运到目的地，以防止雏鸭脱水。雏鸭开始装车运输后要马上电话通知饲养场大约雏鸭到达时间，以便做好接雏工作。

汽车运输时，车厢底板上面铺上消毒过的柔软垫草，每行雏箱之间，雏鸭箱与车厢之间要留有空隙，最好用木条隔开，雏鸭箱两层之间也要用木条(玉米秸、高粱秸、竹竿均可)隔开，以便通气。冬季，早春运输雏鸭要用棉被、棉毯遮住雏鸭箱，千万不能用塑料包盖，更不应将雏鸭箱放在汽车发动机附近，否则将雏鸭闷死、热死。车内有足够的空间，保证运输箱周围空气流通良好。

运输途中，要经常观察雏鸭动态，防止意外事故发生。夏季运输雏鸭要携带雨布，千万不能让雏鸭着雨，着雨后雏鸭感冒，会大量死亡，影响成活率。阴雨天运输雏鸭，除带防雨设备外，还要准备棉被、棉毯，防止雏鸭着凉。夏季运输雏鸭最好在早晚凉爽时进行，以防雏鸭中暑。运输初生雏鸭时，行车要平稳，转弯、刹车时都不要过急，下坡时要减速，以免雏鸭堆压死亡。

运输雏鸭要有专用雏箱，一般的运雏箱规格为60厘米×45厘米×18厘米(长、宽、高)的纸箱、木箱或塑料瓦楞箱。箱的上下左右均有1厘米洞孔若干，箱内分成4个格，每格装25只雏鸭，每箱可装100只雏鸭，如用其他纸箱应注意留通

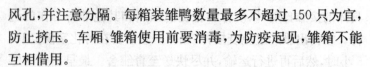

风孔,并注意分隔。每箱装雏鸭数量最多不超过150只为宜,防止挤压。车厢、雏箱使用前要消毒,为防疫起见,雏箱不能互相借用。

3. 种蛋的引进

(1)种蛋的选择:种蛋品质的好坏,不仅影响孵化成绩,而且还关系到雏鸭生长发育健壮与否,以及其生产性能。

①种蛋来源:种蛋必须是来自健康高产的种鸭群,不能从疫区或不符合规格的鸭场引进。

②种蛋新鲜程度:种蛋新鲜程度是指种蛋产出后到入孵的贮存时间长短,以产后1周内为合适,3～5天为最佳。种蛋的贮存时间越长孵化率越低,这是因为新鲜种蛋,蛋内的营养物质损失少,各种病原微生物侵入的也少,胚胎生活能力强,孵化率越高,雏鸭成活率也高。

③种蛋的形状、大小和蛋壳厚度:选择的种蛋大小、蛋形及蛋壳厚度应符合各品种的具体要求。过圆或过长的蛋不宜孵化,蛋重过小则孵出来的鸭雏个体小(雏鸭重量一般为蛋重的65%～70%),蛋重过大则孵化率低。

④签订协议:在购买种蛋时,应签订购买协议,以保证种蛋的质量。

(2)种蛋的运输:种蛋的运输指种蛋由种鸭场运到孵化场或运到其他地方的孵化场,有些可能要运到几千里以外的地方。本场内运送种蛋由于距离较近,对运输条件的要求较低,只要夏天不雨淋,冬天不受冻,不剧烈颠簸,一般问题不大。

对于长途运输的种蛋,要求运输的条件较严格,夏季运送种蛋一定要有防雨措施,而且种蛋应当根据其大小而专门设计的塑料压型蛋托包装,然后装箱,捆扎牢固后装车运输。如无专用的压型蛋托，也可用小纸箱。但箱中应有固定数量的厚隔，将每个蛋，每层蛋分隔开来。蛋在分隔时不能有移动空间，否则要用草屑、碎纸屑等填充。箱中无分隔也可用草屑、碎纸屑等填充物将蛋与蛋之间隔开，并填实箱内空间，使箱内蛋不互相碰撞或松动。装蛋时应大头向上竖放，因蛋的纵轴耐压力大，不易破碎。蛋托或小纸箱内装好蛋后，应装入大纸箱中，每个大纸箱要装满、装实，使装入的蛋托或小纸箱没有移动的空间，如装不满则用填充物充实，然后用打包带捆扎好。

种蛋装卸要注意轻取轻放，种蛋运输途中切忌碰撞和剧烈震动，要防止日晒雨淋。冬天运送种蛋应特别注意防寒，用棉被和帆布将装箱的种蛋包裹严密，最好用空调车运送。在选择运输工具上，一定要选择好。火车一般运费低，而且时间有保障，但是不能直接送到家门口。汽车运输在 500 公里以内有优势，但是一定要注意不要颠簸，防止种蛋的破损。

三、引种注意事项

1. 引种渠道正规

从有"种畜禽经营许可证"的种鸭场或专业孵坊引种，才能确保鸭苗质量。

2. 必须严格检疫

绝不可以从发病区域引种，以防止引种时带进疾病。进场前应严格隔离饲养 15 天后，经观察确认无病后才能入场。

3. 必须事先做好准备工作

如圈舍、饲养设备、饲料及用具等要准备好，饲养人员应做技术培训。

4. 注意引种方法

(1)首次引入品种数量不宜过多,引入后要先进行1~2个生产周期的性能观察,确认引种效果良好时,再适当增加引种数量,扩大繁殖。

(2)注意引种季节。引种最好选择在两地气候差别不大的季节进行,以便使引入个体逐渐适应气候的变化。从寒冷地带向温暖地区引种,以秋季引种最好,而从温暖地区向寒冷地区引种则以春末夏初引种最适宜。

(3)做好运输组织工作安排,避开疫区,尽量缩短运输时间。如运输时间过长,就要做好途中饮水、喂食的准备,以减少途中损失。

第二节　初配年龄及配种方法

1. 鸭的初配月龄

蛋型鸭性成熟较早,初配年龄以5月龄以上为宜。鸭配种年龄不易过早,配种年龄过早,不仅对其本身的生长发育有不良影响,而且受精率低。

2. 公、母鸭配比

在生产中蛋鸭多采用自然交配。一般采用群配法,要求公母比例一定要适当,公鸭过多或过少,都会影响受精率。一般公母鸭的比例为1:(20~25)。

第三节　鸭种蛋的孵化

种鸭产的蛋并不是全部都能作为种蛋进行孵化,即使是优良种鸭群的蛋也是如此。种蛋质量好,胚胎发育良好,生存力强,孵化率高,雏鸭质量好;反之,种蛋品质低劣,孵化率低,雏鸭生长发育不良,难以饲养。如果种鸭场规模较小,种蛋需要存放一些时间才能进行孵化。因此,种蛋质量的管理包括从种蛋产出、捡蛋、挑选、消毒、保存、运输等一系列工作。

一、种蛋的管理

1. 蛋产出前后的工作

(1)检查种鸭的体重是否合适。如果种鸭体重太小,就不要增加光照刺激,避免种鸭开产早、产小蛋。如果体重达标,则给予光照刺激,使种鸭及时产蛋。蛋重和种鸭的体重成正比,体重越大,蛋重越大。

种鸭的管理要良好,营养全面,尽量减少应激,应激容易使种鸭产窝外蛋和软皮蛋。开产前为种鸭准备好产蛋箱,产蛋箱一般每4~5只母鸭一个,训练母鸭在产蛋箱中产蛋,避免或减少窝外蛋。产蛋箱应干净,铺设柔软的垫草,不要有坚硬的伤及蛋壳的物体。

(2)当种鸭开产以后,每天在同一时间饲喂和更换垫草。定期监测体重和监测蛋重大小,以确定饲喂量。体重太大蛋重就大,蛋重太大孵化效果不良。蛋用种鸭的体重应保持在3.2~3.5千克。

(3)产蛋箱中的蛋和窝外蛋要分别捡,对于被粪污轻微污染的窝外蛋要用干净的布擦干净,窝内蛋一般比较干净,不用擦拭。污染严重的窝外蛋,只能作为食用蛋,否则在孵化过程中容易爆炸,污染整个孵化器。种鸭产蛋高峰时间大多集中在后半夜,蛋产出后要尽快捡蛋,收集起的鸭蛋经过大致挑选,去掉破损蛋和严重污染蛋,将种蛋运到蛋库保存或运到孵化厂。尤其是夏季,气温较高,细菌繁殖很快,应将种蛋尽快从鸭舍中运到蛋库。

2. 种蛋的保存

蛋产出后会贮存一段时间,再进行入孵。即使来源于优秀的种鸭群,又经过严格挑选的品质优良的种蛋,如果保存条件较差,保存方法不当,对孵化效果均有不良影响。尤其在冬、夏两季尤为突出,因此应给种蛋创造一个适宜的保存条件,并采用正确的保存方法。

(1)种蛋库:无论是设置在种鸭场,还是设置在孵化厅的种蛋库必须具有良好的隔热性能,夏季高温季节有空调,保持适当的温度和适度的通风。种蛋库内的卫生条件要保持良好,防止老鼠和蚊蝇等动物进入,以免消毒过的种蛋被二次污染。

(2)适宜的温度:种蛋保存的理想温度为 13～16℃。保存时间不同温度有差异,2～4 天保存温度一般要求 18～20℃,保存 7 天以内,温度控制在 13～15℃较适宜,7 天以上11℃为宜。当保存温度高于 23℃时,胚胎开始缓慢发育,尽管发育程度有限,但细胞的代谢会逐渐导致胚胎的衰老和死亡;相反,温度过低也会造成胚胎的死亡,影响孵化率,低于0℃时,种蛋因受冻而失去孵化能力。在贮存前,如果种蛋的温度低于保存温度,应逐步降温,使蛋温接近贮存室温度然后放入贮存室。

(3)适宜的湿度:湿度过高,蛋表面回潮,种蛋容易发霉变质。湿度过低,蛋内水分大量蒸发,影响孵化效果。为了减少蛋内水分的蒸发,种蛋保存的相对湿度要求为 75％～80％。

(4)适宜的蛋位：保存 7 天内的种蛋,存放时的蛋位对孵化率只有较小的影响。为了使气室保持适当位置,种蛋应当大头向上。如果种蛋保存超过 7 天,有必要每天翻动种蛋,防止粘连。翻蛋角度一般为 90°,每天 3 次,如果种蛋保存时放在入孵器的蛋架车上,翻蛋将更容易些。

(5)保存时间：种蛋保存的时间与孵化率成反比,即保存时间越长,孵化率越低。种蛋保存的时间可根据气候和保管条件而定,春季最好不超过 7 天,夏季不超过 5 天,冬季不超过 10 天。种鸭蛋保存如超过以上时间就会使孵化率下降。若实践中必须长时间保存种蛋,则可以采用聚乙烯薄膜袋作包装材料,将种蛋横放在袋内,薄膜厚度为(5±1.5)微米,透气性强,袋内的气体环境由二氧化碳自然聚集和氧气的消耗组成。

3. 种蛋的消毒

蛋产出时要经过泄殖腔,此时蛋壳可能带有少量微生物。当蛋落在垫草上或地上,就更容易沾染各种微生物,这些微生物在蛋壳上繁殖很快,如果通过蛋壳的气孔进入蛋内,对胚胎的发育将有不良影响,其孵出来的雏鸭也会带有病原体。

种蛋消毒最好在蛋刚产出后立即进行,但在生产实践中很难做到,切实可行的办法是在每次收集种蛋后,立刻送到消毒室消毒或立即送孵化室消毒,不要等全部蛋集中到一起再消毒。

由于消毒过的种蛋仍会被细菌重新污染,因此,种蛋入孵后,仍需在孵化机里进行第二次消毒。

(1)常用的消毒方法：种蛋的消毒方法很多,但迄今为止,仍以福尔马林熏蒸法和过氧乙酸熏蒸法较为普遍。其他消毒方法,如新洁尔灭浸泡消毒法、高锰酸钾消毒法、百毒杀喷雾消毒法,在实践中可参考使用。传统孵化法采用热水浸泡种蛋法,如果水中不放消毒液,则其作用仅仅是入孵前"预热"作用,不能以此代替种蛋消毒。

①福尔马林熏蒸法:此法操作简便,消毒效果良好,成本低,在目前的养殖业中普遍使用。首先,对清洁度较差的种蛋,用清水洗净。在室内温度20~26℃,60%~75%相对湿度的条件下,以每立方米空间42毫升福尔马林加21克高锰酸钾,密闭熏蒸20分钟,可消灭蛋壳上95%~98%的细菌和病原体。为了降低生产成本,可节省用药剂量,在蛋盘上遮盖塑料薄膜,缩小空间。

在使用熏蒸法消毒时应注意以下几点:

Ⅰ.容器的选择:福尔马林与高锰酸钾反应非常剧烈,大量产热,有许多烟雾和气泡产生,具有很强的腐蚀性。因此,选择容器时应采用陶瓷器皿或玻璃器皿等抗腐蚀性强的容器,容器容积要大,足够进行反应。工作人员要特别注意做好自我防护措施,不要伤及皮肤和眼睛。

Ⅱ.正确配制消毒剂:要按正确顺序添加药品,先在容器中加入少量温水,再把称好的高锰酸钾放入容器中,最后加入福尔马林。

Ⅲ.严格掌握熏蒸时间和用药剂量,时间过长,用药过多,孵化率会降低。

②过氧乙酸熏蒸消毒法:过氧乙酸是一种高效、快速、广谱消毒剂,尤其对细菌、真菌、病毒以及微生物孢子都有很高的杀灭效力,同时毒副作用小。消毒种蛋时,每立方米用16%的过氧乙酸40~60毫升,加高锰酸钾4~6克,熏蒸25分钟。

在使用过程中应注意过氧乙酸遇热不稳定,浓度超过40%以上时,加热至50℃易引起爆炸,应在低温下保存;过氧乙酸腐蚀性很强,不要接触衣服、皮肤,消毒时用陶瓷盆或搪瓷盆;消毒时应现用现配,稀释液保存不超过3天。

③新洁尔灭浸泡消毒法:把种蛋平铺在板面上,用喷雾器把0.1%的新洁尔灭溶液(用5%浓度的新洁尔灭1份,加50倍水后均匀混合即可)喷洒在蛋的表面。或者用温度为40~45℃的0.1%新洁尔灭溶液,浸泡种蛋3分钟。新洁尔灭水溶液为碱性,不能与肥皂、碘、高锰酸钾和碱等配合使用。

④有机氯溶液消毒法:将蛋浸入含有1.5%活性氯的漂白粉溶液内消毒3分钟(水温43℃)后取出晾干。

⑤高锰酸钾消毒法:将种蛋浸泡在0.2%~0.5%的高锰酸钾溶液中,溶液温度在40℃左右,约经1~2分钟后,捞出沥干。

⑥碘消毒法:将种蛋浸泡在0.1%的碘溶液中进行消毒。即在1千克水中加入10克碘片和15克碘化钾,使之充分溶解,然后倒入9千克清水中,即成为0.1%的碘溶液。浸泡1分钟后,将种蛋捞出沥干。经过多次浸泡种蛋的碘液,浓度逐渐降低,应增加新液或延长浸泡时间,以达到消毒的目的。

⑦呋喃西林溶液消毒法:将呋喃西林碾成粉后配成0.02%浓度的水溶液浸泡种蛋3分钟洗净晾干即可。

(2)种蛋消毒的注意事项

①用药量一定要准确,不能多也不能少。

②在一批种蛋消毒时,只须选用一种消毒药物。

③液体浸泡消毒,消毒液的更换是很重要的,也就是说,

一盆配制好的消毒液,只能消毒有限的种蛋,但究竟能消毒几批蛋,目前尚没有一定的标准,可适当更换新药液。

二、鸭蛋的胚胎发育

禽类的胚胎发育分为蛋形成过程中胚胎的发育和孵化期中胚胎的发育两个阶段。

1. 蛋形成过程中胚胎的发育

卵黄自卵巢上排出后,被输卵管的漏斗部接纳,与精子相遇受精,成为受精卵,并在蛋形成过程中开始发育。当受精卵到达峡部时发生卵裂,进入子宫部4~5小时后已达256个细胞期,到蛋产出时,胚胎发育已进入到囊胚期或原肠早期。蛋产出后,由于外界气温低于胚胎发育所需要的温度,胚胎发育处于停滞状态,随着时间的延长,胚胎逐渐死亡,降低孵化率。

2. 孵化期胚胎的发育

当给予种蛋适当的孵化条件,胚胎从休眠状态中苏醒过来,继续发育形成雏禽。现将鸭胚不同日龄的发育情况简述如下。

第1天:胚胎以渗透方式进行原始代谢,原线、脊索突和血管区等器官原基出现。胚盘暗区显著扩大。照蛋时,胚盘呈微明亮的圆点状,俗称"白光珠"。

第2天:胚盘增大。脊索突扩展,形成五个脑泡,脑部和脊索开始形成神经管。眼泡向外突出。心脏形成并开始搏动,卵黄血液循环开始。照蛋时可见圆点较前一天为大,俗称"鱼眼珠"。

第3天:血管区为圆形,头部明显地向左侧方向弯曲与身体垂直,羊膜发展到卵黄动脉的位置。有三对鳃裂出现,尾芽形成。胚胎直径为 5.0～6.0 毫米,血管区横径为 20～22 毫米。

第 4 天:前脑泡向侧面突出,开始形成大脑半球。胚体进一步弯曲,喙、四肢、内脏和尿囊原基出现。照蛋时,可见胚胎与卵黄囊血管分叉似蚊子,俗称"蚊虫珠"。

第 5 天:胚胎头部明显增大,并与卵黄分离,前脑开始分成两个半球,第五对三叉神经发达。口开始形成,额突生长,眼有明显的色素沉着。脾脏和生殖细胞奠基。尿囊迅速增大形成一个有柄的囊状,其直径可达 5.5～6 毫米。照蛋时卵黄囊血管形似一只小蜘蛛,又称"小蜘蛛"。

第 6 天:胚胎极度弯曲,中脑迅速发育,出现脑沟、视叶。眼皮原基形成,口腔部分形成,额突增大,四肢开始发育,性腺原基出现,各器官已初具特征,尿囊迅速生长,覆盖于胚体后部,尿囊血液循环开始,照蛋时,可见到黑色的眼点,俗称"起珠"。

第 7 天:胚胎鳃裂愈合,喙原基增大,肢芽分成各部。胚胎开始活动,尿囊体积增大,直径达到 12～17 毫米,并且完全覆盖胚胎。照蛋时可见到头部和弯曲增大的躯干部分,俗称"双珠"。

第 8 天:喙原基已成一定形状,翅和脚明显分成几部,趾原基出现。雌雄性腺已可区分,尿囊体积急剧增大,直径达到 22～25 毫米。照蛋时可见半个蛋面布满血管。

第 9 天:舌原基形成,肝具有叶状特征,肺已有发育良好的支气管系统,后肢出现蹼。尿囊继续增大,胚胎重约 0.69～1.28 克。照蛋时,正面易看到在羊水中浮游的胚胎。

第 10 天:除头、额、翼部外,全部覆盖绒羽原基,腹腔愈合。尿囊迅速向小头伸展。

第 11 天：眼裂呈椭圆形，眼睑变小。绒羽原基扩展到头部、颈及翅部，脚趾出现爪。

第 12 天：喙具有鸭喙的形状，开始角质化，眼睑已达瞳孔。胚胎背部开始覆盖绒羽。胚胎仍自由地浮于羊水中，尿囊开始在小头合拢。照蛋时，可见到尿囊血管合拢，但还未完全接合。

第 13 天：胚胎头部转向气室外，胚体长轴由垂直蛋的横轴变成倾斜。尿囊在小头完全合拢，包围胚胎全部。眼裂缩小，爪角质化。照蛋时除气室外整个蛋表面都有血管分布，俗称"合拢"。

第 14 天：眼裂更为缩小，下眼睑把瞳孔的下半部遮住。肢的原基继续发育，体腹侧绒羽开始发育，全身除颈部外皆覆盖绒羽。胚胎重 3.5～4.5 克。

第 15 天：胚胎完成 90°角的转动，身体长轴和蛋的长轴一致。眼睑继续生长发育，眼裂缩小，下眼睑向上举达于瞳孔中部，绒羽已覆盖胚胎全部，并继续增长。尿囊血管加粗，颜色加深。

第 16 天：胚胎头部弯曲达于两脚之间，脚的鳞片明显。蛋白在尖端由一管道输入羊膜囊中。尿囊血管继续加粗，血管颜色加深。胚胎重 6.6～12 克。

第 17 天：头部向下弯曲，位于两足之间，两足也急剧弯曲，眼裂继续减少。开始大量吞食蛋白，蛋白迅速减少，胚胎生长迅速，骨化作用加强。

第 18 天：胚胎头部移于右翼之下，足部的鳞片继续发育。蛋白水分大量蒸发，气室逐渐加大。可见大头黑影继续扩大，小头透亮区继续缩小。

第 19 天：眼睛全部合上，未利用完的蛋白继续减少，变得浓稠。大头黑影进一步扩大。

第 20 天：蛋白基本利用完，开始利用卵黄营养物质，小头透亮区差不多消失。

第 21 天：蛋白利用完。羊膜和尿囊膜中液体减少，尿囊与蛋壳易于剥离。背面全部黑影覆盖，看不到亮区，俗称"关门"。

第 22 天：胚胎转身，气室明显增大，喙开始转向气室端。少量卵黄进入腹腔。照蛋时可见气室向一方倾斜，俗称"斜口"。

第 23 天：喙朝向气室端，卵黄利用明显增加。胚重 28.4～32.6 克。气室倾斜增大。

第 24 天：卵黄囊开始吸入腹腔，内容物收缩，可见气室附近黑影"闪动"。

第 25 天：胚胎大转身，喙、颈和翅部穿破内壳膜突入气室，卵黄囊大部分被吸入腹腔，胚胎体积明显增大。胚胎重 35.9 克。可见气室内黑影明显闪动，俗称"大闪毛"。

第 26 天：卵黄囊全部吸入腹腔。开始啄壳，并转为肺呼吸，易听到叫声，俗称"见嘴"。

第 27 天：大批啄壳，发育快的雏鸭破壳而出。

第 28 天：出壳高峰时间。出壳体重一般为蛋重的 65%。胚胎腹中存有少量卵黄。

三、鸭蛋孵化技术

我国传统的孵化方法有代孵法、电褥子孵化、火炕孵化、塑料薄膜热水袋孵化法等。传统孵化方法具有设备简单,就地取材,所用能源广泛、成本低廉等优点。但花费劳力多,种蛋破损率高,消毒困难,孵化条件不易控制,且劳动强度大,工作时间长,孵化率与健雏率不稳定。下面主要介绍机器孵化法。

1. 孵化前准备

(1)制定孵化计划:根据设备条件、种蛋来源、雏鸭销售等具体情况进行制定。在安排孵化计划时,尽量把费力费时的工作错开,如入孵、照蛋、落盘、出雏等,不能集中在一天进行。

(2)孵化室的准备:室内温度宜在 22℃左右(20~24℃),相对湿度在 55%~60%,二氧化碳含量不大于 0.1%,每立方米含尘量在 10 毫克以下。检查孵化室通气孔和风机,并在使用前要先清扫、消毒(通常与孵化机的消毒同时进行)。

(3)检修孵化机:为避免在孵化中发生机械、电气、仪表等故障,使用前要全面检查,包括电热丝、风扇、电动机、密闭性能、控制调节系统和温度计等。无论是新孵化机还是用过的孵化机,都应检查。

①校正门表温度:可将各式温度计放在温水中,用标准温度计与之校正。

②易损件及其他用品的准备:主要有门表温度计、水银导电表、照蛋器灯泡、指示灯泡、行程开关、微动开关、可控硅、浮球阀、减速箱、同步电机等。必须备好一套控制系统的线路板,以便及时更换。每台机要配备一台自动稳压器。塑料孵化盘与出雏盘应多备一些。

③试机

Ⅰ.检查温度、湿度系统:检查水银导电表的水银柱有无断裂,磁钢调节后铂金丝与水银柱应随磁钢的顺反旋转而分离或接触,一旦到达预定温度应扭紧磁钢固定螺丝。另开启加热装置,根据电流表所示电流大小则知是否处于加热状态,或观察指示灯或数据显示装置。加水盘装置应检查浮球阀是否灵敏,能否控制一定水位高度,开启加湿装置,指示灯明亮,数显明显。开机入孵一段时间后,应检查温湿度能否稳定在设定值附近。有两套控温、控湿装置时,应予统一调整。

Ⅱ. 检查风扇、风门系统:应检查风扇转向,有些孵化机的风扇是按特定方向(单向或能定时正反转)旋转时,应予测定转向。定期检查(据风速指示灯)风扇皮带的松紧度,以防影响风量。还应注意扇叶的变形度,扇叶与轴间的紧固螺丝是否松动,风扇电机运转声音如何,机壳有无过热现象。另将风门旋钮按从小到大的顺序逐一扭动,然后上机顶检查风门大小是否与旋钮所处的位置相符。

Ⅲ. 检查翻蛋系统:摆动梁(动杆)销轴上的开口有无脱落;具有翻蛋减速箱的孵化机要检查箱内油面高低,并检查减速蜗杆轴与蜗轮之间以及蜗杆轴与月牙盘之间的咬合度;蜗轮各齿面要保持良好的润滑状态,应定期用油清洗并涂加黄油。手按翻蛋正常后,将选择钮转到自动翻蛋、翻蛋间隔时间及角度是否正常。

Ⅳ. 检查冷却报警系统:人为调低温度定值,使孵化温度超出定值一定范围,或人为短接超温报警用导电表检查能否自动报警并启动冷却系统(如风冷电机、电磁阀等)。

Ⅴ. 检查蛋车:检查蛋车上每一销轴,丢失一个销轴会造成孵化盘压蛋,销轴及蛋车轮轴要定期加注机油。还要检查车轮、翻蛋角度。

检查完毕后,即可接通电源,进行试运转。首次使用前的试运转时间不少于 1 小时,以后每次使用前的试运转时间不少于半小时。

(4)种蛋的预热:冬季或早春时节,入孵前应将种蛋在孵化室停放数小时进行种蛋预温,使蛋逐渐达到室温后再入孵,这样可防止因种蛋从贮蛋室(15℃左右)直接进入孵化机中(37.8℃左右)而造成结露现象,影响孵化效果。夏季一般预热 6~8 小时,冬季可预热 24 小时。预热种蛋,能使胚胎从静止状态中逐渐"苏醒"过来,有利于胚胎发育,并可减少孵化器里温度下降的幅度,不至于影响其他批次胚蛋的发育。

(5)码盘入孵:将消毒后的种蛋装入蛋盘内,按顺序放进蛋车,蛋盘一定要装到位置。全车装好后,将蛋车缓缓推入孵化器内,注意让蛋架车的转轴销和摆杆销与翻蛋机构连接好,并防止蛋车自动退出。如果采用分批孵化时,各批次的蛋盘应交错放置;并在孵化盘上标明种蛋的批次、入孵时间,以防混淆。将种蛋平放或大头向上放置。

2. 上机

将装满种蛋的蛋车缓缓(或沿轨道)推入孵化机,应将蛋车长轴(销轴)完全插入动杆圆孔;再将机底锁销卡在蛋车导向轮下的轮槽内,以防翻蛋时蛋车自行退出;无自锁销的蛋车,要拔出蛋车上锁定销轴,以免酿成重大事故;再用手按翻蛋钮,检查有无卡壳现象,如发现异常立即关机检查。

对八角式翻蛋装置的孵化机,其孵化盘规格不一,上蛋架要对号入架,保持前后平衡,并检查孵化盘卡牙是否卡住蛋架的卡缝内。

鸭蛋有分批入孵和整批入孵两种方式。小型养殖厂多采用分批入孵,即每隔3天、5天、7天入孵一批种蛋,出一批雏鸭;大型孵化厂多采用整批入孵,即一次把孵化机装满。机器孵化机内温度应保持恒温37.8℃,排气孔和进气孔全部打开。每3小时翻蛋1次,根据胚胎发育不同,分3期进行晾蛋喷水。另外,分批入孵时,各批次的蛋盘应交错放置,这样有利于各批蛋受热均匀。入孵的时间以下午4时以后为好,可使大批出雏的时间集中在白天,有利于工作的进行。

3. 孵化期管理

(1)温度的检查与控制:温度是孵化条件中最重要的条件,只有在适宜的温度条件下(孵化器内温度为37.5～38.2℃),才能保证鸭胚胎正常的物质代谢和生长发育。温度过高或过低都会影响胚胎的发育,严重时可造成胚胎死亡,如果孵化温度超过42℃,2～3小时后胚胎就会死亡;反之,孵化温度低,胚胎发育迟缓,孵化期延长,死亡率增加,如果温度低至24℃时,经30小时胚胎便全部死亡。具体温度应视品种、蛋重、胚龄、生长情况、气温以及实践经验而定。

依照各孵化机最高孵化成绩的用温方案,不断进行细致调整,即可筛选出一定条件下的最佳施温方案。初学者根据他人的施温方案,结合本场孵化条件与看胎施温实践,经数批孵化后,再制订出合理施温方案。成熟的基本施温方案最好张贴在各台孵化机门上。凡发现数显测量温度超出规定范围±0.3℃,要立即寻找原因,及时调整。

遇到停电时,须立即启动后备发电机组。此外,应根据室温、胚龄、孵化设备功能不同而采取相应措施。

(2)湿度的检查与控制:湿度对胚胎的发育也有很大的影响,它与蛋内水分蒸发和胚胎物质代谢有密切的关系。在孵化过程中若湿度不足,蛋内水分会加速向外蒸发;若湿度过高又会阻碍蛋内水分蒸发,湿度过高过低都会破坏胚胎正常的物质代谢。在整个孵化过程中,胚胎对湿度的要求是前后期高、中期低。一般在孵化 1～8 天相对湿度以 70％为宜,9～16 天降低为 60％～65％,17～24 天为 50％～55％,25～28 天又提高到 70％。如长期分批入孵,则相对湿度宜控制在60％～65％。出雏时,足够的湿度能促进空气中二氧化碳和碳酸钙作用,使蛋壳变为碳酸氢钙,蛋壳变脆,有利于雏鸭啄孔破壳,还能防止雏鸭绒毛与蛋壳粘连。相对湿度通常用干湿表测定。干湿表有两根温度表,一根为干表,一根为湿表,湿表的水银球(或酒精球)上包裹纱布,纱布的下端浸入清水中,使水银球经常保持湿润状态。查表时,先查出相对湿表的读数,再查出干湿差度(干表温度-湿表温度=干湿差度),行列相交处之数字,即为相对湿度的百分数。

自动孵化器可以按照设定的湿度进行自动调整,老式孵化器靠向水盘中加水调节孵化器湿度。孵化厅内的湿度也应保持在一个合适的水平,否则也影响孵化效果和孵化期的运转,一般保持在 55％左右。

(3)通风的检查与控制:胚胎在发育的过程中,不断地吸入氧气、排出二氧化碳,进行气体交换,为了保持胚胎正常的气体代谢,孵化时必须通风以保证新鲜空气的供给。种蛋周围空气中的二氧化碳含量一般不得超过 0.5％,若二氧化碳含量达到 1％,胚胎发育迟缓,死亡率增高,出现胎位不正和畸形等现象。

胚胎发育的各个时期对通风量的要求有所不同。孵化初期,物质代谢很低,需氧量很少,胚胎只通过卵黄囊血液循环系统利用蛋黄内的氧气。孵化中期,胚胎代谢作用逐渐加强,需氧量也随之增加。尿囊形成后,通过气室、气孔利用空气中的氧气。孵化后期,胚胎从尿囊呼吸转为利用肺呼吸,每昼夜需氧量为初期的110倍以上。因此,孵化后期,通风量要逐渐加大,尤其是出雏期间,否则由于通风换气不良,导致出雏前死胚增多。

(4)翻蛋:翻蛋的目的主要是防止胚胎粘连。在孵化的早期,蛋黄上浮,如果不翻蛋,就容易发生胚盘与壳膜粘连;孵化中期不翻蛋会使尿囊与卵黄囊粘连而引起胚胎死亡,降低孵化率。另外翻蛋有利于胚胎均匀受热,发育整齐,出雏一致。

全自动孵化器有自动翻蛋装置,可以设定翻蛋时间(鸭蛋为第26天止),一般每1~2小时翻蛋一次就可以了。需要人工翻蛋的机器必须每2小时有人工进行翻蛋。孵化前期应多翻,后期宜少翻,新型孵化机已可做到每半小时、1小时、2小时或3小时翻蛋一次,可手动或自动,直翻到落盘为止。启用自动翻蛋系统后,要注意每隔一段时间检查所显示的翻蛋次数和角度是否正常。在超温时,应先调节至正常温度后才予翻蛋,以减少死胚数。自动翻蛋的角度一般均为90°,有人采用120°,效果更佳。翻蛋时,尤其是人工翻蛋时要注意慢而稳,严禁动作剧烈。

(5)入孵位置的检查与控制:鸭蛋的孵化位置,与孵化率有关。经孵化实践,鸭蛋平放孵化的受精蛋孵化率为83.9%,而大头朝上孵化的孵化率为73.9%。鸭蛋严禁小头朝上放置孵化,因为将导致60%的胚胎的头部在蛋的小头附近发育,而在雏鸭即将出壳时,仅有部分雏鸭能将其头部转向蛋的大头气室,但那些未能转身的鸭胚因其喙不能在开始肺呼吸时进入气室而死亡。即使侥幸能破壳而出,但时间延长,初生体重较小,孵化率也相当低。建议鸭蛋平放入孵效果好。

(6)晾蛋:晾蛋是我国孵化鸭蛋的传统工艺,多在孵化的中后期进行。它是通过除去覆盖物或打开机门,抽出孵化盘或出雏盘、蛋架车,必要时用喷水来迅速降低蛋温的一种操作程序,以期协助散热,为胚胎提供充足新鲜空气。晾蛋与否取决于蛋温的高低。蛋温受胚龄、气温、孵化机性能、蛋型大小等因素影响。凡后期胚胎眼皮测温感到"烫眼"时就应立即晾蛋,晾蛋的时间及次数以眼皮感觉"温而不凉"时为宜。

需要晾蛋的几种可能情况:孵化机无自动冷却系统或工作时不能有效降温而致蛋温偏高时;停电时间过长,室温较高,当胚蛋处于孵化中后期时,常致超温。因此不仅要定时打开机门调盘,必要时应抽出孵化盘、出雏盘、蛋架车晾蛋。

(7)鸭孵化效果的检查:在整个孵化过程中,要经常检查胚胎发育情况,以便及时发现问题,不断改善种鸭营养和管理条件及种蛋孵化条件,从而提高孵化率和雏鸭的品质。孵化效果检查的方法有照蛋检查、胚蛋剖检、胚蛋失重、出雏情况检查四项。

①照蛋检查:照蛋是利用胚蛋内各部分对光的不同通透和折射特征来判别胚胎发育情况的生物学检查方法,照蛋应在黑暗的环境中进行,此方法简单,效果好,生产中最为常用。照蛋的目的是了解胚胎发育情况,了解所采取的孵化条件是否合适,如不合适即行调整,使胚胎发育正常,以利提高孵化效果。每批蛋在整个孵化过程中共进行3次照蛋,三次照蛋检查见表4-1。

表 4-1　三次照蛋检查

	头照	二照	三照
照蛋日龄(天)	6～7	13	24～25
照蛋特征通称	起珠至双珠	合拢	闪毛
无精蛋情况	蛋内透明,看不到胚胎、血管、蛋黄的暗影,隐约可见气室边缘,不明显	气室增大,边缘界限不明显。蛋内颜色浅黄发亮,蛋黄暗影增大或散黄浮动,不易见暗影	
胚胎发育情况　活胚蛋(正常)	气室边缘界限明显,胚胎上浮,隐约可见胚体弯曲,头部大,有明显黑点,躯体弯,有血管向四周扩张分布,如"蜘蛛状"	气室增大,边界明显,胚胎大,尿囊血管在小头"合拢",包围全部蛋白	气室明显增大,边缘界限更明显,除气室外,胚胎占蛋的全部空间,漆黑一团,只见气室边缘弯曲,血管粗大,有时见胚胎黑影闪动
活胚胎(弱)	胚体小,血管色浅,扩张面小	胚胎发育迟缓,尿囊血管还未"合拢"蛋的小头淡色透明	胚胎气室边缘不齐,可见明显的血管
死胚胎	气室边缘界限模糊,蛋黄内出现一个红色的血圈或半环或线条	气室显著增大,边界不明显,蛋内半透明,看不见血管分布,中央有死胚团块,随转蛋而浮动,无蛋温感觉	气室更增大,边界不明显,蛋内发暗,混浊不清,气室边界有黑色血管,小头色浅,无蛋温感觉

	头照	二照	三照
照蛋目的	(1)观察初期胚胎发育是否正常 (2)剔出无精蛋和死胎蛋	(1)观察前、中期胚胎发育是否正常 (2)剔出死胎蛋和头照遗留的无精蛋	(1)观察后期胚胎发育是否正常 (2)剔出死胎蛋

照蛋应注意的问题:鸭胚在1~10日龄内,照蛋主要观察正面,即有胚盘的这一面,以后重点观察背面。照蛋的动作应迅速,以免胚蛋温度下降太多,影响胚胎的生长发育。如果进行大批照蛋,要注意室内加温。照蛋时应注意重点观察和一般检查相结合。

②胚蛋失重检查:在孵化过程中,由于蛋内水分蒸发,胚蛋逐渐减轻,其失重多少,与孵化器中的相对湿度大小有关,同时也受其他因素的影响。蛋的失重一般在孵化开始时较慢,以后迅速增加。

③出壳检查:雏鸭是发育完全的胚胎。对雏鸭出壳情况进行检查,也是一种看胎。出壳时间在28天左右,出壳持续时间(从开始出壳到全部出壳为止)约40小时,死胎蛋的比例在10%左右,说明温度掌握得当或基本正确。死胎蛋超过15%,二照胚胎发育正常,出壳时间提前,弱雏中有明显胶毛现象,说明二照后温度太高。如果死胎蛋集中在某一胚龄时,说明某天温度太高。出壳时间推迟,雏鸭体软肚大,死胎比例明显增加,二照时发育正常,说明二照后温度偏低。出雏后蛋壳内胚胎残留物(主要是废弃的尿囊、胎粪、内壳膜)如有红色血样物,说明温度不够。

④死胎蛋的解剖和诊断：如果在孵化过程中没有照蛋，当出雏时发现孵化成绩下降，或者在照蛋中发现死胎蛋，但原因不清，可以通过解剖进行诊断。随意取出一些死胎蛋，煮熟后剥壳观察。如果部分蛋壳被蛋白粘住，表明尿囊没有"合拢"，是16日龄前的毛病；如果整个蛋壳都能剥落，表明尿囊"合拢"良好，是后期出的毛病。如果死胎浑身裹蛋白，则是在18～22日龄温度掌握失当，特别是偏高出的问题，因为25天左右的胚龄时，其蛋白应全部吞完；如死胚身上已无蛋白，那是25天到出壳期间温度掌握不当，特别是偏高产生的毛病。如果出雏时温度偏高，常出现"血嘌"（即啄壳部位淤血，是由于鸭受热而啄破尚未完全枯萎的尿囊血管出血所致）；或出现"钉脐"（即肚脐上有黑白块，是因鸭受热而提前出壳，尚未枯萎的尿囊血管的血淤在肚脐处）；也可能出现"穿嘌"（因挣扎呼吸，喙部突出）、"拖黄"（肚脐处拖有尚未完全进入腹中的卵黄）、"吐黄"（啄壳部位没吸收完的蛋白往外淌）、"胶毛"（出壳鸭的绒毛被蛋白粘连）的现象。如果头照出现"三代珠"（即"起珠"快慢不一，弱胚蛋多），要从1～7日温度上找原因。种蛋不新鲜，也会出现"三代珠"，尿囊不"合拢"比例也大。尿囊不"合拢"部位较大的胚蛋，出壳鸭"胶毛"严重，死胎蛋中"吐清"、"裹白"的也多。

(8)孵化过程中应注意的问题：要根据停电季节，停电时间长短，是规律性的停电还是偶尔停电，孵化机内鸭蛋的胚龄等具体情况，采取相应的措施。

①早春，气温低，室内若没有加取暖设备，室温度仅5～10℃，这时孵化机的进、出气孔一般全是闭着的。如果停电时间在4小时之内，可以不必采取什么措施。如停电时间较长，

就应在室内增加取暖设备,迅速将室温提高到32℃。如果有临出壳的胚蛋,但数量不多,处理办法与上述同。如果出雏箱内蛋数多,则要注意防止中心部位和顶上几层胚蛋超温,发觉蛋温烫眼皮时,可以调一调蛋盘。

②电孵机内的气温超过25℃,鸭蛋胚龄在10天以内的,停电时可不必采取什么措施,胚龄超过13天时,应先打开门,将机内温度降低一些,估计将顶上几层蛋温下降2～3℃(视胚龄大小而定)后,再将门关上,每经2小时检查1次顶上几层蛋温,保持不超温就行了,如果是出雏箱内开门降温时间要延长,待其下降3℃以上后再将门关上,每经1小时检查1次顶上几层蛋温,发现有超温趋向时,调一下盘,特别注意防止中心部位的蛋温超高。

③室内气温超过30℃停电时,机内如果是早期的蛋,可以不采取措施,若是中、后期的蛋,一定要打开门(出、进气孔原先就已敞开),将机内温度降到35℃以下,然后酌情将门关起来(中期的蛋)或者门不关紧,尚留一条缝(后期的蛋),每小时检查1次顶上几层的蛋温。若停电时间较长,或者是停电时间不长,但几乎每天都有规律地暂短停电(如2～3小时),就得酌情每天或每2天调盘1次。

为了弥补由于停电所造成的温度偏低(特别是停电较多的地区),平时的孵化温度应比正常所用的温度标准高0.28℃左右。这样,尽管每天短期停电,也能保证鸭胚在第28天出雏。

4. 出雏期操作

(1)出雏机准备:出雏机装胚蛋前和每次出雏后,应及时彻底冲洗、消毒。于落盘前12小时开机升温、加湿,正常运转,待温度、湿度稳定后,进行落盘。温度较低时,出雏机的温度一般均比孵化机低 0.3~0.5℃,具体实施时要考虑到胚蛋发育情况、气温、出雏机内胚蛋等因素。如落盘时,75％以上胚蛋的气室已发育到"斜口"状态,属发育正常;如达不到"斜口",属发育迟缓,可维持原来的温度到 27 天再进行降温。湿度较高时,出雏机湿度要比孵化机高 15％以上,有利于出雏及防止雏鸭脱水。

(2)落盘:鸭蛋的整个孵化期是 28 天±(4~6)小时,平均为(672±6)小时。根据入孵器类型,一般种蛋在第 25 或 26 天转移到出雏器中同时进行最后 1 次照检,将死胚蛋剔除后,把发育正常的蛋转入出雏机继续孵化,称之"落盘"。落盘时,如发现胚胎发育延缓,应推迟落盘时间。落盘后应注意提高出雏机内的湿度和增大通风量。

落盘前出雏器和出雏盘必须经过彻底清洗消毒,无污染而且要晾干。接通出雏期电源,使之在落盘前升温。

出雏盘底部铺上干净、吸水性好的纸张,这有助于保持雏鸭干净,减少八字腿的发生率,使出雏盘容易冲洗。

从入孵器中依次取出每组胚蛋,放到出雏盘中。拿放胚蛋要小心,防止破坏胚胎。每个出雏盘要放置足够数量的胚蛋,确保出雏盘相对较满,但是也不能过分拥挤。落盘工作一定要由熟练的人员操作,尽量缩短胚蛋在机器外的时间。同时把污染的蛋取出,并记录数量。

出雏盘装满胚蛋要立刻放到出雏器中,以减少胚蛋的热量散失。

(3)转到出雏器:出雏器和孵化器的区别主要是无翻蛋装置。种蛋孵化后期(25 天以后)不需要翻蛋,胚胎可自动调整位置。胚蛋在孵化的第 25～26 天(根据孵化器类型)由孵化器转到出雏器,以提供最佳的环境,从而孵化出更多、质量更好的雏鸭。

在落盘前对出雏器要进行检查,并对出雏器进行清洗消毒。检查风扇间距和风扇状态,电机安装牢固并直立,喷嘴成直线;检查贮水器和纱布条的状态,以正确观察湿球温度;确定蛋架车已推至终止栓;检查加热器和出雏架的位置。出雏期间有三个重要的影响因素需要进行控制,即温度、湿度和通风换气。

①温度:根据机器类型不同,出雏器的适宜温度范围为36.4～37.3℃。由于胚胎在出雏期产生大量的热量,因此机器的制冷系统显得很重要。稍微降低出雏温度低于设定标准温度,通常会使孵化效果得到提高。

②相对湿度:从落盘开始,保持 75% 的相对湿度(湿球温度 30℃)。有雏鸭开始出壳时把相对湿度提高到 85%(湿球温度 34℃)。由机器把湿度增加十分重要,这样机器就会把潮湿的空气排出到空气中去,而不是雏鸭把多余的潮气排出到空气中去,因此就会减缓雏鸭干燥的速度。所以要保证湿度的设定值足够高,出雏器的加湿器工作正常,能够把湿度提高到 34℃ 的湿球温度。保持出雏器内高湿的目的是确保雏鸭干毛慢,这样 1 日龄雏鸭才会健康、质量高。如果出雏器设备较陈旧,无喷雾装备,湿度不能达到要求的高度,需要用喷雾器向出雏器内喷热水,以增加湿度。水温以 35～37℃ 为宜,喷水次数每天 6 次。

③通风换气:开始时通风系统开到低档,如果通风量增加过早,过快的空气交换就会使出雏器内干燥,不利于保持较高

的湿度。在 1 日龄雏鸭绒毛干燥的后期,逐渐打开通风系统,到捡雏前 8 小时全部打开。如此严格的通风控制,出雏器内二氧化碳的浓度可以达到 1%。

(4)出雏

①雏鸭破壳:适当降低出雏器的温度会提高孵化率和雏鸭质量。如果雏鸭绒毛颜色太浅,表明过去 24 小时温度太高。适当控制通风量和湿度对提高孵化率和雏鸭质量也很重要。通风量和相对湿度应当相对低一些。开始破壳时,出雏器的湿度设定值应提高,目的是保持出雏器内部尽量潮湿,降低刚出壳雏鸭绒毛干燥的速度。绒毛干燥的速度越慢,雏鸭质量越好。和其他家禽相比,一般认为鸭出雏时的湿度要高很多。只有在大部分的雏鸭绒毛快干燥时才增大通风量。

为了确保出雏的各项措施得到正确控制,应当经常检查出雏器,必要时加以调整。但是只有懂技术的孵化厅人员才能对出雏器进行设定,以确保有最好的孵化效果。

②捡雏:从出雏器捡雏的时间很重要,关系到雏鸭的质量和以后的商品鸭的生产性能。如果捡雏太早,脐带吸收不良,雏鸭潮湿和软弱,容易传染疾病、寒冷,不能开食。如果雏鸭在出雏器中待的时间太长,就会脱水,也会增加不开食雏鸭的数量。因此适时捡雏很重要。

一般在孵化的第 27 天又 12 小时时开始第一次捡雏。当然捡雏时间受孵化温度、种鸭年龄、蛋重、种蛋保存时间的一些影响。捡雏分 3 次进行:第一次在出雏 30%～40% 时进行;第二次在出雏 60%～70% 时进行;第 3 次全部出雏完时进行。出雏末期,对少数难于出壳的雏鸭,如尿囊血管已经枯萎者,可人工助产破壳。正常情况下,种蛋孵满 28 天,出雏即全部结束。

　　捡雏时,必须对初生雏鉴别选择,及时淘汰残次雏,并将强雏与弱雏分开装运和饲养。强、弱雏的鉴别见表 4-2,弱雏应单独装箱,以便分开养育。

表 4-2　强、弱雏的鉴别

项目	强雏	弱雏
出壳时间	正常时间内	过早或最后出雏
绒毛	整洁、长短合适、色素鲜浓	蓬乱污秽,缺乏光泽,有绒毛短缺
体重	大小均匀,符合标准	大小不一
脐部	愈合良好,干燥,覆盖绒毛	愈合不好,脐孔大,有硬块,有黏液,有血,或脐部裸露
腹部	大小适中,柔软	特别膨胀
行为	活泼,反应快	痴呆,闭目,站立不稳,反应迟钝
感触	饱满,挣扎有力	瘦弱,无挣扎力

　　从出雏器捡雏时抓雏鸭的颈部,每次 5 只,或者抓雏鸭的身体,每次 2 只。边数边放到结实、干净、干燥、通风良好的箱子中,把残弱的挑出单独放置。

　　盛放 1 日龄雏鸭的箱子底部应铺上干净、干燥的纸张,以吸收多余的水分,保持雏鸭运输过程中干净。避免箱中的雏鸭过分拥挤。二等品也可以饲养,但是必须送到单独的育肥饲养场,给予特殊的照顾。

　　(5)清理:雏鸭大批出雏以后,留下的胚蛋可进行一次照蛋,取出死胚,把剩下的活胚蛋合并盘子,适当提高机内温度和湿度,以利弱胚出雏,同时将孵化废品及时处理。

　　(6)孵化场的卫生管理

①孵化厅卫生标准:孵化室更衣室、淋浴间、办公室、走廊地面清洁无垃圾,墙壁及天花板无蜘蛛网、无灰尘绒毛,地面保持火碱溶液或其他消毒剂的新鲜度。顶棚无凝集水滴,地面清洁,无蛋壳等垃圾,无积水存在,值班组人员每次交班之前10分钟用消毒剂拖地一遍,接班人员监督检查。

孵化室、出雏室地沟、下水道内清洁,无蛋壳及绒毛存留,每周2次用2‰火碱溶液消毒。

捡雏室内地面无蛋壳、绒毛存在,冲刷间干净整洁,浸泡池内无垃圾。发雏厅及接雏厅每次发放完雏鸭后,无蛋壳、绒毛等垃圾存在,并用2‰火碱溶液彻底消毒。

孵化间、出雏间、缓冲间内物品摆放整齐有序,地面无垃圾,每周至少消毒2次。纸箱库内物品分类摆放,整齐有序,地面干净整洁。

夏季使用湿帘或水冷空调降温时,及时更换循环用水,保持水的清洁卫生,必要时加入消毒剂。

室内环境细菌检测达合格标准。

②孵化器、出雏器卫生标准:孵化器内外、机顶干净整洁,无灰尘,无绒毛。壁板及器件光洁无污染。底板无蛋壳、蛋黄、绒毛及灰尘。加湿盘内无铁锈、蛋壳等垃圾,加湿滚筒清洁无污物。风筒内无灰尘,风扇叶无灰尘、无绒毛,温湿度探头上无灰尘、无绒毛。

控制柜内清洁卫生,无绒毛、灰尘、杂物。电机(风扇电机、翻蛋电机、风门电机、冷却电机、加湿电机)上无灰尘、无绒毛、无油污。入孵前细菌检测为合格标准。

③孵化场区隔离生产管理办法:未经允许,任何外人严禁进入孵化室。允许进入孵化室的人员,必须经过洗澡更衣,换

鞋,有专人引导,并且按照一定的行走路线入内。

孵化室人员,除平时休班外,严禁外出,休班回场必须洗澡消毒更衣换鞋。维修人员进入孵化室,须洗澡更衣换鞋后方可进入。严禁携带其他动物、禽鸟及其产品进入孵化室。

接雏车辆需经喷雾消毒、过火碱液后才能进入孵化场。接雏人员只能在接雏厅停留,严禁进入其他区域,由雏鸭发放员监督。

运送种蛋的车辆需经彻底的消毒后再进入孵化场。每次雏鸭发放结束后,全面打扫存放间、发雏室、接雏厅、客户接雏道路并用2%的火碱溶液全面喷洒消毒。

及时处理毛蛋及蛋壳,不得在孵化厅室存放过夜。

进入孵化厅的物品须经有效的消毒处理后方可带进。孵化室备用工作服在每次使用后立即消毒清洗。

外来人员离开孵化室后,其所经过的区域,用2%的火碱溶液喷雾消毒。定期清理孵化场周围的垃圾等杂物,每月消毒1次。

(7)孵化成绩统计:孵化记录对孵化效果的检查、改善孵化条件和提高孵化率有好处。

孵化记录主要包括以下几方面:种蛋的保存时间;种鸭群号,入孵的机器号,种蛋孵化天数,入孵数量;照蛋结果包括受精蛋数、无精蛋数、污染蛋数、早期死亡;入孵器温度、湿度;落盘时间;出雏器温度、湿度;孵化出雏数、一级雏数、二级雏数;出售雏鸭数。

根据以上记录项目,结合本厂实际情况,可以制定一个记录表格。这样会一目了然。由上述记录数字还可以计算一些孵化指标,评价孵化效果。常用的孵化指标有如下几种:

①受精率(%):受精蛋数(包括死精蛋和活胚蛋)占入孵蛋的比例。

②早期死亡率(%):通常统计头照时的死精蛋数占受精蛋的百分比。

③受精蛋孵化率(%):出壳雏数(包括健雏、弱、残和死雏)占受精蛋比例。此项是衡量孵化场孵化效果的主要指标。

④入孵蛋孵化率(%):出壳雏数占入孵蛋的比例。该项反映种鸭场和孵化厂的综合水平。

⑤健雏率(%):健雏占总出雏数的百分比。有时需要计算一级雏百分率和二级雏百分率。

⑥死胎率(%):死胎蛋占受精蛋的百分比。死胎蛋一般指出雏结束后扫盘时的未出壳的种蛋,如果孵化效果不理想时,还可以对这些蛋进行剖检,以确定胚胎死亡的具体时间和原因。

5. 初出雏鸭的雌雄鉴别

蛋型鸭雏,淘汰的雌雏、多余的种公雏进行育肥处理,可节约育雏的房舍、设备和饲料。因此,现代化养鸭业都非常重视雏鸭雌雄鉴别(鉴别方法见本书相关部分)。

6. 孵化不良原因

检查孵化结果,主要是为种鸭的管理和下次孵化总结经验。

(1)未受精蛋:公母鸭未经交配;精子弱不受精或种蛋陈旧;保存和孵前处理不当;入孵前死胚蛋;散黄蛋(蛋黄破裂):孵前散黄、陈蛋、运输震荡和翻蛋、晾蛋不当。

(2)血圈蛋(早期死胎蛋):胚胎软弱、温度过高或温度过低。贮蛋日久或温水处理水温过高等,多于1～2天胚龄死亡。

(3)死于壳内,气室正常:蛋品质劣,营养不足(缺乏维生素 A、维生素 B₂、维生素 D 等);或短期强烈高温。

(4)死于壳内,气室小:通气不良,温度过低或湿度过高,营养不良(缺乏维生素 A、维生素 D)。

(5)死于壳内,气室大:湿度不良,温度过高,种蛋陈旧,营养不良(缺乏维生素 D、维生素 B₂、维生素 A 等)。

(6)早出壳:温度长期偏高。

(7)迟出壳:温度低、温度变化大;湿度过高,种蛋陈旧;缺乏维生素 A。

(8)粘壳干毛雏(早出壳):温度过高,湿度过低。

(9)粘壳湿毛雏(迟出壳):湿度过高,温度过低。

(10)出雏畸形残废:温度变化过大或温度过高。

(11)弱雏:温度过高或过低,蛋品质差。

(12)大肚脐(蛋黄吸收不良):出壳时多的是湿度过高,个别的是疾病。

(13)干钉(钉脐):后期温度过高或湿度不足。

(14)后期死亡或啄壳不出:先天不足、胚胎软弱,湿度不足;通气不良,蛋壳过厚。

7. 雏鸭存放和运输

(1)注射疫苗:1 日龄用鸭病毒性肝炎活疫苗预防鸭病毒性肝炎。

(2)雏鸭的存放:雏鸭存放室的温度较温暖,一般要求 24～28℃,通风良好并且无穿堂风。雏鸭盒的码放高度不能太高,一般不超过 10 个,并且盒之间有缝隙,以利于空气流通。不要把雏鸭盒放在靠暖气、窗户处,更不能日晒、风吹、雨淋。

　　(3)雏鸭的运输:雏鸭应当尽快运到鸭场,越早运到饲养场,饲养效果越好。

第五章 蛋鸭的饲养管理

良种蛋鸭生长速度快,生产周期短,因此除了要求高质量的饲料满足其对各种营养元素的需要之外,还必须有科学的管理,才能充分发挥优良蛋鸭的遗传潜力。

第一节 育雏阶段的饲养管理

雏鸭是指 0～4 周龄的鸭,雏鸭饲养的成败直接影响到鸭群的发展、鸭场生产计划的完成、鸭的生长发育以及今后种鸭的产蛋量和蛋的品质。

在育雏期提高雏鸭的成活率是中心任务,在生产实际中,成活率的高低是衡量生产管理水平和技术措施的重要指标。

一、雏鸭的生理特点

要培育好雏鸭,首先必须了解其生理特点,然后根据其生理特点进行饲养管理,才能提高育雏率。

1. 体温调节能力差

刚出壳的雏鸭个体小,绒毛短稀,体温较低,体温调节机能较弱,难以适应外界温度的变化。因此在育雏期间必须进行保温,使雏鸭生活在适宜的环境中,直至鸭的体温调节机制趋于完善后,根据情况逐渐脱温(停止给温)。

2. 代谢旺盛，生长迅速

雏鸭生长发育迅速，4周龄时比出生时体重增加24倍，因此育雏期间要求供给充足而优质的高蛋白质全价饲料。

3. 消化能力弱

雏鸭的嗉囊和肌胃容积很小，贮存食物很少，消化机能差。但雏鸭生长极为迅速，单位体重的新陈代谢及营养需要量较大，因此在管理上应做到给予营养成分高，且易于消化的饲料；少量多次饲喂，不断供水，满足其生理需要以助消化。若饲养管理不当，则雏鸭会因消化不良引发肠道疾病。

4. 胆小易惊，敏感性强

雏鸭对外界环境的微小变化非常敏感，外界的任何刺激都会导致雏鸭情绪紧张而四处乱窜，影响采食，甚至引起死亡。因此育雏期间甚至以后各饲养阶段，要注意保持周围环境安静，有规律而细心地进行操作、管理。如果饲养环境较复杂，条件差，最好的措施是把可能引起鸭应激的条件（如各种响声、黑暗、强光等），在出壳后的30小时内让雏鸭适应，使其习惯于接受这种刺激，以后就不会因这种刺激引起情绪紧张而四处乱窜。

5. 免疫力弱

雏鸭娇嫩，对外界环境的抵抗力差，易感染疾病，因此，育雏时要特别重视防疫卫生工作。

6. 初期易脱水

刚出壳的雏鸭如果在干燥的环境中存放时间过长，则很容易在呼吸过程中失去很多水分造成脱水。育雏初期干燥的环境也会使雏鸭因呼吸失水过多而增加饮水量，影响消化机能。因此在育雏初期注意湿度问题以提高育雏的成活率。

二、育雏前的准备

为了使育雏工作能按预定计划进行,取得理想效果,育雏前必须充分做好各项准备工作。

1. 拟定育雏计划

育雏计划是合理安排生产,提高生产效益的保证。育雏计划的制定主要包括育雏时间的确立和育雏数量的确定等。育雏时间要根据种蛋的来源,当地的环境气候条件,青绿饲料生长情况和农作物的收割季节,饲养者的技术水平,鸭舍与设施的条件,特别要考虑市场的供求状况等因素综合确定。饲养条件较好、育雏设施比较完善的大型种鸭场和商品鸭场,可根据生产计划和鸭舍的周转情况全年育雏。

(1)育雏季节的选择:季节与育雏的效果有密切关系,因此育雏应选择适合的季节,并应根据不同地区和环境条件进行选择。蛋鸭按育雏季节分为"早春雏"、"正春雏"、"晚春雏"、"夏雏"和"秋雏"。

①早春雏:2月份的雏鸭称早春雏。这时气温低,育雏需一定的保温设备和热源,并要精心护养。但早春雏产蛋早,当年不换羽,产蛋期长达一年多,能在夏冬两个淡季提供鸭蛋,经济效益高。其不足是育雏开支较大。

②正春雏:3~4月中旬的雏鸭称为正春雏。这时育雏也应保温,但保温时间较短,气候对雏鸭比较有利,成活率高。一般6~7月份开产,产蛋期长达一年,这是育雏最适宜的时期。

③晚春雏:4月下旬到5月份的雏鸭称为晚春雏。这时气候温和,管理省事,雏鸭成活率高,但产蛋稍迟。8~9月份

开产时气候转凉,日照缩短,除要增加光照和后期适当保温外,产蛋情况较好,可延续到次年6月份。

④夏雏:6~8月份的雏鸭称为夏雏。气温高,易育雏,但生长速度相对慢一些,开产时在10~11月份,虽然因天气变冷产蛋率上升慢,但是离元旦、春节相近,效益较好,同时来年春季市场占有率高。有条件者可以多养,在市场上可作青年蛋鸭外销。

⑤秋雏:9~10月份的雏鸭称秋雏。秋天气候凉爽,适于雏鸭生长,成活率高,来年开春即可产蛋,产蛋率也较高,但是蛋的个头相对偏小。也可以作青年蛋鸭外销。

总之,育雏季节的选择,因人因用途而异,养殖户尽可能地扬长避短,使经济效益达到最佳。

(2)房舍、设备条件:如果利用旧房舍和原有设备改造后使用的,主要计算改造后房舍设备的每批育雏量有多少。如果是标准房舍和新购设备,则计算平均每育成一只雏鸭的房舍建筑费及设备购置费,再根据可能用于房舍设备的资金额,确定每批育雏的只数及房舍设备的规模。育雏室应该保温良好,便于通风、清扫、消毒及饲喂操作。使用前需经修缮,堵塞鼠洞。

(3)可靠的饲料来源:根据育雏的饲料配方、耗料量标准以及能够提供的各种优质饲料的数量(特别要注意蛋白质饲料及各种添加剂的满足供应),算出可养育的只数及购买这些饲料所需的费用。

(4)资金预计:将房舍及饲料费用合计,并加上适当的周转资金,算出所需的总投资额,再看实际筹措的资金与此是否相符。

(5)其他因素:要考虑必须依赖的其他物质条件及社会因素,如水源是否充足,水质有无问题,特别是电力和燃料的来源是否有保证,育雏必需的产前、产后服务(如饲料、疫苗、常用物资等的供应渠道及产品销售渠道)的通畅程度与可靠性。

2. 育雏用品的准备

(1)育雏设备:根据选择的育雏方式检修好相应的设施。

这里提醒养殖者,地面平养应在鸭舍熏蒸消毒前铺好经过消毒的 5～6 厘米厚垫料(每平方米约 4～6 千克)。育雏开始的 3 天内,可上铺一层吸水性好的报纸或棉布等,防止雏鸭误食垫料(特别是锯末)。

在潮湿地区养殖雏鸭,最好采用添加式铺设垫料,早、中期每 3 天要翻一次垫料,并适当加铺一层垫料。到了夏季"返潮"严重,鸭长大,垫料易污染时,不可翻起垫料,要用平锹铲除垫料表层,铺一层新垫料,效果最好。

除此之外,还可以使用组合垫料,如把麦秸与稻草、稻壳与木花混合使用,也可以把原来的垫料表面覆盖一些其他种类的垫料。但使用垫料时要注意垫料 pH 值,当 pH 为 8 时,氨气产生达到最高,可用化学和物理方法处理垫料,以降低 pH 值,防止氨气产生。

(2)保温设备:无论采用什么热源,都必须事先检修好,进雏前经过试温,确保无任何故障。

(3)饲料准备:在进雏前 2～3 天要准备好开食饲料和 3 天后饲喂的全价饲料。开食所用的饲料,各地并不一样,大多用蒸煮的大米或碎米,也可用碎玉米、碎大麦、碎小麦和小米。工厂化养鸭均用全价雏鸭颗粒配合饲料开食。

1 日龄按每只采食 3～4 克的量准备,2 日龄每只每天能吃 6～7 克的料,4 日龄开始按每天增加 2 克的量准备好 1 星期的饲料,育雏的前 4 周内,累计饲料消耗为每只 5 千克左右,因此要备好充足的饲料。

(4)饲喂用具:按 30～50 只雏鸭配 1 个水盘和 1 个料盘准备。3 天后的饮水器数量,要求每 100 只雏鸭至少需要 2～3 个 4 升的真空饮水器,50 只雏鸭一个料桶准备。

(5)燃料:均要按计划的需要量提前备足。

(6)药品及添加剂:为了预防雏鸭发生疾病,适当地准备一些药物是必要的。消毒药如煤酚皂、紫药水、新洁尔灭、烧碱、生石灰、高锰酸钾、福尔马林等;用以防治白痢病、球虫病的药物如呋喃唑酮、球痢灵、氯苯胍、土霉素等。添加剂有速溶多维、电解多维、口服补液盐、维生素 C 和葡萄糖等。

(7)疫苗:主要有新城疫疫苗、传染性法氏囊病疫苗、传染性支气管炎疫苗和鸭痘疫苗等。

(8)其他用品:包括各种记录表格、温度计、连续注射器、滴管、刺种针、台秤和喷雾器等。

3. 消毒

无论是新建鸭舍还是原来利用过的建筑,在进鸭之前都必须经过严格的清洗和消毒。

(1)清舍:首先清扫屋顶、四周墙壁以及设备内外的灰尘等脏物。

(2)维修:无论改造旧房舍或新建育雏舍,在进雏前要进行全面的检查和维修。检查房顶是否漏雨、门窗是否严密、墙壁尤其与门窗之间有无裂缝、墙角有无鼠洞,如有问题应加以维修。

(3)清洗:将食槽和饮水器具浸泡在加入清洁剂的消毒水

池中,清洗干净后用消毒剂溶液浸泡,最后用清水冲洗干净、晾干备用。网上饲养要用高压水枪冲洗笼网,尤其是底网片连接处。墙壁和地面先用高压水枪喷湿,可在水中加入清洁剂,以便于清洗干净。数小时后用高压水枪冲洗,冲洗干净以后,在水中加入广谱消毒剂喷洒消毒一遍。

(4)周围环境:清除雏鸭舍周围环境的杂物,然后用火碱水喷洒地面,或者用白石灰撒在鸭舍周围。

(5)熏蒸消毒:清洗消毒完成以后,将饲槽、饮水器以及育雏所用的各种工具放入舍内,然后关闭门窗,用福尔马林熏蒸消毒。熏蒸时要求鸭舍的湿度70%以上,温度10℃以上。消毒剂量为每立方米体积用福尔马林42毫升加42毫升水,再加入21克高锰酸钾。1~2天后打开门窗,通风晾干鸭舍。如果距进雏还有一段时间,可以一直封闭鸭舍到进鸭前3天左右。空舍2~3周后在进雏前约3天再进行一次熏蒸消毒。

(6)鸭舍消毒后重新启用前的检查:确保所有设备都正常工作,各项环境指标正常。

4. 育雏舍的试温和预热

在雏鸭进舍前2~3天必须对鸭舍进行升温,尤其是寒冷季节,温度升高比较慢,鸭舍的预热升温时间更要提前。

按要求预温应达到32~34℃,垫料温度在25℃以上,空气相对湿度65%~70%。

三、接雏

1. 进雏前检查

进雏前1天,用干湿温度计试温,并记录舍内昼夜温度变化情况。试温时温度计放置的位置:育雏笼应放在最上层和第三层之间；平面育雏应放置在距雏鸭背部相平的位置。

2. 摆放好饲喂设备

在进雏前 2 小时将饮水器装满水，寒冷冬季提供不低于20℃的温开水，炎热季节尽可能给雏鸭提供凉水。水中加入6%～8%的葡萄糖或白糖，并在饮水中加入适量的药物（如0.02%的土霉素、0.01%的高锰酸钾等）。添水量以每只雏鸭6 毫升计算，将饮水器均匀地分布在育雏器内，每只鸭至少占有 2.5 厘米水位，饮水器高度要适当，水盘与鸭背等高为宜，要随鸭生长的体高而调整水盘的高度，防止鸭脚进水盘弄脏水或弄湿垫料及绒毛，甚至淹死。

3. 接雏

雏鸭到场后，为防止雏鸭受凉或受热，应第一时间将雏鸭盒（箱）卸下搬入育雏舍内，然后立体笼养和网床平养按每平方米 30～50 只，地面垫料指定每平方米 20～25 只的密度进行强弱、公母分笼（可将四层笼的雏鸭集中放在温度较高又便于观察的中间两层。上笼时先捉壮雏，剩下的弱雏另笼单养）或分群（切不可怕麻烦把大小不一，强弱不均的雏鸭混在一起养，平养可先分出部分小区饲养，每群可掌握在 300～400 只左右），再把所有的装雏盒（箱）搬出舍外。对一次性的纸盒要烧掉，对重复使用的塑料盒（箱）等应清除箱底的垫料并将其烧毁，下次使用前对运雏盒（箱）进行彻底清洗和消毒。

四、育雏期的饲养管理

无论将来采用何种饲养方式，育雏都必须在舍内完成。育雏的饲养管理目标是对出壳至 4 周龄的雏鸭在进行严格选择的基础上，通过对温度、湿度、饲养密度、光照和通风等控制,使雏鸭群体生长整齐度在 80％以上,生长发育正常,死亡率不超过 2％。因此,4 周龄以前雏鸭管理的好坏是整批鸭盈利与否的关键环节之一。

1. 开水

雏鸭应在 14～24 小时内开水、开食,原则是先饮水,后开食。

雏鸭第一次饮水称为"开水"。雏鸭干毛,打转,有 1/3 雏鸭伸长头颈,形似觅食状,即可"开水"。出壳后的幼雏还有一部分蛋黄未吸收,这部分营养物质需要 3～5 天才能基本吸收完毕,饮水能促进对这些营养物质的吸收利用,这对幼雏的生长发育有明显作用。饮水还可以补充在孵化过程中胚雏所丧失的水分,刺激食欲,促进胎粪排出,并有助于饲料的消化和吸收。如不及时饮水,幼雏会因蛋黄未充分吸收等方面原因而绒毛发脆,影响健康,甚至脱水死亡。

开始时,雏鸭不懂饮水,可以教饮,即抓一只健壮的雏鸭,将喙浸到水槽中沾上水,雏鸭很快就会饮水,其他雏鸭也会仿效。饮水器的槽面开口不宜太阔,盛水不宜太深,以防止雏鸭溺水。敞口的饮水器应在其中放置一些干净石块,使雏鸭不致掉入水中。饮水器应每天清洗或消毒一次,要保持饮水器四周干燥。

开水后饮水的供应不能中断。缺水会造成雏鸭口渴,一旦恢复供水,就会因抢水而被挤死、淹死、湿身感冒,或造成饮水过多而不思饮食,或引起消化不良等肠胃病的发生。给水要少给勤添。

2. 开食

雏鸭第一次喂料叫"开食"。开食一般在雏鸭开饮 1～2

小时后雏鸭有索食要求时进行。若"开食"过早,大多数雏鸭不会采食,健壮雏会先采食从而使雏群的发育不平衡,给以后的饲养管理造成困难,增加饲养成本。"开食过迟",不仅影响雏鸭的生长发育,还会增加死亡率。同批鸭雏,出壳时间有差异,开饮开食时间应有区别,即使是同一时间出壳的鸭雏,也应根据实际情况,将不宜开食的鸭雏单放,待时机成熟再进行开食。

(1)开食时间:最好安排在白天,以便雏鸭看见饲料,否则应将饲料放在灯光明亮处。

(2)开食饲料:开食饲料大多用蒸煮的大米或碎米,也可用碎玉米、碎大麦、碎小麦和小米。工厂化养鸭均用全价雏鸭颗粒配合饲料开食。

(3)开食方法:雏鸭开食一般用浅料盘,也可以把饲料撒在浅料槽内,为了防止雏鸭浪费饲料,在浅料盘或浅料槽下面铺一层报纸或麻袋布垫在下面,3天后把报纸或麻袋布垫撤去。料盘或料槽要相近放置,让雏鸭边吃食边饮水,防止饲料粘嘴而影响吞咽,以促进食欲,帮助采食。

(4)饲喂量:开食饲料按200只雏鸭500克准备。初生的雏鸭,食道膨大部不很明显,贮存饲料的容积很小,消化器官还没有经受过饲料的刺激和锻炼,消化机能不健全,肌胃的肌肉也不坚实,磨碎饲料功能很差,所以要少吃多餐,少喂勤添,随吃随给,饲槽内要稍有余食,但不能太多,以防酸败。除白天每隔1.5~2小时喂1次外,晚上也要喂2次;对不会自动走向饲槽的弱雏,要耐心引诱它去采食,使每只都能吃到饲料,吃饱而不吃过头。

(5)开食观察:雏鸭"开食"的好坏,可以从采食量、叫声等多方面来综合判断。"开食"好的,叫声轻快、有间歇;如果发现异常,应及时隔离,查明原因,采取必要措施。

(6)开食注意事项:在混合料或饮水中放入呋喃唑酮等药物,能大大减少白痢病的发生;如果在料中或水中再加入抗生素(氟哌酸、恩诺、乳酸环丙或阿莫西林中的一种),大群发病的可能性更小,粪便也正常。但开食不好、消化不良的雏鸭仍然会出现类似白痢病的粪便,所以在开食时应特别注意以下几点:

①挑出体弱雏鸭:雏鸭运到育雏舍,经休息后,要进行清点将体质弱的雏鸭挑出。因为雏鸭数量多,个体之间发育不平衡,为了使鸭群发育均匀,要对个体小、体质差的雏鸭另群饲养,以便加强饲养,使每只雏鸭均能开食和饮水,促其生长。

②开食不可过饱:开食时要求雏鸭自己找到采食的食盘和饮水器,会吃料能饮水,但不能过饱,尤其是经过长时间运输的雏鸭,此时又饥又渴,如任其暴食暴饮,会造成消化不良,严重时可致大批死亡。

③因抢水打湿羽毛的雏鸭要捡出,以36℃温度烘干,减少死亡。

④随时清除开食盘中的脏物。

3. 雏鸭的日常管理

(1)温度控制:温度是育雏成败的重要条件。鸭幼雏绒毛稀而短,体温调节机能不健全,对于温度非常敏感,因此育雏期要人工保温。如果疏忽保温环节,使温度过低或过高,很容易使雏鸭发病,甚至死亡。幼雏出壳后5天内的保温工作尤为重要,如果忽视保温环节,死亡率可高达50%,甚至全群覆没。

育雏温度:保温器育雏是指距离热源 50 厘米、地上 5 厘米处的温度,笼育或网育则是指网上 5 厘米处的温度。鸭育雏的适宜温度要求见表 5-1。

表 5-1 育雏鸭的适宜温度

日龄	育雏器温度(℃)	室内温度(℃)
1	34	30～28
2～5	34～33	29～27
6～9	33～32	28～26
10～13	32～31	26～25
14～17	31～30	25～24
18～21	30～29	24～23
22～24	29～28	23～22
25～27	28～27	22～21
28～30	27～26	21～20

育雏保温要根据具体情况灵活掌握,不能生搬硬套,一成不变。总的原则是:小雏宜高,大雏宜低;小群宜高,大群宜低;早春宜高,晚春宜低;阴天宜高,晴天宜低;夜间宜高,白天宜低。

掌握育雏温度,一要看温度计(挂置在适当位置);二要注意仔细观察雏鸭的活动、休息和觅食状况。温度适当,雏鸭活泼好动,食欲良好,均匀地分布在育雏器范围内,睡眠时安静地围在热源周围,互不挤压,而且安稳,不怎么发出叫声。温度过高,雏鸭张口呼吸,喘气,翅膀张开,抢水喝,采食量减少,粪便变稀远离热源,精神沉郁。温度过高,雏鸭易患呼吸道疾病,夏季还容易中暑,如果育雏器狭窄,雏鸭无处躲避,还易发生热射病,甚至造成死亡。温度过低,雏鸭拥挤在热源附近,缩颈,行动迟缓,夜间睡眠不稳,闭眼尖叫,拥挤扎堆。温度低易使雏鸭受凉拉稀,挤压死亡。

(2)湿度控制:鸭为水禽,充足的湿度是育雏成功的另一个重要条件。湿度过大,雏鸭水分蒸发和散热困难,食欲不振,易患球虫、霍乱等疾病,严重威胁雏群健康。湿度过低,雏鸭体内水分蒸发过快,这会使刚出壳的幼雏腹中蛋黄吸收不良,羽毛生长不良,毛焦发干。湿度适宜,雏鸭感到舒适,休息、食欲良好,发育正常。育雏的适宜湿度是:1周龄内,育雏室内空气相对湿度为 65%～70%,1～2 周龄为 60%～65%,2 周龄以后为 55%～60%。

若室内湿度过低,可喷洒清水于地面、室内挂湿毛巾或在火炉上放水壶,通过水蒸气的散发调节湿度。南方及潮湿季节要注意防潮,以免育雏室内空气相对湿度过大。

测定相对湿度采用干湿球温度计,如测定鸭舍内相对湿度,应将干湿球温度计悬挂在舍内距地面 40～50 厘米高度的空气流通处。分别读出干球温度和湿球温度,求出二者的相差数,然后查干湿球温度计的相对湿度查对表即得相对湿度。

测定相对湿度,使用干湿球温度计应注意以下几点:

①干湿球温度计在使用前,必须检查干球和湿球 2 支温度计所示温度是否相同,如不一致,要将其差度记下,计算时依此差数加以纠正,以保证测定结果准确性。

②使用湿度温度计前,将包湿球温度计的纱布或棉绳上的浆质等除去以利吸水。使用期因纱布或棉绳在水中易变硬或沾染灰尘和绒毛,影响水分的蒸发,因此要注意保持纱布或棉绳的清洁,经常清洗或更换,确保湿度计的准确性。

③盛水的玻璃管与湿度温度计的球部不可紧接,要相距2～3厘米,盛水玻璃管要注满清洁水,同时要注意更换用水。

④每天上、下午分别观察和登记干、湿球度数。

(3)饲养密度:合理的饲养密度是保证鸭群健康、生长发育良好的重要条件,雏鸭饲养密度大时,育雏舍内空气污浊,氨味大;湿度高,卫生环境差,吃食拥挤;抢水抢料,饥饱不均,残次雏鸭增多,容易发病。雏鸭饲养密度小时,对雏鸭生长发育有利,但不利设备的充分利用和劳动力的合理使用,所以雏鸭饲养密度也不是愈小愈好。

雏鸭适宜的饲养密度可参见表 5-2,每群鸭以 300～400只为宜。

表 5-2　雏鸭适宜的饲养密度

周龄	地面平养 (只/平方米)	网床饲养 (只/平方米)	立体笼养 (只/平方米)
1～2	20～25	30～50	30～50
3～4	10～15	15～20	15～25

(4)合理饲喂:"开食"后的前 3 天,可采用"开食"一样的饲喂方法,一样的饲料。3 天后改为用料桶饲喂。

3 日龄起就可以采用定时喂食,每隔 1.5～2 小时喂 1 次外,晚上也要喂 2 次;5～10 日龄白天 4 次,晚上 2 次;11～20日龄白天 3 次,晚上 2 次;21～30 日龄白天 3 次,晚上 1 次。

"开荤"即给雏鸭开始饲喂动物性蛋白质饲料,适时给雏鸭加喂动物性饲料,可促其迅速生长。雏鸭从 3 日龄起,就应补喂蚯蚓、蛆虫、黄粉虫、螺蛳、蚌肉等动物性饲料,也可用5%的鱼粉代替。开荤时,每 100 只雏鸭每天喂荤料 150～

250克,分上下午2次喂给。荤料可剁成肉泥状,拌在饭粒中饲喂。也可煮熟切碎后拌入饭内饲喂。开始时喂量不宜过大,以后随采食量增加而增加。

"开青"即开始喂给青绿饲料。青料一般在雏鸭"开食"后3~4天喂。雏鸭可吃的青饲料种类很多,一般将青饲料切碎单独喂给,也可拌在饲料中喂,以单独喂最好,以免雏鸭先挑食青饲料,影响精饲料的采食量。

(5)光照控制:雏鸭开食后,采食量小,采食速度慢。为了保证雏鸭有足够的采食和饮水时间,一般在最初3天采用全天24小时光照,光线强度以雏鸭能看见饲料和饮水为宜。有时故意熄灯半小时,以利于雏鸭适应突然停电的影响。若用红外线灯泡保温时,可不另加照明灯,这需要视光亮具体情况而定。3日龄后通常不再增加人工光照,只利用自然光照。阳光对雏鸭的生长有很大的作用,可促进雏鸭采食和机体新陈代谢,促进维生素D和色素等的形成,维持骨骼的迅速生长。

(6)通风换气:雏鸭饮水溅水多,粪多,所以雏鸭舍很容易潮湿,而潮湿的粪和垫料会分解发酵,产生大量的氨和硫化氢等有害气体。若不注意通风,这些越来越多的污浊空气将严重影响雏鸭的正常生长发育和健康,有时有害气体会使雏鸭中毒和感染其他疾病而引起不同程度的死伤。良好的通风对雏鸭群非常重要,能排出舍内污浊的空气,给雏鸭提供新鲜空气,调节舍内温度和湿度,使雏鸭感到舒适。

在育雏最初几天的保温阶段,当外界温度较低时,通风会使舍内温度不好控制。育雏前2天完全可以不通风,3天后可在中午天气较暖和的时候打开部分高处的窗户,利用舍内外温度差进行适当通风。必须注意,不可使舍内温度有明显变化,不能让贼风直接吹到雏鸭身上。

通风是否适宜,除通过专用仪器测定舍内二氧化碳和氨等气体的含量来判定外,主要是靠人自身进入育雏舍内的感觉,如感觉空气良好清新,不刺眼鼻,不觉闷气,则较好;如雏鸭表现精神不安,行为迟缓,羽毛污秽零乱,食欲不振,说明污浊的环境已严重危害鸭群健康,要赶快改善通风和其他环境条件。

(7)日常管理

①每次进育雏室,首先要检查温度、湿度和换气是否合适,然后清洗食槽和水槽,加料和换上清洁饮水,要保证不缺料、不断水。

②观察精神、观察采食、饮水和观察粪便,这是饲养员每天要进行的工作。

健康鸭反应灵敏,羽毛光亮,饲养员进入后,紧跟不舍;病鸭反应迟钝或闭目独居一处,或呼吸困难,或发出尖叫声。采食和饮水上,健康鸭食欲旺盛,采食急切,嗉囊充实,饮水量适中;病鸭食欲下降或废绝,饮水量增加。

正常雏鸭粪便为灰白色,上有一层白色尿酸盐(盲肠粪便为褐色),稠稀适中,泄殖腔周围干净无粪便污染。患有某种疾病时,往往拉稀或颜色异常,如患白痢时为白色稀粪,并有稀粪粘于泄殖腔周围,患球虫病时为带有血液的红色稀粪,患鸭瘟、霍乱以及一些呼吸道病时,往往排白绿色稀粪,而患传染性法氏囊病时则为水样粪便等。

通过观察发现病鸭应及时拿出,送化验室进行检查,及早采取措施。

③10 日龄内,雏鸭喜欢"打堆",应及时赶开,防止打堆造成压死体质弱小的雏鸭。一般半小时巡视一次鸭群,发现打堆及时驱赶。

④雏鸭从小应调教出生活规律,即饮水、吃料等管理都要定时、定地、口令或口哨,从小养成一套固定的管理程序。

⑤第一次分群后,雏鸭在生长发育过程中又会出现大小强弱的差别,所以要经常把鸭群中体质太强或太弱的雏鸭挑选出来,单独饲养,以免"两极分化",即强的更强,弱的因抢食抢水能力差而愈来愈弱。通常在 8 日龄和 15 日龄时,结合密度调整,进行第二次、第三次分群。

⑥注意消除外来兽类的侵害,亦可降低育雏期的死亡率。

(8)疾病预防:严格执行免疫接种程序,预防传染病的发生。20 日龄前后,要预防球虫病的发生,尤其是地面垫料养殖的鸭群。

①清洁卫生

Ⅰ.用具卫生:食槽和水槽每天要洗刷、清洗 1 次,保持各种养禽用具的清洁卫生。

Ⅱ.饲料清洁:饲喂的湿料,放置时间太长容易酸败,应予处理。为避免饲料污染,每天至少清除一次食槽中的剩余饲料。

Ⅲ.环境卫生:每天上午、下午要清扫一遍粪便,尤其是雏鸭休息的地方积粪较多,更要注意打扫干净。使用垫料育雏的要及时更换或加厚垫料,以防止球虫病等的发生,尤其是饮水器的周围垫料最易潮湿,更应经常保持干燥。

②消毒

Ⅰ.育雏舍门口的消毒池,每周更换或添加消毒液。

Ⅱ. 食槽与饮水器要定期用 2‰～3‰的烧碱消毒。

Ⅲ. 饮用河水或井水，最易带入病原，应有过滤装置处理，并用漂白粉消毒或每周饮含万分之一高锰酸钾的水 1 次。

Ⅳ. 青菜等青饲料应以清水或含万分之一高锰酸钾的水洗净后，才能饲喂。

③防疫：根据所饲养鸭种的免疫情况以及当地疾病流行的情况，制订免疫程序并严格执行。

Ⅰ. 预防用药：1～3 日龄，普百克饮水，每日一次，每次 40 只鸭 10 毫升（预防肠道细菌性疾病，提高饲料转化率，促进生长）；16～18 日龄，普百克饮水，每日一次，每次 30～40 只鸭 10 毫升，连用 3 天；30 日龄，环丙沙星，5 克/瓶，拌原粮 70 千克，为广谱抗生素。

Ⅱ. 基础免疫：做好 0～4 周龄的基础免疫。

(9)适当淘汰：对生长稍微不良的弱雏，应选出分开饲养，精细护理，使其追上生长良好的鸭。通常整个饲养期的淘汰数不应超过 0.5％。若观察到大量的鸭不符合强健鸭的要求，应当仔细检查饲养管理方法，找出原因，采取补救措施。鸭群生长不整齐的问题大都是与育雏期的管理和鸭苗质量有关，特别是育雏温度太高或太低都极易使雏鸭生长不均，参差不齐。

(10)做好记录和建立饲养管理规程：对于管理良好的鸭场和养鸭专业户来说，记录鸭舍的温度、湿度、饲料消耗、药物应用、群鸭数量、生长增重、疾病发生、死亡淘汰数等很有必要，这样可根据记录了解鸭群的生产性能，进而改善饲养管理。可通过抽检部分鸭，称量其样本重来测定鸭的生长情况，评价在现有饲养水平下鸭的生产性能。应当建立养鸭管理规程,在预定时间内做好饲养管理工作,如饲喂、换水、铺垫料、清洁卫生等。有一个固定的规程,将会减少工作遗漏和鸭群的应激,使鸭群按生活规律在舒适的环境中生活。

4. 育雏成绩的判断标准

(1)育成率的高低是个重要指标。良好的鸭群应该有98%以上的育雏成活率,但它只表示了死淘率的高低,不能体现培育出的雏鸭质量如何。

(2)检查平均体重是否达到标准体重,能大致地反映鸭群的生长情况。良好的鸭群平均体重应基本上按标准体重增长,但平均体重接近标准的鸭群中也可能有部分鸭体重小,而又有部分鸭超标。

(3)检查鸭群的均匀度。每周末定时在雏鸭空腹时称重,称重时随机地抓取鸭群的3%或5%,也可圈围100~200只雏鸭,逐只称重,然后计算鸭群的均匀度。计算方法是先算出鸭群的平均体重,再将平均体重分别乘0.9和1.1,得到2个数字,体重在这2个数字之间的鸭数占全部称重鸭数的比例就是这群鸭的均匀度。如果鸭群的均匀度为75%以上,就可以被认为这群鸭的体重是比较均匀的,如果不足70%,则说明有相当部分的鸭长得不好,鸭群的生长不符合要求。

鸭群的均匀度是检查育雏好坏的最重要的指标之一。如果鸭群的均匀度低则必须追查原因,尽快采取措施。鸭群在发育过程中,各周的均匀度是变动的,当发现均匀度比上1周差时,过去1周的饲养过程中一定有某种因素产生了不良的影响,及时发现问题可避免造成大的损失。

(4)鸭群健康,新城疫等疫病的抗体水平较高。

5. 育雏失败原因分析

雏鸭在饲养过程中,即使在饲养管理正常的状况下,雏鸭存栏数也会下降。这主要是由于小公鸭的捡出和弱雏的死亡等造成的。存栏数下降只要不超出 3%～5%,应当属于正常。

一般来说,雏鸭死亡多发生在 10 日龄前,因此称为育雏早期的雏鸭死亡。育雏早期雏鸭死亡的原因主要有两个方面:一是先天的因素;二是后天的因素。

①雏鸭死亡的先天因素

Ⅰ. 导致雏鸭死亡的先天因素主要有鸭白痢、脐炎等病。这些疾病是由于种蛋本身的问题引起的。如果种蛋来自患有鸭白痢的种鸭,尽管产蛋种鸭并不表现出患病症状,但由于确实患病,产下的蛋经由泄殖腔时,使蛋壳携带有病菌,在孵化过程中,使胚胎染病,并使孵出的雏鸭患病致死。

Ⅱ. 孵化器不清洁,沾染有病菌。这些病菌侵入鸭胚,使鸭胚发育不正常,雏鸭孵出后脐部发炎肿胀,形成脐炎。这种病雏鸭的死亡率很高,是危害养鸭业的严重鸭病之一。

Ⅲ. 由于孵化时的温度、湿度及翻蛋操作方面的原因,使雏鸭发育不全等也能造成雏鸭早期死亡。

上述是由于雏鸭先天发育中所产生的疾病等引起的雏鸭早期死亡。防止这些疾病的出现,主要是从种蛋着手。一定要选择没有传染病的种蛋来孵化蛋鸭。还必须对种蛋进行严格消毒后再进行孵化。孵化中严格管理,使各种胚胎期的疾病不致发生,孵化出健壮的雏鸭。

②雏鸭死亡的后天因素:后天因素是指孵化出的雏鸭本身并没有疾病,而是由于接运雏鸭的方法不当或忽视了其中

的某些环节而造成雏鸭的死亡。

Ⅰ.细菌感染:大多是由种鸭垂直传染或种蛋保管过程及孵化过程中卫生管理上的失误引起的。

Ⅱ.环境因素:第一周的雏鸭对环境的适应能力较低,温度过低鸭群扎堆,部分雏鸭被挤压窒息死亡,某段时间在温度控制上的失误,雏鸭也会腹泻得病。一般情况下,刚接来的部分雏鸭体内多少带有一些有害细菌,在鸭群体质健壮时并不都会出现问题。如果雏鸭生活在不适宜不稳定的环境中,会影响体内正常的生理活动,抗病能力下降,部分雏鸭就可能发病死亡。

为减少育雏初期的死亡,一是要从卫生管理好的种鸭场进雏;二是要控制好育雏环境,前3天可以预防性地用些抗生素。

③饲料单一,营养不足:饲料单一,营养不足,不能满足雏鸭生长发育需要,因此雏鸭生长缓慢,体质弱,易患营养缺乏症及白痢、气管炎、球虫等各种病而导致大量死亡。

④不注重疾病防治:不注重疾病防治也是引起雏鸭死亡的后天因素。

6. 体重落后于标准的原因

体重落后于标准太多时应多方面追查原因,可能的影响因素有饲料营养水平太低;环境管理失宜。育雏温度过高或过低都会影响采食量,活动正常的情况下,温度稍低些,雏鸭的食欲好,采食量大。舍温过低,采食量会下降,并能引发疾病。通风换气不良,舍内缺氧时,鸭群采食量下降,从而影响增重;鸭群密度过大,鸭群内秩序混乱,生活不安定,情绪紧张,长期生活在应激状态下,影响生长速度;照明时间不足,雏鸭采食时间不足,影响生长。

7. 雏鸭的脱温

雏鸭随着日龄的增长,采食量增大,体重增加,体温调节机能逐渐完善,抗寒能力较强,或育雏期气温较高,已达到育雏所要求的温度时,此时要考虑脱温。脱温或称离温是育雏室内由取暖变成不取暖,使雏鸭在自然温度条件下生活。

脱温时期的早、晚因气温高低、雏鸭品种、健康状况、生长速度快慢等不同而定,脱温时期要灵活掌握。春雏一般在 5 周龄,夏雏和秋雏一般在 4 周龄脱温。

脱温工作要有计划逐渐进行。如果室温不加热能达到 18℃以上,就可以脱温。如达不到 18℃或昼夜温差较大,可延长给温时间,可以白天停温,晚上仍然供温;晴天停温,阴雨天适当加温,尽量减少温差和温度的波动,做到"看天加温"。约经 1 周左右,当雏鸭已习惯于自然温度时,才可完全停止供温。

雏鸭脱温时,要注意天气的变化和雏鸭的活动状态,采取相应的措施,防止因温度降低而造成损失。

第二节　育成期的饲养管理

蛋鸭自 5 周龄起至 16 周龄称为育成期,也叫青年鸭阶段,是从育雏期至产蛋期的一个过渡阶段。在这个阶段内,育成鸭既要长羽毛,又要长骨骼和肌肉,同时内脏器官的生长也很快。

一、育成期的饲养管理

育成鸭的管理目标是培育健壮良好的体型,因此育成期的主要工作是在日粮配合上要求供应充足的蛋白质、维生素和矿物质等营养成分,在日粮中可逐步增加谷物、糠麸、饼粕类饲料和青绿饲料,控制生长速度,严格控制体重,使性成熟和体成熟达到同步。

(一)育成鸭的生理特点

1. 适应性强

随着日龄的增长,育成鸭体温调节能力增强,对外界气温变化的适应能力也随之加强。同时,由于羽毛的着生,御寒能力也逐步加强。因此,育成鸭可以在常温下饲养,饲养设备也较简单。

育成鸭随着体重的增长,消化器官也随之增大,贮存饲料的容积增大,消化能力增强。

2. 羽毛生长迅速

5周龄时育成鸭的胸腹部羽毛已长齐,平整光滑,并慢慢长出主翼羽。

3. 体重增长快

5周龄以后体重的绝对增长快速增加,至16周龄的体重已接近成年体重。

4. 性器官发育快

育成鸭到10周龄后,在第二次换羽期间,卵巢上的滤泡也在快速长大,到12周龄后,性器官的发育尤其迅速。为了保证青年鸭的骨骼和肌肉的充分生长,必须严格控制青年鸭过速的性成熟,对提高今后的产蛋性能是十分必要的。

5. 可塑性增强

育成鸭可塑性较高,适于调教和培养良好的生活规律。

饲养人员应针对这些特点,采取相应的饲养管理措施,进行科学的饲养管理,加强锻炼,提高生活力,使其生长发育整齐,为产蛋期的高产稳产打下良好基础。

(二)转群前的准备工作

由于大规模生产时采用放牧饲养的方式越来越少,因此本书主要介绍 5 周龄鸭从育雏舍转入育成舍的转舍工作。

育成鸭饲养前的准备工作比育雏前简单,如搞好清洁卫生,彻底消毒,舍内铺好垫料,备好饮水和饲料等。

1. 铺垫草或做栅状地面

育成鸭的饲养方式,采用舍内架网床、铺垫草或做栅状地面,舍外设陆上运动场方式。

(1)架网床:按要求架好网床,但育成期的架床高度要比育雏期降低到 20～30 厘米,同时要做好鸭只上下网床的梯板。

(2)铺垫草:鸭舍内垫草要求无污染、无霉变、松软、干燥、吸水力强、长短适宜,亦可选择锯末、谷壳等。使用前应曝晒,铺 5～10 厘米厚。

(3)栅状地面:采用栅状地面可用宽 20～25 毫米,厚 5～8 毫米的木板条或 25 毫米宽的竹片,或者是用竹子制成相距 15 毫米空隙的栅状地面,这些结构都要制成组装式,以便冲洗和消毒。

2. 搭好遮雨篷

在育成舍外运动场上方搭好遮雨篷,主要是防止料槽受雨淋。

3. 转群应激的防治

在转群前 3～5 天,在饲料中加入电解质或维生素,每天早晚各饮1次。

4. 准备饲槽及饮水器

料槽和饮水器除准备充足外（每100只鸭准备1米长的食槽5个），还要在舍内均匀分布（在转移后的前3天里，喂料和饮水都应该在鸭舍里进行，这样对育成鸭尽快地熟悉新家很有好处，3天之后，再把喂料和饮水挪到运动场的遮雨篷下，诱导育成鸭逐渐到外面活动）。同时把饲料事先放进饲料桶，这样育成鸭一到新家，就能够马上吃上饲料，喝上水，很快它们就安静下来了，这对于缓解因为转群而产生的应激反应很有帮助。

（三）育成鸭的饲养管理

1. 转入鸭群

将生长到5周龄后的鸭转到育成舍（转群前必需空腹方可运出），按个体大小、强弱情况分群饲养。同时进行第二次选种，并根据性别、大小、体质的强弱进行公、母分群饲养，以便生长均衡。符合标准体重的鸭，说明生长发育正常，将来生产性能好，饲料报酬高，而体重过大的鸭往往是太肥，肥鸭性机能较差，产蛋少、死亡率高；体重太轻，表明生长发育不健全，产蛋持续能力较差，因此转群时对育成鸭进行选择，可以提高鸭利用率，降低不必要的饲料消耗，以保证进入产蛋阶段的鸭都是体格健壮、发育良好的后备鸭。

（1）注射相应日龄的疫苗：结合转群可进行疫苗接种，以减少应激次数。

（2）转群时机选择：转群时选择晚上最好，一是为了减少它的应激；二是抓鸭的时候比较方便，因为鸭不会乱跑。

136

转群可以用转群笼,从笼中抓出或放入笼中时,动作要轻,防止抓伤鸭皮肤。育成鸭移鸭时宜抓颈部,不宜抓脚部,轻拿轻放。盛放鸭的箱笼底部要垫软垫料,装的密度要适中。装笼运输时,不能过分拥挤。途中要防晒、防颠簸、防剧烈摇动,行车速度要均匀,尽量减小应激。

(3)选鸭:转入前,应进行一次挑选,淘汰体质弱和个体轻的雏鸭,对青年种公鸭先测定选种的最低公鸭体重。如果开始时公雏占鸭群 25%,主要是根据体重选种,可淘汰鉴别错误、体重太轻、不健康及畸形等公鸭,选留 85% 的优良公鸭。如果开始时公雏占 20% 或更少时,则仅淘汰性别错误和有明显缺陷的即可。对于青年母鸭,除了有病和瘦弱或有缺陷之外,都留用。不符合种用标准的鸭全部转入商品鸭群进行育肥。

①健康状况选留:健康状况良好,健康的种鸭羽毛、绒毛生长整齐洁净,眼亮有神,眼睛、肛门附近没有分泌物污染,颈项伸缩自如,腿脚干净;行动灵活,步态稳健。

②外貌体态选留:符合品种特征。种公鸭要求头颈粗短,身躯呈长方形,腰背平而宽,胸部宽厚,脚掌有力;种母鸭躯体比公鸭稍短而宽,头颈稍小。

(4)转换饲料:育成鸭要饲喂育成期饲料,变换饲料时须有 3 天的过渡时间,第 1 天用 2/3 的雏鸭料和 1/3 的育成鸭料混匀后饲喂;第 2 天各用一半混匀饲喂;第 3 天则用 1/3 的雏鸭料和 2/3 的育成鸭料混匀饲喂;第 4 天全部用育成鸭料。这样可减少因饲料突然改变而引起的应激,避免饲料原料配比和营养水平突然变化而造成的消化不良、腹泻,甚至拒食。

2. 育成鸭的日常管理

(1)密度:分群可以使鸭群生长发育一致,便于管理。在育成期分群的另一原因是育成阶段的鸭对外界环境十分敏感,尤其在羽毛、特别是翅部的羽毛长出时,即当羽轴刚出头时,稍一挤碰就疼痛难受,互相挤动会引起鸭群骚动,使刚生长的羽毛轴受伤出血,甚至互相践踏破皮出血,导致生长发育停滞,影响今后的开产和产蛋率。因而,育成期的鸭要按体重大小、强弱和公母分群饲养,一般200～300只为一小栏分开饲养。

饲养密度随鸭龄、季节和气温的不同而变化,一般可按以下标准掌握:5～10周龄,每平方米养15～10只;11～18周龄,每平方米养10～8只。

冬季气温冷,每平方米适当多养几只;夏季气温高,适当少养几只。鸭子生长快,密度略小些;鸭子生长慢,密度略大些。

(2)光照制度:在育成期,为了方便鸭子夜间饮水,舍内应通宵弱光照明(不用强光照明),要求每天标准的光照时间稳定在8～10小时,在开产以前不宜增加。如30平方米的鸭舍,可以亮一盏15瓦灯泡,遇到停电应立即点燃蜡烛或煤油灯(带罩),以免引起惊群,造成死亡。

(3)通风换气:为了满足育成鸭对氧气的需要和控制温度,创造最佳的小气候环境,排出氨、硫化氢、二氧化碳等有害气体和多余的水蒸气,必须搞好鸭舍通风换气。舍内饲养时要注意通风,保持舍内空气新鲜,氧气充足。

(4)饲喂:生产调查中发现饲喂颗粒饲料现已为广大养鸭场所接受,育成鸭饲料颗粒的大小一般为3～4毫米。

青年蛋鸭在喂料前,要饲喂适量切碎的青菜和水草等,不要喂整粒或半颗粒的玉米、高粱等,因为颗粒料能刺激食欲,容易引起青年鸭过于肥胖,对其以后的产蛋不利。

育成鸭采食和饮水时,应有适当的间隔距离,使每只鸭子都能获得均等的采食时间和机会。如果采食位置不能满足鸭群需要,应补充喂料位置。不要将饲料撒在舍外运动场,这样饲料浪费较大,而且饲料常常被鸭粪便污染,不利于鸭群健康。建议标准:采食间隔距离每只不少于 10 厘米,饮水间隔距离每只不少于 1.5 厘米,饲料桶和饮水器应均匀分布。

育成鸭饮水多,而且喜欢戏水,溅水理毛,所以需水量大,而且水易被弄脏,因此,需适当增加饮水器数量,水要常换,保持新鲜清洁。饮水器和水盆上最好覆盖有铁丝网,阻止鸭进入水中而又不妨碍其饮水和溅水洗理身体。水位高度应同鸭背持平,既方便鸭饮水,又不使饲料随水从鸭口中流出。采用自动饮水器的,要经常注意检查其供水情况,适时修理和更换损坏的饮水器,同时运动场应适当放几个水盆,水深以从鸭鼻孔到喙端的距离即可,有利于鸭用来溅水洗鼻理毛,不至于浪费太多的饮用水和弄湿地面。要清除地面的积水,以防鸭饮用。

育成鸭要建立一套稳定的作息制度,不得随意更改,否则,会对以后生产带来很大的损失。

下面一套饲喂管理程序供养殖者参考:

①6:00~8:00:放鸭出舍,饲养员进鸭舍巡查,清洗料盆、水盆,加足饮水和饲料。

②8:00~11:00:给鸭喂料,吃料后让鸭子在鸭舍、运动场休息。

③11:00~12:00:第二次投喂饲料,加足饮水。

④12:00～16:00：鸭子自由活动、休息，清洗料盆、水盆。

⑤17:00～18:00：第三次投喂饲料，加足饮水。

⑥18:00～22:00：第四次投喂饲料，加足饮水。天黑时开灯补充光照，按开关灯时间和光照强度要求严格执行。在补充光照结束时，舍内应有弱光通宵照明。

(5)多与鸭群接触，提高鸭的胆量，防止惊群：育成鸭的胆子小，蛋用品种神经尤其敏感，要在青年鸭时期利用喂料、喂水、喂草等机会，多与鸭群接触。如喂料的时候，人站在旁边，观察采食情况，让鸭子在自己的身边走动，久而久之，鸭就不会怕人了。如认为鸭子胆小怕人，避而不接近，这样越避胆子越小，长大以后，仍是怕人，遇有生人走近，或环境改变时，容易惊群，造成严重损失，这是圈养鸭与放牧鸭不同之处。放牧鸭经历过各种环境，胆子大；而圈养鸭要有意识培养，才能提高胆量。

(6)适当加强运动，促进骨骼和肌肉的发育，防止过肥：每天定时赶鸭在运动场作转圈运动，每次5～10分钟，每天活动2～4次。

(7)疾病防治

①预防浆膜炎：30～60日龄是此病的高发期，在此期间可使用"鸭浆灵"(100千克/瓶)或"鸭膜康"(75千克/盒)等预防和治疗。

②预防传染病：青年鸭时期主要有鸭瘟和霍乱两种传染病，这两种病现在都有疫苗可以预防，免疫程序是在60～70日龄注射一次禽霍乱菌苗，70～80日龄注射一次鸭瘟弱毒疫苗。对于只养一年的蛋鸭，注射一次即可；利用二年以上的蛋鸭，隔一年再预防注射一次。这两种传染病的预防注射，都要

在开产以前完成,进入产蛋高峰后,尽可能避免捉鸭打针,以免影响产蛋。

③驱虫:驱虫不但能有效地预防鸭的各种肠道寄生虫病和部分原虫病,确保鸭群健康成长且能节省饲料,降低饲养成本。

蛋鸭在整个饲养周期中,一般驱虫 2 次为宜。第一次在8~9 周龄时进行,主要是预防鸭盲肠肝炎;第二次在鸭 16~18 周龄时进行,这次驱虫的目的是预防鸭盲肠肝炎和驱除鸭体内各种肠道寄生虫。给鸭驱虫期间,要及时消除鸭粪,集中堆积发酵。

常用的驱虫药物:

Ⅰ. 盐酸左旋咪唑:在每千克饲料或饮水中加入药物 20克,让鸭自由采食和饮用,每日 2~3 次,连喂 3~5 天。

Ⅱ. 驱蛔灵:每千克体重用驱蛔灵 0.2~0.25 克,拌在料内或直接投喂均可。

Ⅲ. 虫克星:每次每 50 千克体重用 0.2% 虫克星粉剂 5克,内服、灌服或均匀拌入饲料中饲喂。

Ⅳ. 复方敌菌净:按 0.02% 混入饲料拌匀,连用 3~5 日。

Ⅴ. 氨丙啉:按 0.025% 混入饲料或饮水中,连用 3~5 日。

(8)日常卫生

①每天刷洗水槽、料槽。

②每天白天全天敞开育成舍门,方便鸭进出鸭舍和运动场。

③添料时要少加勤添,而且要每天吃净,防止饲料霉变。

④育成舍要定期带鸭喷雾消毒,周边环境也要定期喷雾

消毒,但避开免疫时间。

⑤定期清理地面的鸭粪,清理鸭粪后要冲刷地面。

⑥育成鸭舍同样也要做好杀灭蚊蝇、灭鼠工作。

(9)均匀度控制:限饲是人为控制种鸭采食的方法。通过限饲可以控制种鸭的生长,防止体重超标,抑制性成熟,从而使小母种鸭在比较合适的、比较一致的时间开产。近年来限制饲养技术越来越广泛地被应用于育成鸭,而且取得了明显的效果,并且限制的标准体重有向较低发展的趋势。

①限饲的方法:一是限制进食量(量的限制),可以采取多种方法,定量限饲、停喂结合,限制采食时间,一定时间停喂;二是限制日粮的营养水平(质的限制),限制营养水平是降低日粮中粗蛋白和代谢能的含量,同时也要降低蛋白质和能量的比例,而日粮中其他微量元素还必须保证,这样才不会影响骨骼肌肉的发育。限饲后一般 7~14 周龄鸭的日粮中粗蛋白质为 15%,15~20 周龄鸭的日粮中粗蛋白质为 12%。

②限饲时注意事项:限饲前,把分群后的病鸭和弱鸭挑出,避免增加限饲时的死亡数;备有充足的水槽、食槽,撒料要均匀,使每只鸭都有一个槽位,使鸭吃料同步化;每 1~2 周(一般隔周称重一次)在固定的时间,随机抽出鸭群的 2%~5%进行空腹称重,如体重超过标准重的 1%,则在最近 3 周内总共减去实数 1%的饲料量,例如:育成鸭比标准体重低100 克,则应在最近 3 周内总计增加 100 克的饲料量;体重低于标准重 1%则增料 1%;如遇鸭群发病或处于应激状态,应停止限饲改为自由采食;限饲从 8~12 周龄开始,至 17 周前结束;限饲过程中,饲料营养水平和喂料量应根据体重、发育情况进行调整;18 周龄时鸭群如达不到体重标准,对原为限

饲的改为自由采食;原为自由采食的则提高蛋白质和代谢能的水平,以使鸭群开产时体重尽可能达到标准。

二、淘汰鸭的饲养管理

淘汰鸭是指转舍时选出不符合蛋用标准的母鸭或多余的公鸭,饲养的目的主要是为了使鸭在短期内迅速增加体重,生长肌肉,沉积脂肪,改善肉的品质,以提高经济效益。

(一)淘汰鸭的特点

转舍时选出不符合蛋用标准的母鸭或多余的公鸭也处在育成期,同其他育成鸭一样羽毛已基本覆盖全身,抗寒能力增强。此阶段鸭具有一定的骨架和肌肉,且是生长速度最快的时候,开始育肥最为适宜。育肥期间要饲喂育肥期饲料。

(二)淘汰鸭的饲养管理

1. 分群

育肥鸭运到育肥舍后要按大小、强弱、性别分栏饲养,每个鸭群的组成不宜太大,通常每平方米面积为 6～8 只,以每栏 70～100 只为宜。尤其对体重较小、生长缓慢的弱鸭应集中喂养并加强管理,使其生长发育能迅速赶上同龄强鸭,不至于延长饲养日龄,影响出栏。

2. 更换饲料

育肥鸭要更换为育肥期饲料,更换饲料要有 3 天的过渡,第 1 天用 2/3 的雏鸭料和 1/3 的育肥鸭料混匀后饲喂;第 2 天各用一半混匀饲喂;第 3 天则用 1/3 的雏鸭料和 2/3 的育肥鸭料混匀饲喂;第 4 天全部用育肥鸭料。

3. 驱虫

转入育肥舍的鸭要进行一次彻底驱虫,对提高饲料报酬和肥育效果极有好处。驱虫药应选择广谱、高效、低毒的药物。

4. 饲喂方式

在育肥鸭的饲喂过程中,有不少地区习惯于饲喂湿拌料。饲喂湿拌料育肥鸭采食快、消化快,一次性采食饲料量少,需要多次喂料,而且鸭子边吃边甩、边拉粪,浪费饲料严重。鸭子对粉料的浪费更严重,而且不利于其对饲料的采食。因此,育肥鸭也要饲喂 3~4 毫米大小的颗粒饲料,这样育肥鸭一次可以采食较多的饲料,既卫生又较少浪费饲料。

舍饲育肥的饲料除喂颗粒饲料外,同时还要多喂青饲料。饲料中还应加入 10% 的沙粒或将沙粒放在运动场的角落,任鸭采食,这样不仅能助消化,提高饲料转化率,而且还有助于提高鸭的体质和抗逆能力。

育肥鸭采食和饮水时,同样要有每只不少于 10 厘米的采食间隔,每只不少于 1.5 厘米的饮水间隔。饲料桶和饮水器也应均匀分布,以防抢食和生长不均匀。

育肥鸭采取自由采食和自由饮水制,即全天 24 小时保持供应饲料和饮水。

5. 预防发生腿病

育肥鸭身体肥胖,体重增加快,而腿部发育跟不上,极易发生腿病,须小心预防。除饲料中钙、磷及其他微量元素需足够外,在管理上也应小心仔细,尽量不惊扰鸭群,对久卧不起的鸭应适时轻轻轰赶,使其行走,以免腿部和其他部位淤血或瘫软,胸腹部出现挫伤等。

6. 改善鸭胴体品质

（1）除去胴体异味：在鸭育肥后期尽量少用对胴体产生不良影响的原料，如鱼粉等。其次，在预防用药时应少用或慎用一些气味较浓的药物，如大蒜素，长期使用将会造成胴体有强烈的大蒜味。另外，在饲养后期应慎用一些抗生素及化学添加剂，为除去鸭胴体异味，可在饲喂中添加一些中草药香味饲料，减少胴体粪臭素含量，使胴体保持其自身特有鲜味。

（2）停喂药物：在出售前20～30天停喂一切药物，对于磺胺类药物要在出售前45～60天停止使用。

（3）减少胴体红斑、次斑、皮下溃疡、破皮等：胴体红斑、次斑、皮下溃疡、破皮等都影响着冻鸭的分等、分级和销售价格，因此在鸭饲养中应注意以下几点：

①饲养密度不可过大。过大容易引起鸭惊群，相互拥挤、碰伤，造成鸭体损伤，在夏季对于地面平养的鸭，遇到连日阴雨加上蚊虫叮咬，容易造成鸭皮下溃疡。

②在出栏鸭时，严禁用脚踢和用硬器赶及用手摔，以免造成鸭体伤痕。

③装笼时，一只手只能抓一只鸭子，同时注意要轻抓轻放，以防鸭体受伤。

7. 实行全进全出制

育肥鸭实行"全进全出制"，即一批同日龄育肥的鸭（或日龄相差不超过1周），饲养期满后，全群一起出场。因为分批、多次捕捉会对鸭群造成多次强烈应激，引起鸭采食量下降、体重减轻，影响鸭的经济效益。

在鸭出栏时禁止鸭贩子等专业人员出入鸭舍，因为那些鸭贩子经常往来于各个鸭场之间，极有可能成为一些病原菌的传播者。

空场后进行场内房舍、设备、用具等彻底的清扫、冲洗、消毒,空闲2周以上,然后再进另一批鸭或作为他用,这种生产制度能最大限度地消灭场内的病原体。此外,实行这种生产制度,场内只有同日龄的鸭,因而采取的技术方案单一,管理简便。

8. 适时上市

(1)上市时间:在正常的饲养管理条件下,小型公鸭育肥100天,母鸭120天上市;中型公鸭110天,母鸭130天上市。

(2)上市注意事项

①用于鸭运输的车辆、工具等在进入鸭场、鸭舍前,必须严格清洁消毒。

②抓鸭应抓其颈部,而不宜抓脚。

③运输时应注意装运密度要适中,行车速度要均匀、平稳,严防剧烈摇晃和紧急刹车,保持适当的通风换气。若运输时间很长,中途应适时供水,让鸭饮用。在炎热天气要注意防暑散热,避免暴晒。

第三节　产蛋鸭的饲养管理

选留的后备鸭饲养到18周龄时,要转入成年鸭舍,进行产蛋期的饲养管理。

饲养蛋鸭和饲养种鸭,都是为了得到更多符合质量要求的蛋,从这一点上讲,他们的基本要求是一致的,所以饲养方法也基本相似。不同的是,养产蛋鸭只是为了得到更多的商品食用蛋,满足市场上消费者的需要。而养种鸭,则是为了得到高质量的可以孵化后代的种蛋,所以饲养种鸭要求更高,不但要养好母鸭,还要养好公鸭,才能提高受精率。

一、产蛋鸭的生理特点

1. 胆大

与青年鸭时期完全不同,鸭产蛋以后,胆子会大起来,不但不怕见人,反而喜欢接近人。

2. 觅食勤

由于蛋鸭的产蛋量高,而且持久,小型蛋鸭的产蛋率在90%以上的时间可持续20周左右,整个主产期的产蛋率基本稳定在80%以上,远远超过鸡的生产水平。蛋鸭的这种产蛋能力,需要大量的各种营养物质,除维持鸭体的正常生命活动外,大多用于产蛋。因此,进入产蛋期的母鸭代谢很旺盛,为了代谢的需要,蛋鸭表现出很强的觅食能力,早晨醒得早叫得早,出舍后四处寻食,喂料时最先响应。

3. 性情温顺,喜欢离群

开产以后的母鸭,性情变得温顺起来,在鸭舍内,安静地休息、睡觉,不到处乱跑乱叫。

4. 代谢旺盛,对饲料要求高

由于连续产蛋的需要,消耗的营养物质特别多。如果饲料中营养物质不全面,或缺乏某几种元素,则产蛋量下降,蛋个变小,蛋壳变薄,或蛋的内容物变稀变淡,或鸭体消瘦直至停产。所以,产蛋鸭要求质量较高的饲料,特别喜欢吃动物性鲜活饲料。

5. 要求环境安静,生活有规律

正常情况下,鸭子每日的产蛋高峰时间大多集中在后半夜,夏季稍早,大约在凌晨 0～2 点钟,冬季稍晚,在 2～4 点钟。如在这段时间突然停止光照,则要引起骚乱,出现惊群。

除产蛋以外的其余时间,鸭舍内也要保持相对安静,谢绝陌生人进出鸭舍,避免各种鸟兽动物在舍内窜进窜出。在管理制度上,何时喂料,何时休息,都要遵循育成期养成的生活规律,如改变喂料餐数,大幅度调整饲料品种,都会引起鸭群生理机能紊乱,造成停产减产的后果。

二、母鸭的饲养管理

公、母鸭从性成熟开始,身体各部分的生长发育已经基本结束,进入繁殖阶段,在这个阶段里,公鸭要交尾配种,母鸭要产蛋,其一切活动都环绕"繁殖"这个中心,尽一切可能去创造一个能够连续高产稳产的环境和条件,才能保证蛋鸭高产稳产,且蛋品优质。

下面就产蛋初期、产蛋期及休产期三个阶段的饲养管理进行介绍。

(一)产蛋初期

产蛋鸭的开产前期一般是从 18～25 周龄,产蛋率在 10％～30％这一阶段。这段时间是种鸭从育成期向产蛋期过渡的重要时期,关系到产蛋期的成败,因此饲养管理的重点是增加日粮中营养浓度和饲喂次数,满足营养需要,保证鸭群顺利到达产蛋高峰。此期间鸭蛋越大,增产势头愈快,说明饲养管理愈好。否则,及时查明原因,改进提高。

1. 转舍、合群

选留的后备鸭饲养到 18 周龄时,应转入到产蛋鸭舍,使其在开产前有一个适应新环境的过程。

调查中发现,饲养蛋鸭再单独饲养种鸭的极少,且存在公鸭比例不合适的现象,致使母鸭受精率较低,因此,笔者建议无论是单独的商品鸭蛋生产还是想进行种蛋自行孵化的养殖户,都可按1:(20~25)搭配公鸭。饲养密度按每平方米7~8只转入后备鸭,鸭群的规模也不宜过大,一般每群以200~250只为宜。

生产中发现有的蛋鸭养殖户饲养商品蛋鸭,有不搭养公鸭现象,认为公鸭食量大,只有投入,没有产出。其实这样做是违背鸭群生态规律的,其结果是会导致养鸭效益下降。因为母鸭体内左侧有一个发达的卵巢,其功能是排卵造蛋,在右侧还有一个很不发达的雄性腺。如果鸭群中有适量的公鸭,公鸭分泌的雄性荷尔蒙会抑制母鸭体内右侧雄性腺的发育,从而诱导母鸭卵巢多排卵、多产蛋。当鸭群中没有公鸭时,就没有足够的雄性荷尔蒙来抑制母鸭的这种性腺发育。在特定的情况下,个别强健母鸭体内右侧的雄性腺就会发育起来,产生大量的雄性荷尔蒙,反过来抑制左侧卵巢的正常功能。于是个别母鸭不再生蛋,呈现性反转现象,羽毛逐渐变得光艳漂亮起来,酷似公鸭。因此,在生产中一定要搭养一定比例的公鸭。

2. 饲喂

当母鸭适龄开产后,要适时更换为产蛋初期饲料,增加喂量,满足产蛋营养需要。此期内白天喂3次料,晚上9~10时加喂1次料。

开产前期饲料喂量的增加要按照循序渐进的原则。一般在23周龄前均要对产蛋鸭进行称重,可根据公母鸭体重情况按每只鸭每周增加5～10克的幅度供料,以诱导鸭群尽快提升产蛋率。在生产中,绝不可为片面追求开产时间的提前和初产蛋的重量,在开产前期迅速增加饲料,因为一是开产过早加上初产蛋过大,母鸭容易造成脱肛;二是种鸭体成熟和性成熟不一致,尤其是公鸭此时进行交配,其精液品质较差,受精率和孵化率都较低;三是开产过早的母鸭群容易早衰,产蛋高峰期持续的时间比正常的要少2～3周;四是有"翻毛"现象,可推迟开产近2个多月。因此,合理控制开产前期饲料喂量的递增对养好种鸭十分重要。

鸭群产蛋后口渴、饥饿,故要在产蛋鸭舍放入一定量的饲料和饮水,待产蛋后觅食、饮水。注意料槽和饮水器要固定地方,不要随便更换地方。水盆每天刷洗一次,昼夜不缺水。

3. 增加光照

除了24小时弱光之外,应在棚舍内均匀安装白炽灯。

(1)光照的作用和机理:光照对产蛋鸭的作用不仅仅是增加采食时间和熟悉周围环境,更重要的是让种鸭适时性成熟,并维持正常的产蛋和排卵。

(2)光照制度:从18周龄就逐步开始加长,第一次增加光照的时间要长一些,一般以1小时为宜,否则光照刺激不均匀,种鸭开产不能同步,影响产蛋高峰的产蛋率。每次增加光照后要稳定1周的时间,然后再增加光照,不要每天增加一点光照,这样不仅有利于发挥延长光照的刺激作用,而且不会使种鸭每天处于光照应激状态。

除第一次增加光照1小时外,以后每次增加光照以半小时为宜,直到16小时(包括自然光照和人工补充光照)为止,以后恒定16小时光照,给鸭8小时的休息时间。根据当地电力供应和劳动时间安排,确定是早晨和晚上同时增加光照,还是仅早晨提前补光。一般产蛋鸭的产蛋集中在后半夜,为了捡蛋方便及时,人工补充光照安排在早晨较为合适,鸭基本产完蛋后鸭舍灯亮,可以进行种蛋收集。需要注意的是鸭有在黑暗中产蛋的习惯,不要在产蛋的集中时间开灯。

(3)光照强度:光照强度太大浪费电,容易引起鸭群惊恐;光照强度低起不到刺激作用,不能维持正常的排卵和产蛋。鸭舍内光照强度以每平方米 5 瓦即可,灯泡悬吊高度离地 2.2~2.5 米。灯泡之间的距离为灯泡距地面距离的 1.2~1.5 倍,灯泡到鸭舍边的距离约为灯泡之间距离的一半。

为了使鸭舍内的照度均匀,通常采用小功率多灯泡的方法,灯泡的功率以 25~40 瓦为宜。在选用光源上,现在有节能型简易荧光灯,其发光效率比白炽灯泡高 1 倍以上,使用寿命是白炽灯的 5~10 倍,安装可以直接旋到白炽灯泡的灯口上,虽然价格稍贵一些,总体上还是经济。

4. 产蛋定位调教

鸭经过长期的选育和驯化,虽已失去就巢的本能,但却有很强的定巢性,所以在 20 周龄开始安装产蛋箱进行诱导,使母鸭习惯于在巢箱中产蛋,从而减少破蛋脏蛋率和简化集蛋工作。

产蛋鸭到 20 周龄开始,进行最后一次清点种鸭数,然后根据实有母鸭数配备产蛋巢,通常每 3~4 只应有一个产蛋巢,产蛋巢的尺寸为 40 厘米×40 厘米×40 厘米,每个产蛋箱由 5~6 个产蛋巢组成。产蛋箱用木板或其他材料制成无顶无底的卧式框架,中间用挡板隔开,在框的前下方钉一宽 10 厘米的长木板,既可固定蛋巢,又可以防止种蛋滚出。

产蛋箱底部要铺好垫料,并优于地面垫料,这样才有竞争性地把母鸭吸引到产蛋箱内产蛋。在开始产蛋的一段时间,拾蛋时可留一枚蛋作引蛋,及时拿走窝外蛋,培养鸭到产蛋窝内产蛋的习惯。产蛋箱的位置一般在鸭舍内靠墙根的地方,不要妨碍开关门窗和人员及鸭子行走。

产蛋鸭喜欢安静环境,尤其是在鸭每日集中产蛋的时间,避免各种应激而造成地面蛋的增多。

5. 补钙

1个鸭蛋壳含钙2.9~3.02克,蛋鸭对钙的利用率约为65%,因此产1个蛋需钙4.8~5.12克,合理补钙能减少蛋的破损率。如果饲料中钙不足,鸭子就会动用骨骼中的钙形成蛋壳,骨骼中的钙被动用形成蛋壳的时间越长,蛋壳强度越差。不但会出现软壳蛋或无壳蛋,而且会促进吃料,增加饲料消耗,促进肝与肌肉中脂肪沉积,严重影响产蛋率。反之,供钙过多,则使蛋鸭食欲减弱,明显影响产蛋量。因此,正常情况下,蛋鸭钙的合理需求量为:产蛋率在65%以下时,钙为2.5%;产蛋率在65%~85%时,钙为3%;产蛋率达80%以上时,钙为3.21%~3.5%。

(1)适宜补钙时间:开产前几周的母鸭积极在骨骼中贮存钙,以备产蛋的需要。此时日粮中钙的添加量要增加,所以18周龄是开始补钙的最佳时期,钙以2.5%为宜,以后逐步提高。

(2)适宜钙源:碳酸钙、贝壳、骨粉、石粉等都是良好的钙源。添加钙源时,石粉、贝壳粉的比例以2:3配合后再加1%的骨粉,蛋壳的强度、光滑度为最佳。

选购钙源时应注意选原料中颗粒较大、粉状物较少的越好。因为颗粒状钙在消化道内停留时间长,在蛋壳形成阶段可均匀地供钙。另外,颗粒状钙在胃中可起到研磨作用,提高饲料消化率。

6. 慎防母鸭脱肛

脱肛是指种鸭输卵管或泄殖腔翻出肛门之外,初产母鸭易发此病。主要原因是母鸭过肥;母鸭开产后喂料量骤增;日粮中蛋白质含量过高,维生素 A 和维生素 E 缺乏;光照不当;母鸭过早或过晚开产;母鸭产蛋后的突然应激以及一些病理方面的因素如输卵管炎、泄殖腔炎症等。

在生产中,脱肛鸭一般无治疗价值,一旦发现脱肛,要立即隔离,及时治疗(用温热的 0.1% 高锰酸钾液或 2%～3% 硼酸溶液将脱出物洗净,再热敷后托回去,每天 3～4 次,脱出物如有炎症,则涂上紫药水,并均匀地撒上消炎粉或土霉素粉,缓缓整复,反复进行),治疗后作育肥处理。因此,在初产期一定要根据实际饲养情况切实预防母鸭脱肛,如在育成末期从育成鸭舍转入产蛋鸭舍时进行一次挑选,把生长特快、过于肥胖的鸭和生长特慢、个体瘦小的鸭都单独挑出来,分群饲养;保持鸭舍环境的安静;控制母鸭体重,控制日粮中蛋白质含量及饲料喂量;执行合理的光照程序等。

7. 蛋的收集

鸭一般每日的产蛋高峰时间大多集中在后半夜,夏季稍早,大约在凌晨 0～2 点钟,冬季稍晚,在 2～4 点钟。如饲养管理得好,产蛋会比较集中。产出的鸭蛋应尽快收集,一般在早上 5 时收集第一次,然后在早上 6 时进行第二次收集。如果饲喂和光照等管理措施实施得当的话,鸭将在早上 7 时以前全部产蛋完毕。当日的鸭蛋应在熏蒸箱内消毒后再入库或出售。

落地蛋是指那些产在巢箱外地面上的蛋,有产在舍内地面的,也有产在运动场的。除非很清洁,落地蛋一般不用来孵化,因为它们易腐臭,比清洁的巢箱蛋孵化率低,而且是疾病的传染源。落地蛋应与巢箱蛋分别保存。

如果落地蛋的数量占当天总产蛋量的百分比较大,或孵化时破裂腐臭蛋超过 0.04%,或者其他腐臭蛋超过 0.2%,必须认真检查原因,采取恰当的补救措施。

要减少落地蛋数量,必须注意以下几点:

(1)巢箱的位置不要随便移动。

(2)巢箱蛋的收集时间要合理。

(3)对落地蛋要尽快收集。

(4)鸭产蛋时,不能有外界因素如噪音、强光、贼风、鼠兽等的干扰。

8. 疫病预防

最近几年由于受烈性传染病影响,往往到高峰期时鸭群产蛋率徘徊上升或突然下降。但只要养殖户对蛋鸭前期饲养管理采取科学严谨的方法,就能避免或减少损失。

9. 淘汰未开产鸭

为提高养鸭经济效益,开产后 5～6 周时,如仍有个别鸭未开产,应予淘汰。

(二)产蛋高峰期

从 26 周龄开始,产蛋率稳步上升,在 31～32 周龄时,产蛋率可达到 85%左右,维持 80%以上产蛋率 2～3 个月后,产蛋率缓慢下降;在 55 周龄时,下降到 60%左右。生产上把

26～55周龄这一阶段称为主产期。主产期内种蛋大小适中,受精率和孵化率较高,雏鸭容易成活。

1. 更换饲料

鸭进入产蛋高峰期后,体能消耗较大,健康状况不如产蛋初期。这时如果营养满足不了需要,产蛋量就会下降,甚至换羽,因此当产蛋率上升到50%以后,要将饲料更换成产蛋高峰期饲料,在保证每日每只150克采食量的情况下,每只鸭每天添加鱼粉20克,水草每只每天150克(或添加多种维生素),并注意在饲料中添加比例合理的钙源(石粉、贝壳粉的比例以2∶3配合后再加1%的骨粉),或在舍内单独放置饲槽(盆),供其自由采食。

2. 饲喂

继续执行产蛋初期的白天喂3次料,晚上9～10时喂1次料的喂食制度。使用清洁干净的饮水,保证充足水源,24小时不间断供应。

3. 光照

恒定16小时光照。不要突然关灯或缩短光照时间,以免引起惊群和产畸形蛋。对经常断电的,要准备好煤油灯或其他照明用具。

鸭舍灰尘多,灯泡要经常擦拭,保持清洁,以免蒙上灰尘,影响亮度。

4. 减少各种应激因素的影响

(1)饲料品种不可频繁变动,不喂霉变、质劣的饲料。

(2)操作规程和饲养环境应尽量保持稳定,养鸭人员也要固定,不要经常更换。

(3)舍内环境要保持安静,尽量避免异常响声,不许外人随便进出鸭舍,不使鸭群突然受惊。

(4)饲喂次数与饲喂时间要相对不变,突然变更饲喂时间或突然减少饲喂次数等均会引起应激,造成产蛋量下降。

(5)要创造条件,提供良好的产蛋环境,要特别注意由气候剧变所带来的影响。因此,要留心天气预报,及时做好准备工作,每天要检查地面垫草,保持舍内干燥。

(6)在产蛋期间不能随便使用对产蛋率有影响的药物,如喹乙醇等,也不能注射疫苗和驱虫。

5. 搞好卫生

鸭舍的室内、外运动场要定时打扫干净,食槽、水槽要经常洗刷消毒,饲料一定要新鲜,切忌饲喂霉变饲料,饮水要清洁。定期更换垫草。

6. 日常观察

产蛋期的鸭要做到勤观察,主要是观察蛋形、产蛋时间、鸭的体重、蛋重、产蛋率上升情况、蛋鸭的羽毛、食欲、精神状态、粪便颜色,如发现异常应马上查明原因加以解决。

(1)观察采食量:观察蛋鸭每日的采食情况。如采食量减少,应分析原因、采取措施,如果连续3天采食量下降,第4天就会影响产蛋量。

(2)观察产蛋时间:鸭的产蛋时间一般集中在后半夜(夏季稍早,大约在凌晨0～2点钟,冬季稍晚,在2～4点钟),若每天产蛋时间不能集中,甚至白天产蛋,就要及时补喂精饲料。

(3)观察蛋形:若蛋形有异常且小,说明营养不足,须加喂豆饼、花生饼、鱼粉等富含蛋白质的饲料,使日粮粗蛋白质含量提高到20%,并适当增加日粮总量。如果蛋壳变薄、透亮、有砂眼、粗糙,甚至产软壳蛋,说明饲料质量不好,特别是钙质不足,或维生素缺乏,应添加骨粉、贝壳粉、石灰粉等矿物质及维生素 D 含量丰富的饲料;如蛋重减轻时可增加鱼肝油和无机盐添加剂;若产蛋时间集中在后半夜,说明喂料得法,如每天推迟产蛋,而且所产蛋体变小,则要增喂饲料。

(4)观察蛋重:蛋鸭初产时蛋重为 40 克左右,产蛋到 150 天左右蛋重达到标准蛋重的 90%,到 200 天左右达到标准蛋重,若蛋重增加过快或过慢,则要查找原因,改进管理方式。

(5)观察产蛋率上升情况:优良的蛋鸭品种一般 150 天左右产蛋率达到 50%,200 天左右进入产蛋高峰期,产蛋率达90%。若产蛋率上升过慢或有上下波动,说明情况异常,注意查找原因。

(6)观察体重:产蛋一段时间后,鸭体重仍保持原有水平,说明用料合理;如果体重下降,则说明营养不足。

(7)观察蛋鸭的羽毛:若羽毛光亮,紧密细致,表明喂料适当,营养全面。反之,如羽毛散乱,翅膀下垂,行走无力,则营养不良,应及时补充营养充足的饲料。

(8)观察粪便颜色:健康鸭群粪便不硬不软,颜色灰黑色,表面有少量尿酸盐沉积。若粪便粗大、松软呈条状,表面有光泽,用脚轻拨能分成几段,表明精、粗、青料搭配合理。如果粪便细小结实、颜色发黑,拨后断面成粒状,说明精饲料喂量过多、青料量少,消化吸收不正常,应减少精料喂量,增喂青料。要是粪色浅、不成形,一排出就散开,表明精饲料饲喂不足,营养偏低,应补喂精饲料。如果粪便呈黄白色或灰绿色,有恶臭味,说明鸭有病,应隔离治疗。

(9)观察精神状态:产蛋率高的健康鸭,精力充沛,羽毛光滑。若鸭子精神不振,行动无力,说明营养不足,应及时加喂动物性鲜活饲料,并补足鱼肝油(以喂清鱼肝油较好),拌在粉料中喂,按每只鸭每日给1毫升,喂3天停7天为一个疗程,或每只每日喂0.5毫升,连续喂10天。

7. 选留种蛋

若养殖者进行种蛋孵化,还必须做好种蛋选留工作。健康、优良的种鸭所产的种蛋并非100%都合格,还必须严格选择,选择的原则首先是种蛋应来自饲养管理正常、健康而高产的鸭群,否则将导致生产性能不高,或者带来疾病。在正常饲养管理条件下,若鸭群的公母比例为1∶(20～25),则鸭蛋的受精率较高,一般在90%以上。其次要对品质进行表观选择,将破蛋、砂皮蛋、软蛋、特大蛋、特小蛋单独存放。然后在合格的鸭蛋中选留用于孵化的种蛋(选择标准见种蛋引进部分),其余鸭蛋作为商品蛋及时送走、分级、包装、保管。

8. 做好记录

在产蛋期间对每间鸭舍的产蛋、耗料和死亡情况进行详细的记录,并按周、月、年进行统计。

(三)产蛋后期

56周龄开始,产蛋率开始下降,如饲养管理得当,产蛋率仍可维持在80%左右。当产蛋率降至60%左右,鸭群将进入休产期。

1. 产蛋后期的营养调整

根据鸭体重和产蛋率确定饲料的质量和喂料量,如鸭群的产蛋率仍在80%以上,而鸭的体重却略有减轻的趋势时,可在饲料中适当增喂动物性饲料(如黄粉虫、蝇蛆、螺蛳等);

如鸭子体重增加,身体有发胖的趋势时,但产蛋率还有 80％左右,这时可适当增喂粗饲料和青饲料,或者控制采食量。但动物性蛋白质饲料还应保持原量或略增加;如体重正常,产蛋率也较高,饲料中的蛋白质水平应比上阶段略有增加;如产蛋已降到 60％左右,已难于上升,无需加料,准备淘汰或强制换羽。

当发现蛋壳质量和蛋重的变化。若出现蛋壳质量下降、蛋重减轻,需要增补鱼肝油和无机盐添加剂。

2. 保持光照

每天保持 16 小时的光照时间,不能减少。如产蛋率已降至 60％时,可以增加光照时数直至淘汰为止。

3. 加强消毒

到了产蛋后期,鸭舍的有害微生物数量大大增加。因此,更要做好粪便清理和日常消毒工作。

4. 淘汰低产鸭

第一个生产年过后,就要根据鸭的产蛋情况进行选择性淘汰,去除低产鸭,保留高产鸭。识别高、低产鸭一般可采用"五看"、"四摸"的方法。

(1)"五看"

一看头:鸭头稍小,似水蛇头,嘴长,颈细,眼大凸出且有神,显得光亮机灵的为高产鸭;鸭头偏大,眼小无神,颈项粗、短的为低产鸭。

二看背:鸭背较宽,胸部阔深的为高产鸭;鸭背较窄的为低产鸭。

三看躯:体躯深、长、宽的为高产鸭;体躯短、窄的为低产鸭。

四看羽:羽毛紧密细致、富有弹性的为高产蛋鸭;羽毛松乱、无光泽、不紧密、不细致的为低产蛋鸭。

五看脚:用手提鸭颈,若两脚向下伸,且不动弹,各趾展开的为高产鸭;若双脚屈起或不停动弹,各趾靠拢的为低产鸭。

(2)"四摸"

一摸耻骨:产蛋期的高产鸭,耻骨间距宽,可容得下 3～4 指;而低产鸭,耻骨间距窄,只能容得下 2～2.5 指。

二摸腹部:高产鸭腹部大且柔软,臀部丰满下垂,体型结构匀称;而低产鸭腹小且硬,臀部不丰满。

三摸皮肤:高产鸭皮肤柔软,富有弹性,皮下脂肪少;而低产鸭皮肤粗糙,无弹性,皮下脂肪多。

四摸肛门:高产期的高产鸭,泄殖腔大,呈半开状态;而低产鸭泄殖腔紧小,呈收缩状,有皱纹,比较干燥。

通过对蛋鸭的"五看"、"四摸",一般都能将高产和低产鸭区别开来。这样,就能准确地确定是继续饲养还是淘汰以节约饲料,提高产蛋率,增加收益。

5. 强制换羽

换羽是蛋鸭新陈代谢的一种生理现象,采取人工控制换羽能加快换羽速度,缩短换羽期,促进开产一致,是提高产蛋量的一个重要措施。

人工强制换羽只需要 2 个月左右的时间,换羽一致,换羽后产蛋整齐,蛋的品质好,受精率高,能再次达到较高的产蛋高峰。第二个产蛋年的产蛋率要比第一年低,蛋重会明显增加,而经人工强制换羽后,能适当提高产蛋率。

(1)强制换羽的适宜时期:在产蛋后期,当鸭群产蛋率下降到 40％以下,羽毛零乱,个别鸭已出现脱毛现象时进行人工控制换羽。

(2)强制换羽的方法和步骤：种鸭强制换羽的方法有几种，通常采用畜牧学方法。

①换羽前的准备：换羽前首先清点欲换羽的鸭数量，同时称量公鸭和母鸭的体重，然后将体重合适的鸭转移到另一干净、经过消毒的鸭舍，体重太小和体重太大的淘汰掉，不进行强制换羽。体重太小的种鸭在限饲的过程中经受不住饥饿而容易死亡，体重太大的种鸭限饲的效果可能不理想。

②在人工换羽前应接种鸭瘟疫苗。

③给予强烈的应激，打乱鸭的生活习惯：换羽鸭进入新鸭舍后，立即有意识地驱赶鸭群在舍内转圈跑动，令其受到惊恐不安的强烈刺激，产生应激。除了去掉人工补充光照外，鸭舍的门窗要用黑色的编织袋或其他物品遮挡，使舍内一片黑暗。

④停水停料：在停光的同时，鸭群立即停水停料，时间一般为3～4天，到第4天发现少量种鸭出现支持不住的症状时，开始供应饮水，但继续停料，此后一段时间只供水不供料。

⑤拔羽：第10天左右，可见蛋鸭精神萎靡，喙和脚蹼的颜色由橘黄色变为浅黄色或灰白色，此时试拔几根主翼羽，若拔时顺利又不费力气，羽髓干白不带血，说明已到拔羽的适当时间，可以进行拔羽。如果大羽毛拔不下来，或要用大劲才能拔下，而且羽髓带血，则应推后几天再拔。

拔羽的方法是先拔主翼羽，后拔覆翼羽，最后拔尾羽，公鸭连性羽一起拔掉。公鸭的性羽有4根，即使不拔，也会慢慢自然脱换，不会影响换羽效果。天气炎热的季节可再拔些胸、腹及背部等处的羽毛，冬天为了保温，一般不拔体躯上的羽毛，让其自然脱落换羽。

蛋鸭拔羽后，需要立即将鸭舍清扫干净，地面铺上稍厚的垫草，夏季可薄一些；拆除遮挡光线的编织袋等物品，打开窗户进行通风换气，冬季换气后再关闭窗户，以加强保温。夏季可开一些窗户，尽量为拔羽后的蛋鸭创造舒适良好的环境。在拔羽后的 5 天内，勿使蛋鸭受寒也勿暴晒，以保护毛囊组织恢复再生机能。

⑥重新给料：拔羽后当天，马上喂给糠麸等饲料，每只 50 克，同时加入维生素和微量元素预混剂。此时的鸭体相当虚弱，体内维生素和微量元素极度缺乏，一般按产蛋母鸭正常需要量的 1 倍添加。

第 2 天饲料增至 75 克，第 3 天增至 100 克。第 4 天改喂 50 克糠麸料和 50 克全价料，全价料粗蛋白含量一般 14%～15%，总日粮数仍为 100 克。到第 6 天过渡成 100 克全价料，第 8 天改喂粗蛋白含量 15.5%～16%的日粮。以后饲喂量逐渐增加，第 10 天 110 克，第 12 天 120 克，第 14 天 140 克，第 3 周 150 克，第 5 周后改用粗蛋白含量 17.2%以上的产蛋鸭料。

⑦光照：换羽期间停止补充人工光照，为防止鸭子过分激动，自然光照的强度也要减弱，鸭舍用黑色物体遮光。恢复给料后撤去遮光物体，采用自然光照。如果在自然光照较长的季节实行强制换羽，恢复给料后也不能马上恢复完全自然光照，要比自然光照短，一般不超过 10 小时。从实行强制换羽的第 49 天起，每周延长光照 15 分钟，直到光照时间达到 16 小时。

⑧注意事项：种鸭强制换羽和恢复期间，每周应称重一次，其中停料的第 7 天开始最好每天称重，以确定体重下降是

否适宜,决定是否开始给料。根据称重情况,适当调节饲喂量。在换羽后的 2 周内,每天喂料 1 次,尤其在早期喂给量少的情况下更应如此,其目的是防止那些体弱的种鸭每次都采食不足,而强者每次采食过量,造成恢复期体重差异悬殊。如果不注意,体重小、体质弱的种鸭可能因长期营养不良而死亡。

另外需要注意的是种鸭拔毛后的 5 天内,要避免受寒或暴晒,并逐渐延长在户外的活动时间,以促进新陈代谢,加速体力的恢复。拔毛后的第 12 天左右,新长出来的主翼羽已有 1~2 厘米长,对毛囊孔已有保护作用,应令其下水洗浴,以增强体质。

(3)强制换羽的效果:种鸭经强制换羽后,重新产蛋。第二产蛋期的产蛋率一般低于第一产蛋期,利用时间也短于第一产蛋期,一般不超过 5 个月。第二产蛋期的生产水平一方面决定于换羽是否彻底、集中,另一方面和种鸭培育期的饲养制度有关。育成期采用限饲的方法比不限饲的种鸭换羽后的生产性能高。

6. 鸭群的更新

按鸭的最佳产蛋日龄,从出壳到开产,第一个产蛋年的产蛋率最高,到第二个产蛋年一般就要下降 5%~10%,到第三个产蛋年就会下降 50%。老鸭的活动能力差,觅食困难,对气候变化的适应性弱、饲料消耗大且利用率低。一些养鸭户饲养蛋鸭,动辄养上三四年,有的甚至一直养到自然老死。岂不知久养老蛋鸭,不仅每天要消耗 150 克左右的饲料,且产蛋很少,甚至不产蛋,使整个鸭群经济效益降低。因此,鸭群中要按 1 岁母鸭占 60%~70%,2 岁母鸭占 20%~30% 的比例进行年年更新。

据调查,同样产 1 千克的蛋,老鸭要比新鸭多耗 20％左右的饲料。根据鸭在第一个产蛋年产蛋率高的特点,应加强此阶段的饲养管理,使整个鸭群在最佳生产期内发挥最大的生产潜力。因此,当蛋鸭养到 500～600 日龄时,就要根据市场上鸭蛋和饲料的价格来判断老鸭是否有必要保留。若鸭蛋的销售收入大于老鸭的饲养成本,整个鸭群仍可饲养;否则,即表明这批鸭已无利可图,所有的老鸭都应淘汰。但对当年春季培育的新鸭群,即使产蛋率低,也不宜淘汰,因为它们当年由于自然环境的原因只产了 2 个月的蛋,来年若加强管理,产蛋率可以有大幅度回升,仍有利用价值。

三、公鸭的饲养与管理

鸭群中有适量公鸭,则公鸭分泌的雄性荷尔蒙会抑制母鸭体内右侧雄性腺的发育,从而诱导母鸭卵巢多排卵、多产蛋。

1. 公鸭的比例

一般根据养鸭目的和群体的大小来决定搭养公鸭的比例。

在调查中发现,饲养蛋鸭再单独饲养种鸭的极少,因此,无论是单独饲养商品蛋鸭还是想进行种蛋自行孵化的养殖户,都可按 1∶(20～25)搭配公鸭。

调查中发现,蛋鸭以 1∶10 配种,其受精率仅 64.9％,而改为 1∶25 配种比例,则受精率可达 92.4％。公母鸭配种比例除因品种类型而异之外,尚受季节因素的影响。早春、深秋季节,公鸭数量应提高约 2％,即春末至初秋用 1∶(25～30)

的性配比；兼用型鸭早春和深秋季节用 1：（15～20），春末至初秋用 1：（20～25）的配种比例。

2. 严控种公鸭"掉鞭"

在母鸭刚开产时，青年种公鸭因频繁交配易发"掉鞭"（阴茎脱出）现象，若不及时收进去，一是因污染发炎；二是因其是红色被其他鸭子追啄受伤发炎，这两种原因都会致种公鸭作废。

防止这种情况发生的方法，一是要根据种群的生长发育情况在 18 周龄时进行公母合群；二是要把公母鸭按体重的大、中、小分别对应配置；三是发现"掉鞭"的公鸭要及时抓出来，用来苏儿或碘酊清洗并隔离养殖，若已发炎，只有淘汰掉。

3. 种公鸭的利用年限

蛋用种公鸭的配种年限一般为 2～3 年，但每年要有计划地更换新种鸭 50％左右，淘汰的种鸭可作育肥鸭处理掉。

四、淘汰的蛋鸭管理

对淘汰的公鸭和不符合产蛋条件的母鸭分别集中进行育肥处理。育肥的目的一是在较短的时间内获得较大的增重，提高经济效益；二是为了保证肉质，使肌纤维间和体腔皮下增加脂肪，保持优质鸭肉香味美的特色。

1. 控制密度

密度不宜过大，每平方米面积为 6～8 只，以每栏 70～100 只为宜。

2. 合理饲喂，适当催肥

育肥鸭要饲喂自配的育肥期饲料或购买肉鸭生长料，任其自由采食。出售前 1～2 周，如鸭体较瘦，可增加配合饲料喂量或进行人工填饲进行催肥(在人工填饲淘汰蛋鸭时,填喂者可坐在小板凳上,用两腿轻轻夹住鸭体的下部,使鸭头向上;然后,用左手的大拇指和食指控住鸭的上嘴壳,中指压住鸭舌的前部,其余两指托住鸭的下嘴壳,使鸭嘴张开;再用右手取已搓成小颗粒的配合饲料,推入鸭嘴填喂,并反复填喂几次,直到喂饱。每只鸭子每天需填喂 4 次,白天和晚上各填喂 2 次。在开始填喂时,不要填喂得太饱,待鸭适应后,再逐日增加每次填喂配合饲料的数量。每次填喂后,都要供应充足的饮水)。

为了改变肉色,改善肉质和增加鲜味,淘汰蛋鸭的饲料中应加入适量的橘皮粉、松针粉、生姜、茴香、八角、桂皮等。

3. 适时销售

淘汰的蛋鸭集中育肥 20～30 天后即可上市。此时鸭的体重、鸭肉中营养成分、鲜味素、芳香物质的积累基本达到青年育肥鸭的含量标准,肉质又较嫩,是体重、质量、成本三者的较佳结合点。

第四节　产蛋鸭的季节管理

蛋鸭的产蛋性能受到营养、温度、湿度、光照等诸多因素的制约,要使一年四季产蛋鸭获得高产,就要结合季节的变化,采取相应的技术措施。

1. 春季管理要点

春季气候温暖适宜,日照时间逐日增加,要充分利用这一有利条件,创造高产、稳产的环境。

(1)防寒保暖:春季前期会偶有寒流侵袭,春夏之交,天气多变,易出现早热天气,或出现连续低温阴雨天气,要因时制宜,区别对待。

春季气温过低时,必须做好防寒保暖措施,注意关闭门窗,尽量等气温稳定后再去掉门窗上的草帘或塑料布,要保持地面上垫草干燥。

出现早热时,要保持鸭舍干燥、通风,搞好清洁卫生工作,定期进行消毒。

春末易出现梅雨季节,稍有不慎,易出现掉蛋、换毛。因此,鸭舍要充分通风,尽量不放鸭出舍,勤换垫草,保持舍内及运动场干燥,防止饲料发霉,定期消毒鸭舍和料槽、饮水器。

(2)加足饲料:春季日照时间变长,对产蛋有利。因此,饲料要从数量和质量上满足蛋鸭的需要。青饲料充足时可青料与精料各占 50%饲喂,缺乏青料时可添加蛋用多维代替,效果也很好。

(3)增加光照:春季为增加产蛋量,需人工补充光照。母鸭产蛋初期每昼夜增加光照 30～60 分钟,以促进母鸭卵巢发育,到产蛋盛期,光照延长到 16～18 小时,一直保持,不能减少,否则影响产蛋。

(4)增加运动:晴朗天气,把舍内的鸭赶到运动场,让鸭多晒太阳,以增强体质,利于母鸭的生长发育,增加产蛋。

(5)注意卫生防疫:春季是各种疾病发生的高峰季节,饲养中要注意防湿、防病,应每天检查种鸭的健康状况。做好鸭舍的清洁、消毒、杀菌工作,鸭舍最好每天清扫 1 次,每 7 天消毒 1 次。在阴雨天,地面可铺些生石灰、草木灰等进行消毒、杀菌、防潮。另外,要勤观察,发现病鸭要及时隔离、治疗。

2. 夏季管理要点

6月至8月,是一年中最热的时期,此时若管理不好,不但产蛋率会下降,而且还会死鸭,其管理重点是防暑降温。

(1)防暑降温:鸭舍及运动场可用遮阳网遮阴或种植瓜果等藤蔓爬上房脊,隔热降温。也可安装排风扇或吊扇,进行通风降温。

(2)降低饲养密度,增加水、食槽的数量:减少鸭舍内饲养数和增加鸭舍中水、食槽的数量,可使鸭舍内因鸭数的减少而降低总产热量,同时避免因食槽或水槽的不足造成争食、拥挤而导致个体产热量的上升。

(3)多喂青饲料,提高精料中蛋白质含量:饲料要保持新鲜,防止变质。对春季大量产蛋、羽毛没换的鸭,在饲料中可加入1%～2%经炒熟研碎的芝麻或菜籽等油脂类作物,提高夏季产蛋率。

(4)适当调整供料时间:白天气温高时,蛋鸭采食量降低,蛋鸭容易掉膘,因采食量不够,钙、磷不足,可能产软壳蛋、薄壳蛋,甚至产蛋率急剧下降。因此,可早晨提早1～2小时在清晨4～5时开始喂料,在晚上10～11点补加一次料,这样可使蛋鸭产蛋后及时补充消耗的体力。

(5)尽量减少应激反应:夏季气候多变,突然刮大风、下雨和惊雷都易使蛋鸭产生应激,轻者导致产蛋下降,重者可诱发禽霍乱等疾病。因此,雷雨前应及时赶鸭入舍,开亮鸭舍电灯,并在饮水中加入维生素或电解多维,可有效地预防应激。

(6)夏季日照时间长,一些养鸭户习惯晚上通宵强光照明,昼夜光照时间远远超过产蛋鸭的正常光照时间(16小时),影响了蛋鸭的休息,而且连续长时间光照对保持鸭产蛋高峰期持续时间有影响。因此晚上 10~11 点钟应准时关掉强光灯,只保留弱光灯,以保证蛋鸭在凌晨 1~4 点的产蛋时间内有个安静的环境。

(7)做好日常消毒工作:每日清扫一次圈舍,勤换垫草,保证充足的清洁饮水。饮水中加入维生素 C 或饲料中加入小苏打都可缓解热应激,防止产蛋率下降。每天早晚可用百毒杀或过氧乙酸带鸭喷雾消毒,既可起到降温作用,又可以防止传染病的发生。

3. 秋季管理要点

秋季气温渐降,昼夜温差大,日照时间变短。上一年孵出的秋鸭,经过大半年的产蛋,身体疲劳,管理上稍有不慎,就会停产换毛。早春孵出的春鸭,9 月下旬至 10 月中旬开始产蛋,这时天气逐渐变凉,昼夜温差过大,如果饲喂不当,就会造成营养不足,影响产蛋,使开产鸭"倒蛋"。因此秋季应加强管理,注意营养调节,保持环境稳定,尽可能推迟换羽,以提高蛋鸭的生产水平。

(1)保证光照时间:秋季自然光照时间逐渐缩短,不利于蛋鸭保持旺盛的繁殖机能,除弱光通宵照明外,要补充强光光照,每天强光光照时间(自然光照加补充光照)不能少于 16 小时,并稳定光照强度。光照可采用早上天亮时开灯,日出关灯,晚上日落开灯,补足 16 小时关灯的光照法。

(2)提高饲料蛋白质水平:秋季动物都有蓄积能量、保证安全过冬的特性,蛋鸭饲养在这时要控制长膘,防止过肥。应适当降低能量或保持适当的运动,控制鸭体重在 2 千克以内,同时蛋鸭的日粮粗蛋白含量应提高到 18% 以上。此外,要适当补充无机盐饲料,最好在鸭舍内设置矿物质饲料盆(骨粉 1

份＋贝壳粉 3 份),任鸭自由采食。

(3)保持饲养环境稳定:保持操作规程和饲养环境的稳定,不要打乱鸭的生活规律,保持良好的产蛋环境。

(4)驱虫:经过一个夏季,鸭体内难免有进入消化道内的寄生虫,这些寄生虫不仅会争夺鸭的营养,而且会影响鸭的健康,导致鸭的抵抗力降低,感染其他疾病,秋季需要驱虫一次。

(5)加强传染病预防:秋季是鸭瘟、鸭霍乱、减蛋综合征等疾病的高发期,因此,要加强疾病防治工作,保持鸭舍清洁卫生,及时清除粪便;勤洗水槽、食槽,定期对鸭舍及用具进行消毒;严格按照免疫程序进行疫苗接种,防止疾病发生,确保鸭群健康。

(6)淘汰低产种鸭:进入秋季,将鸭群中老、弱、病、残鸭、低产鸭和停产鸭及时选出进行育肥。留下生产性能好,体质健壮的蛋鸭。如果鸭群产蛋率已经降低,开始换羽,此时,可采用人工强制换羽法,同时增喂精饲料和菜叶。

(7)做好防寒工作:入秋后刮一次风就会降一次温,温度的突然下降会导致产蛋率的大幅度下降,生产中应尽可能减少鸭舍小气候的变化幅度。因此,要做好深秋防寒保暖工作,最好使鸭舍温度保持在 13～20℃。与此同时,要保持蛋鸭棚舍干燥。秋季是多雨的季节,运动场容易积水,鸭舍内垫料容易潮湿发霉,要采取措施降低舍内湿度,防止垫料过于潮湿。

4. 冬季管理要点

11月底至 2 月上旬,是一年中最冷的季节,也是日照时数最少的时期,其管理工作重点是防寒保温。

(1)做好防寒保暖工作:产蛋鸭最适宜的温度是 13～20℃,最低不应低于 10℃。因此,冬季必须做好鸭舍保温防寒工作。

①堵塞鸭舍墙壁上的孔洞,以防贼风侵袭。

②修好门窗,在门窗上覆盖草帘或双层塑料布保温,尤其是北面窗户要堵严。

③在舍内房顶下距地面2米处横架竹竿、木条,并用草帘或塑料布覆盖。

④在鸭舍内地面上厚垫干软垫草,确保鸭腹部不受寒。

⑤加大单位面积的饲养密度,以利蛋鸭之间相互取暖。

(2)适时驱虫:入冬后及时给蛋鸭驱一次虫。

(3)调整日粮:冬季蛋鸭需要较多的热量来御寒,饲料配方中应适当增加玉米、小麦等能量饲料的比例,添加1%～2%的动(植)物油脂,以满足蛋鸭对能量的需要。蛋白质比例仍保持15%,多喂白菜、胡萝卜等青绿饲料,以确保蛋鸭对维生素的需要,同时增加鸭子的采食量(约10%);由于冬季夜间长,夜里应适当补饲,以维持高产稳产。

(4)精心喂养:饲料粉碎配制后加温水拌匀,以手握成团松手即散为度,拌成的料温达38℃左右,拌好趁热投喂。一般每天喂4次,早上5时、上午10时、下午3时和晚上7时各喂一次,夜间12时左右再加喂一次。尽量让鸭吃饱、吃好。

气温低时,蛋鸭若饮用冰水或很冷的水,易引起应激而使产蛋量下降,因此要供给蛋鸭清洁的温水。

(5)科学管理

①每天早上迟放鸭,傍晚早关鸭。每次放鸭出舍前要先将鸭哄起,让其在舍内缓缓作转圈运动5～10分钟再放出。气温过低时,要勤哄鸭,以增强活动,促进食欲,提高御寒能力。

②诱导发情：保持鸭群中公母鸭 1∶(20～25)的比例，公鸭对母鸭有性引诱和性刺激的作用，可促进蛋鸭性激素的分泌和性反射，提高产蛋量。

③补充光照：光照能刺激鸭脑下垂体和内分泌腺的分泌，促进鸭子多产蛋。冬季自然光照的时间短，要保持高产稳产，必须补充强光光照。开灯补光的时间，一般在每天晚上的5～8时和次日凌晨的 4～7 时，确保光照时间不少于 16 小时。如遇大雪等阴暗少光天气，晚上要适当提前开强光灯，早上延长关灯时间，必要时全天照明。

(6)严防疾病：冬季鸭机体的防御能力降低，在饲养管理不善的情况下，极易发病，从而影响产蛋。因此鸭舍与活动场地应每周消毒一次，发现疫病要及时查明原因，并及时对症治疗。

第六章　常见疾病治疗与预防

鸭与鸡相比,抗病力较强,但是我国现行饲养模式粗放,不利于鸭疫病的预防与控制,致使疾病的状况越来越复杂,控制难度越来越大。养鸭的成本中,第一是饲料成本;第二就是疾病控制成本。一般来说,只要鸭群的死亡率控制在5%以下,均能获得可靠的效益。

第一节　鸭病的传播途径

1. 传染源

感染某种病原体的动物都称传染源,就是正在患病或隐性感染的带菌(毒)及带虫的鸭。

(1)患病鸭:患病鸭是传播疫病的重要传染源,包括有明显症状或症状不明显者。在疫病的整个传染期中,按病程经过可分为潜伏期、临床症状明显期和恢复期三个病期。而不同病期的病鸭排出病原体的传染性大小也不同,了解和掌握各种疾病的传染期是决定病鸭隔离期限的重要依据。

潜伏期的病鸭,对于大多数疾病,不具备排出病原体的条件,不能起传染源的作用,只有少数疫病(如鸭瘟)在潜伏期内能排出病原体传染易感群。

临床症状明显期的病鸭,尤其是在急性暴发过程中排出毒力强的病原体,在疾病的传播上危害性最大。但是有些非典型病例,由于症状轻微临床症状不明显,难以与健康鸭区别而忽视隔离,如球虫病虽不显症状,但往往就是球虫的携带者和传染源;又如雏鸭肝炎病毒,多不显症状成为带毒者,此时若与非免疫状态的雏鸭接触,即可成为危险的传染源。

恢复期的病鸭,虽然机体各种机能障碍逐渐恢复,外表症状消失,但体内的病原体尚未肃清,在临床痊愈的恢复期还能排出病原体,如鸭瘟痊愈后至少带毒3个月,仍可成为鸭瘟的传染源。

此外,病鸭尸体(包括禽类和其他动物共患病的尸体)如果处理不当,在一定的时间内也极易散布病原体。

(2)带菌、带毒和带虫的鸭:隐性感染的带菌、带毒或带虫的鸭,由于体内有病原体存在,并能不断繁殖和排出病原体,引起疫病的传播。根据带菌(毒)或带虫的性质可分为健康带菌、带毒、带虫者和康复带菌、带毒、带虫者。如健康成年鸭在感染雏鸭肝炎病毒和球虫后往往不发病,而成为带毒、带虫者。它们带菌、带毒或带虫的期限长短不一。患鸭瘟的康复鸭带毒3个月,感染副伤寒的康复鸭,康复后带菌可达9~16个月。此外,健康带菌、带毒或带虫者有时也包括非同种动物。

(3)易感鸭:由于这些鸭对某种疫病缺乏免疫力,一旦病原体侵入鸭群,就能引起某疫病在鸭群中感染传播,如尚未接种鸭副黏病毒苗的鸭群对鸭副黏病毒就具有易感性,当病毒侵入到鸭群就可使鸭副黏病毒病在鸭群中传播流行。而鸭的易感性又取决于年龄、品种、饲养管理条件和免疫状态等。如尚未免疫的雏鸭对小鸭瘟病毒易感;饲养管理不善,环境卫生差的幼龄鸭则容易感染大肠杆菌病、曲霉菌病和球虫病等。因此,在饲养过程中,必须加强饲养管理,搞好环境卫生,提高鸭机体的抗病能力,同时应选择抗病力强的鸭种。在不同的时期,接种不同类型的疫苗,以降低鸭群对疫病的易感性。

2. 主要传播途径

(1)种蛋:有的传染病病原体存在于种鸭的卵巢或输卵管内,在鸭蛋的形成过程中进入鸭蛋内。鸭蛋经泄殖腔排出时,病原体附着在蛋壳上。现已知可通过鸭蛋传播的鸭病有白痢、伤寒、大肠杆菌病、霉形体病、脑脊髓炎、白血病、病毒性肝炎、包涵体肝炎、减蛋综合征等。

孵化场的环境主要发生在雏鸭开始啄壳至出壳期间。这时的雏鸭开始呼吸,接触周围环境,就会加速附着在蛋壳碎屑和绒毛中的病原体的传播。通过本途径传播的鸭病有鸭曲霉菌病、肝炎、沙门菌病等。

(2)空气传染:有些病原体存在于鸭的呼吸道中,通过喷嚏或咳嗽排放到空气里,被健康鸭吸入而发生感染。有些病原体随分泌物、排泄物排出,干燥后可形成微小粒子或附着在尘埃上,经空气传播到较远的地方。

(3)饮水传染:鸭饮用了病原微生物、毒物污染的水,或用于防治疾病时,用药浓度过大,常会引起鸭多种中毒病的发生。

(4)饲料:将受病菌或发霉变质的饲料喂给鸭后,就会使鸭发病。

(5)垫料和粪便传播:病鸭的粪便中含有大量的病原体,而病鸭使用的垫料常被含有各种各样病原体的粪便、分泌物和排泄物污染。如马立克病病毒、传染性法氏囊病毒、沙门杆菌、大肠杆菌和多种寄生虫卵等。如果不及时清除粪便和这些垫料，不但本群鸭的健康难以保证，而且还会殃及相邻的鸭群。

(6)媒介传播：病原体的传播媒介，可以把病原体由一个鸭场或鸭舍传播到另一个鸭场或鸭舍。传播媒介主要有人、蚊、蝇、鼠类、鸟类及猫狗等。

(7)混群传播：成年鸭中，有的经过自然感染或人工接种而对某些传染病获得了一定免疫力，不表现明显病状，但它们仍然是带菌、带病毒或带虫者，具有很强的传染性。假如把后备鸭群或新购入的鸭群与成年鸭群混合饲养，往往会造成许多传染病的混感及暴发流行。

(8)交配传播：鸭的某些疾病可通过其自然交配，或人工授精而由公鸭传染给健康的母鸭，最后引起大批发病。

(9)设备用具传播：养鸭场的一些设备和用具，尤其是数个鸭群混用、场内场外共用的设备和用具，常成为疾病传播的媒介。经设备和用具传播的疾病主要有霉形体病、新城疫、霍乱、传染性喉气管炎等。

(10)羽毛传播：马立克病的病毒存在于病鸭的羽毛中，如果对这种羽毛处理不当，则可以成为该病传播的重要因素。

第二节　综合防疫

鸭病的防治，首先应从提高鸭的机体抗病力着手；其次应采取可行的综合措施来避免或切断致病病原侵害机体，如消除或切断造成传染病流行的三个环节的相互联系。综合防治措施包括"养、防、检、治"4个基本内容，基本原则是"预防

为主、防治结合、防重于治"。综合性防疫措施又可分为平时
的预防措施和发生疫病时的扑灭措施两个方面。

一、选择无病原优良鸭种

预防鸭病,鸭种是根本,选择抗病力强、适应本地条件的
优良鸭种是鸭业生产的基本保证。养殖户或饲养场应从种源
可靠的无病鸭场引进种蛋或雏鸭。因为有些传染病如鸭副伤
寒等是从感染母鸭通过受精蛋或病原体污染的蛋壳传染给新
孵出的后代,这些孵出的带菌雏或弱雏在不良环境污染等应
激因素影响下,很容易发病或死亡。因此选择无病原的种蛋
或雏鸭是提高雏鸭成活率的重要因素。

从外地或外场引进青年鸭作为种用时,必须先要了解当
地的疫情,在确认无传染病和寄生虫病流行的健康鸭群引种,
千万不能将发病场或发病群,或是刚刚病愈的鸭群引入。引
进后的鸭先经隔离饲养,不能立即混入健康鸭群,隔离 15 天
后,无任何异常方可入群。防止病原体带入鸭场或鸭群。有
条件的饲养场或养殖户最好坚持自繁自养。

二、确保有效的消毒体系

消毒是预防鸭病的一项重要措施,鸭场应具备必要的消
毒设施和建立严格而切实可行的消毒制度,定期对鸭场、鸭舍
的地面、土壤、粪便、污物以及用具等进行消毒,防止鸭病的
蔓延。

1. 常用的消毒方法

鸭场的消毒通常采用以下的方法。

(1)物理消毒法:清扫、洗刷、日晒、通风、干燥和火焰烧灼

等是简单有效的物理消毒方法,而清扫、洗刷等机械性清除则是鸭场使用最普通的一种消毒法。通过对鸭舍的地面和饲养场地的粪便、垫草及饲料残渣等的清除和洗刷,就能使污染环境的大量病原体一同被清除掉,由此而达到减少病原体对鸭群污染的机会。但机械性清除一般不能达到彻底消毒目的,还必须配合其他的消毒方法。

太阳是天然的消毒剂,太阳射出的紫外线对病原体具有较强的杀灭作用,一般病毒和非芽孢性病原在阳光的直射下几分钟至几小时可被杀死,如供雏鸭所需的垫草、垫料及洗刷的用具等使用前均要放在阳光下曝晒消毒,作为饲料用的谷物也要晒干以防霉变。

通风亦具有消毒的意义,在通风不良的鸭舍,最易发生呼吸道传染病。通风虽不能杀死病原体,但可以在短期内使鸭舍内空气交换、减少病原体的数量。而火焰高温烧灼可以达到彻底消毒的目的,如患有鸭瘟、番鸭细小病毒病、雏鸭病毒性肝炎等传染病,其污染的垫草、粪便以及倒毙的尸体均可用火焰加以焚烧。

(2)生物热消毒法:生物热消毒也是鸭场常采用的一种方法。生物热消毒主要用于处理污染的粪便及其垫草,将其运到远离鸭舍地方堆积,在堆积过程中利用微生物发酵产热(温度可达70℃以上),经过一段时间(25～30天),就可以杀死病毒、病菌(芽孢除外)、寄生虫卵等病原体而达到消毒的目的,同时可以保持良好的肥效。

(3)化学消毒法:应用化学消毒剂进行消毒是鸭场使用最广泛的一种方法。化学消毒剂的种类很多,如氢氧化钠(钾)、石灰乳、煤酚皂溶液、百毒杀、漂白粉、农福、过氧乙酸、甲醛、新洁尔灭等多种化学药品都可以作为化学消毒剂,而消毒的效果如何则取决于消毒剂的种类、药液的浓度、作用的时间和病原体的抵抗力以及所处的环境和性质,因此在选择时,可根据消毒剂的作用特点,选用对该病原体杀灭力强,又不损害消毒的物体、毒性小、易溶于水,在消毒的环境中比较稳定以及价廉易得和使用方便的化学消毒剂,有计划地对鸭生活的环境和用具等进行消毒。

①氢氧化钠:俗称火碱,对细菌、病毒和寄生虫卵都有杀灭作用,常用 2%～4%浓度的热溶液来消毒鸭舍、饲料槽、运输用具等,鸭舍的出入口可用其 2%～3%溶液消毒。

②氧化钙(生石灰):一般加水配成 10%～20%石灰乳液,涂刷鸭舍的墙壁,寒冷地区常撒在地面或鸭舍出入口做消毒用,石灰可自空气中吸收二氧化碳变成碳酸钙失去作用。所以,应现配现用。

③苯酚(石炭酸):对细菌、真菌和病毒有杀灭作用。对芽孢无作用,常用 2%～5%水溶液消毒污物和鸭舍环境,加入1%食盐可增强消毒作用。

④煤酚(甲酚):毒性较苯酚小,但其杀菌作用则较苯酚大3 倍,但是仍难以杀灭芽孢,常用的是 50%煤酚皂溶液(俗称来苏儿),1%～2%溶液用于体表、手和器械的消毒,5%～6%溶液用于鸭舍或污物的消毒。

⑤复合酚(菌毒敌、农乐):含酚 41%～49%,醋酸 22%～26%,为深红褐色黏稠液体,有臭味。为新型广谱高效消毒药,可杀灭细菌、真菌和病毒,对多种寄生虫卵也有杀灭作用,可用于鸭舍、用具、饲养场地和污物的消毒,常用浓度为0.35%～1%溶液,用药一次,药效可维持 7 天。同类产品有

农福（复方煤焦油溶液），含煤焦油酸 39％～43％、醋酸 18.5％～20.5％、十二烷基苯磺酸 23.5％～25.5％，为深褐色液体。鸭舍消毒用 1：（60～100）水溶液，器具、车辆消毒用 1：60 水溶液浸泡。

⑥甲醛溶液（福尔马林）：含甲醛 37％～40％，有刺激性气味，具有广谱杀菌作用，对细菌、真菌、病毒和芽孢等均有效。0.25％～0.5％甲醛溶液可用做鸭舍、用具和器械的喷雾和浸泡消毒。一般用做熏蒸消毒，使用剂量因消毒的对象而不同。使用时要求室温不低于 15℃（最好在 25℃以上），相对湿度在 70％～90％，如湿度不够可在地面洒水或向墙壁喷水。熏蒸消毒用具、种蛋要在密防的容器内。种蛋在孵化后 24～96 小时和雏鸭在羽毛干后对甲醛气体的抵抗力较弱，在此期间不要进行熏蒸消毒。种蛋的消毒是在收集之后放在容器内，每立方米用福尔马林 21 毫升高锰酸钾 10.5 克，20 分钟后通风换气。孵化器内种蛋的消毒在孵化后的 12 小时之内进行关闭机内通风口，福尔马林用量为每立方米 314 毫升、高锰酸钾 7 克，20 分钟后，打开通风口换气。

⑦新洁尔灭（溴苯烷胺）溶液：一般为 5％浓度瓶装，具有杀菌和去污效力，渗透性强，常用于养鸭用具和种蛋的消毒，浸泡器械时应加入 0.5％亚硝酸钠，以防生锈，0.05％～0.1％水溶液用于洗手消毒，0.1％溶液用于蛋壳的喷雾消毒和种蛋的浸泡消毒。

⑧过氧乙酸（过醋酸）：有醋酸气味，是一种广谱杀菌药，对细胞、病毒、霉毒和芽孢都有效，市售商品为 15％～20％溶液，有效期为 6 个月，稀释液只能保存 3～7 天，所以，应现配现用。0.3％～0.5％水溶液可用于鸭舍、食槽、墙壁、通道和

车辆的喷雾消毒,鸭舍内可带鸭消毒,常用浓度为 0.1%,每立方米用 15 毫升。

⑨漂白粉(含氯石灰):含氯化合物,为次氯酸钙和氢氧化钙的混合物,有效含氯量为 25%,灰白色粉末,有氯气臭味。鸭场内常用于饮水、污水池和下水道等处的消毒,饮水消毒常用量为每立方米水中加 4~8 克,污水池的消毒则为每立方米污水中加 8 克。

⑩高锰酸钾:可用于皮肤、黏膜、创面冲洗、饮水、种蛋、容器、用具、禽舍等的消毒。常用 0.01% 溶液用于消化道消毒;0.1% 溶液用于皮肤、黏面冲洗及饮水消毒;0.2%~0.5% 用于种蛋浸泡消毒;2%~5% 用于饲具、容器的洗涤消毒。现配现用。

⑪次氯酸钠:含有效氯量为 14%,溶于水中产生次氯酸,有很强的杀菌作用,可用于鸭舍和各种器具的表面消毒,也可带鸭进行消毒,常用浓度为 0.05%~0.2%。

⑫氯胺(氯亚明):为结晶粉末,易溶于水,含有效氯 11% 以上,性质稳定,消毒作用缓慢而持久。饮水消毒按每立方米 4 克使用,圈舍及污染器具消毒时,则用 0.5%~5% 水溶液。

⑬二氯异氰尿酸钠(优氯净):为白色粉末,有味,杀菌力强,较稳定,含有效氯 62%~64%,是一种有机氯消毒剂。用于空气(喷雾)、排泄物、分泌物的消毒,常用其 3% 的水溶液,若消毒饮水或清洁水按每立方米 4 克使用。

⑭百毒杀:可用于喷雾、浸泡和饮水消毒。喷雾消毒,常用于禽舍、周围环境、饲养用具、手术器械、孵化工具、畜禽体表。平时消毒,每 10 升水加 50% 的百毒杀 3 毫升;发病消毒,每 10 升水加百毒杀 5~10 毫升;洗刷浸泡消毒,每 10 升

水加百毒杀 3～5 毫升;饮水消毒,每吨水中加百毒杀 50～100 毫升。

2. 消毒的先后顺序

鸭场消毒前先要做物理性的清扫冲洗,清扫、冲洗要按照一定的顺序,一般先扫后洗,先顶棚、后墙壁、再地面。从鸭舍的远端到门口,先室内后环境,逐步进行,经过认真彻底的清扫和清洗,可以消除 80%～90% 的病原体,而且可以大大减少粪便等有机物的数量。空舍消毒时要遵循先净道(运送饲料等的道路)、后污道(清粪车行使的道路)的顺序。鸭舍消毒要遵循先后备鸭场区、后蛋鸭场区,先种鸭场区、后商品鸭场区的顺序,各鸭舍内的消毒桶严禁混用。

3. 消毒频率

一般情况下,每周要进行不少于 2 次的全场和带鸭消毒;发病期间,坚持每天带鸭消毒;舍内和水、陆运动场至少每周消毒 1 次。鸭舍周围环境每 2～3 周消毒 1 次。鸭场周围及场内污水池、排粪池、下水道出口,每 1～2 个月消毒 1 次。定期对蛋箱、蛋盘、喂料器等用具进行消毒。

4. 鸭场的消毒制度

具有适度规模的鸭场,在出入口处应设紫外线消毒间和消毒池。鸭场的工作人员和饲养人员在进入饲养区前,必须在消毒间更换工作衣、鞋、帽,穿戴整齐后进行紫外线消毒 10 分钟,再经消毒池进入鸭场饲养区内。各鸭舍门前出入口也应设消毒槽,门内放置消毒缸(盆)。饲养员在饲喂前,先将洗干净的双手放在盛有消毒液的消毒缸(盆)内浸泡消毒几分钟。

消毒池和消毒槽内的消毒液,常用 2% 烧碱水或 20% 石灰乳以及其他消毒剂配成的消毒液。而浸泡双手的消毒液通常用 0.1% 新洁尔灭或 0.05% 百毒杀溶液。鸭场通往各鸭舍的道路也要每天用消毒药剂进行喷洒。各鸭舍应结合具体情况采用定期消毒和临时性消毒。鸭舍的用具必须固定在饲养人员各自管理的鸭舍内，不准相互通用，同时饲养人员也不能相互串舍。

除此以外，鸭场应谢绝参观。外来人员和非生产人员不得随意进入场内饲养区，场外车辆及用具等也不允许随意进入鸭场，凡进入场内的车辆和人员及其用具等必须进行严格地消毒，以杜绝外来的病原体带入场内。

三、做好基础免疫工作

许多传染病尤其是病毒性疾病尚无特效药物治疗，疾病发生后往往没有相应的对策，因此，对那些已有市售的疫苗或本地区已有的鸭传染病要进行定期的预防接种。如鸭瘟、鸭病毒性肝炎和鸭霍乱等，通过免疫注射，使鸭只产生特异性抵抗力，这是预防和控制鸭传染性疾病的可靠而又经济的方法。免疫接种通常可分为预防接种和紧急接种。

1. 预防接种

预防接种是在健康鸭群中还没有发生传染病之前，为了防止某些传染病的发生，有计划地定期使用疫（菌）苗对健康鸭群进行预防免疫接种。

（1）预防接种的方法：以病毒为中心的免疫预防接种，需要制定一个省力、经济、合理、预防效果好的预防接种计划，应根据各个地区、各个鸭场以及鸭的年龄、免疫状态和污染状态的不同因地制宜地结合本场鸭情况制定免疫计划。免疫计划或方案在一个鸭场只能相对地、最大限度地发挥其保护鸭群的作用,但随着经验的积累也要逐年加以改进,为本场建立一个最佳方案。

疫苗接种法,可分注射、饮水、滴鼻滴眼、气雾和穿刺法,根据疫苗的种类,鸭的日龄、健康情况等选择最适当的方法。

①注射法:此法需要对每只鸭进行保定,使用连续注射器可按照疫苗规定数量进行肌肉或皮下注射,此法虽然有免疫效果准确的一面,但也有捉鸭费力和产生应激等缺点。注射时,除应注意准确的注射量外,还应注意质量,如注射时应经常摇动疫苗液使其均匀。注射用具要做好预先消毒工作,尤其注射针头要准备充分,每群每舍都要更换针头,健康鸭群先注,弱鸭最后注射。注射法包括皮下注射和肌内注射两种方法。

Ⅰ.皮下注射:一般在鸭颈背中部或低下处远离头部,用大拇指和食物捏住颈中线的皮肤并向上提起,使其形成一个皮囊,注意一定捏住皮肤,而不能只捏住羽毛,确保针头插入皮下,以防疫苗注射到体外。

Ⅱ.肌内注射:以翅膀靠肩部无毛处胸部肌肉为好,应斜向前入针,以防插入肝脏或胸腔引起事故。也可腿部注射,以鸭大腿内侧无血管处为最佳。

②饮水法:本法为活毒疫苗的常用方法之一,既能减少应激,又节省人力,但疫苗损失较多。由于雏鸭的强弱或密度关系也会造成饮水不均、有免疫程度不齐的缺点,所以需要放置充分的饮水器,使雏鸭都能充分地得到饮水。使用此法应注意:一是饮用水避免酸、碱以及化学物质(如氯离子)的影响,免疫前后24小时不得饮用消毒水,所以最好用蒸馏水免疫,

同时在水中加入 0.25%～0.5%脱脂奶粉；二是饮水免疫前，要给鸭断水 2～4 小时，根据季节、气候掌握，让鸭在 1～2 小时内将稀释的疫苗全部喝完，同时应避免强烈光照射疫苗溶液；三是饮水器用清水冲洗，擦洗干净，数量充足。

③滴鼻滴眼法：雏鸭早期的活毒疫苗常用此法。用滴瓶向眼内或鼻腔滴入 1 滴（0.03 毫升）活毒疫苗，滴鼻时，为了使疫苗很好地吸水，可用手将对侧的鼻孔堵住，让其吸进去。滴眼时，握住鸭的头部，面朝上，将 1 滴疫苗滴入面朝上的眼皮内，不能让其流掉。一只一只免疫，防止漏免。

④气雾法：将活毒疫苗按喷雾规定稀释，用适当粒度（30～50 微米）的喷雾器在鸭群上方离鸭只 0.5 米处喷雾。在短时间内，可使大群鸭吸入疫苗获得免疫。在喷雾前，要关风机、门窗，免疫后大约 15 分钟，重新打开。本法由于刺激呼吸道黏膜，所以避免在初次免疫时使用。

⑤穿刺法：此法为鸭痘疫苗接种时使用，展开鸭的翅膀，用接种针在鸭的翼膜无血管处穿刺，病毒在穿刺部位的皮肤增殖，使机体产生免疫力。

(2)免疫程序：由于各种不同鸭种及不同饲养地鸭的疾病的发病规律不一样，所以在鸭传染传染病的免疫程序上，没有固定的免疫程序，各场应根据当地具体情况，适当改变免疫程序，灵活掌握。

1 日龄：预防鸭病毒性肝炎，应用鸭病毒性肝炎活疫苗，口服(滴口、鼻、眼，注射效果不好)。在产蛋期前 2 周给种鸭接种，以后隔 3～4 月再免一次。

3 日龄：预防鸭传染性浆膜炎，使用鸭传染性浆膜炎灭活苗 0.5 毫升，肌内注射。

5～6 日龄：预防禽流感，肌注灭活苗 0.5 毫升/羽；流行区域二免在一免后 30 天左右进行；三免在产蛋前 15 天左右进行，肌注 1.0～1.5 毫升/只；在产蛋中期（即三免后 2～3 个月）进行四免，剂量同三免。

8～10 日龄：预防鸭瘟，鸭瘟苗注射。

15 日龄：预防鸭传染性浆膜炎，使用鸭传染性浆膜炎灭活苗 0.5 毫升，肌内注射。

60～70 日龄：预防禽霍乱，应用禽霍乱蜂胶活疫苗 1 头份，肌内注射。

70～80 日龄：预防鸭瘟，应用鸭瘟活疫苗 1 头份，肌内注射。

90 日龄：预防大肠杆菌病，应用大肠杆菌灭活苗 1 毫升，肌内注射。

120 日龄：预防禽大肠杆菌病和禽霍乱，应用大肠杆菌灭活苗 1 毫升，同时用禽霍乱油乳剂灭活苗 1 毫升，肌内注射。

2. 紧急接种

紧急接种是在发生传染病时，为了迅速控制和扑灭疾病的流行，而对疫群、疫区和受威胁地区尚未发病的鸭进行临时应急性免疫接种。实践证明，在疫区对鸭瘟、禽霍乱等传染病使用疫（菌）苗，进行紧急接种是切实可行的，对控制和扑灭传染病具有重要的作用。紧急接种除应用疫（菌）苗外，在某些鸭病上常应用高免血清或高免卵黄抗体进行被动免疫，而且能够立即生效，如雏鸭病毒性肝炎，应用高免血清或高免卵黄抗体，能迅速控制该病的流行，即使对于正在患病的雏鸭群使用也具有良好的疗效。

在疫区或疫群应用疫苗作紧急接种时，必须对所有受到传染威胁的鸭群进行详细观察和检查,对正常无病的鸭进行紧急接种,而对病鸭和可能已受感染的潜伏期病鸭必须在严格消毒的情况下,立即隔离,观察或淘汰处理,不宜再接种疫苗。

3. 购苗及防疫注意事项

(1)要购买有国家批准文号的正式厂家的接种疫苗,不要购买无厂址、批准文号的非正式厂家的疫苗。

(2)要从有经营权的单位购买疫苗,同时还要看其保存条件是否合格,有无冰箱、冰柜、冷库等冷藏设施,无上述条件请不要购买。

(3)要详细了解疫苗运输和保存的条件。一般要求疫苗冷藏包装运输,使用单位收到疫苗后,应立即放在低温环境中保存。保存时限,因不同温度而异,各种疫苗都有具体规定。凡是超过了一定温度下保存时间的疫苗都不能使用。

(4)瓶子破裂、发霉、无标签或者无检号码的疫苗,不能使用。

(5)液体疫苗使用前要用力摇匀,冻干苗要按说明的规定稀释,并充分摇匀,现配现用。剩余疫苗不能再用,废弃前要煮沸消毒。用完的活疫苗瓶同样需要煮沸消毒,因为活疫苗是具毒力的病毒,一旦条件适宜,病毒毒力返强又会侵袭鸭群。

(6)疫苗接种用的注射器,针头、镊子、滴管和稀释的瓶子要先清洗并煮沸消毒 15～30 分钟,不要用消毒药煮沸消毒。

(7)疫苗稀释过程应避光、避风尘和无菌操作,尤其是注射用疫苗应严格无菌操作。

(8)疫苗稀释过程中一般应分级进行,对疫苗瓶应用稀释液冲洗 2~3 次。稀释好的疫苗应尽快用完,尚未使用的也应放在冰箱或冰水桶中冷藏。

(9)免疫接种前要了解当地鸭群的健康状况。在传染病流行期间,除了有些病可紧急接种疫苗外,一般不能免疫接种。

(10)做好预防接种记录,内容包括接种日期,鸭的品种,日龄,数量,接种名称,生产厂家,批号,生产日期和有效期,稀释剂和稀释倍数,接种方法,操作人员,免疫反应等。

四、建立科学的疾病防御体系

1. 把好入口关

鸭场大门口要有"防疫重地,谢绝参观"的标识,并设专人把守,严禁外来车辆和人员进场;进入生产区时必须洗手、消毒并经消毒甬道(有消毒水池和紫外光)方可进入。

生物安全的含义是在鸭场场区内防止病原的传入和宣传所贯彻的一系列方针和措施。病原的侵入主要是通过人员、车辆、笼具、动物等带入的,所以在考虑疫病预防时,一定要将良好的管理和严格的卫生防疫结合起来,形成疾病预防的第一道防线。

2. 科学的饲养管理

(1)场地的选择和布局:鸭场的场地和布局要符合防疫要求。

(2)建立严格的兽医卫生管理制度,并严格执行。兽医卫生防疫制度的内容主要包括以下几项:

①非生产人员不得进入生产区。生产人员进入生产区时,要先更衣后经消毒池方可进入生产区。

②禁止串栋和互借饲养用具、设备。

③进入生产区的车辆要严格消毒。

④要保持饮水卫生。

⑤严格限制参观。

⑥鸭场引种或调入鸭时,要隔离观察1个月以上。

⑦鸭场的所有用具专人专用、专区专用,用完后消毒。

⑧要经常保持舍内的清洁卫生。定期鸭舍消毒,喂料和饮水设备要定期消毒,注意舍内的通风换气。

⑨饲料作为鸭生长的物质基础,它的质量直接影响到产品质量,因此饲料必须安全、优质,无农药、激素残留。在生产中应做到饲料来源安全、未霉变,添加剂的使用应符合国家标准规定的范围。

⑩做好鸭粪的无害化处理。粪场设在生产区外,粪便的无害化处理的方法较多,常用的有普通鸭粪堆积生物热处理法和鸭粪无害处理法。

⑪做好病鸭的隔离和死鸭的妥善处理。

(3)按照鸭的不同生长阶段的营养需要供应全价配合饲料,这不仅是保证鸭正常发育和生产的需要,也是预防鸭病,增强鸭群非特异性抗病力的基础。

(4)保证适宜的温度与饲养密度、合理的光照程序:冬季注意保暖、夏季注意通风换气与降温。保持舍内空气新鲜,减少或避免各种有害应激因素。

(5)建立经常的观察与登记制度:饲养人员要详细记录有关情况,并经常仔细观察鸭群,做到早发现、早治疗、早处理、防患于未然。观察的内容有室内温度、湿度、鸭的饮水和采食量、鸭群精神状态和羽毛变化、粪便的形状、颜色和气味、呼吸的动作和声音等,对产蛋鸭要观察产蛋率与产蛋量。如果采取预防和治疗措施,应详细记录用药时间、用药名称、种类、剂量以及给药途径、用药后的变化等。

3. 药物预防

对鸭群应用药物进行预防也是一项重要的防疫措施,在饲料、饮水或添加剂中加入某种既安全可靠又价格低廉的并有一定含量的抗菌药物或其他一些药物,可以预防细菌性传染病和寄生虫病以及其他内科疾病的发生,对促进鸭群的生长,增进鸭群体质,以及提高饲料的转化具有显著的效果。

以下药物预防程序可参照执行:

(1)雏鸭第 1 次饮水,采用 0.05％的高锰酸钾溶液进行胃肠道消毒;

(2)1～5 日龄的雏鸭可在饲料中拌入 0.03％痢特灵(注意千万要拌均匀,且不能过量)或用氟哌酸、环丙沙星水溶液饮水,可防止肠道疾病。

(3)7～20 日龄可采用氯霉素或强力霉素混饲或饮水,连用 3～5 天,可有效防止浆膜炎的发生。

(4)20 日龄以上的鸭子,可采用灭霍灵、禽菌灵等药物混饲,防止禽霍乱等疾病,具体剂量可参考使用说明。

4. 定期驱虫

对鸭实施有计划地定期驱虫,是预防和控制鸭寄生虫病的一项有效措施,对于促进鸭群正常生长发育,保障鸭体健康具有重要的意义。

(1)鸭体驱虫:应用药物或其他方法将鸭体内(或体表)的寄生虫驱除或杀灭,是饲养场和农村专业饲养户在生产实践中常用的有效方法。驱虫对于已发病的鸭具有治疗作用,对感染而未发病的鸭可以起着预防作用。

鸭体内的寄生虫包括绦虫、吸虫、线虫在内的寄生蠕虫和包括球虫、住白细胞虫等在内的寄生原虫。不同种类的寄生虫应选用相应的驱虫药物,通常选用高效低毒的驱虫药。鸭群驱虫宜早不宜迟,要在鸭出现症状前驱虫。

一些寄生虫病具有明显的季节性,这与寄生虫发育到感染期所需的气候条件、中间宿主或传播媒介的活动有关。因此各类寄生虫的驱虫时间应根据其传播规律和流行季节来确定,通常在发病季节前对鸭群进行预防性驱虫,如鸭肠道球虫病,发病季节与气温和湿度密切相关,其流动季节为 4～10 月份,其中以 5～8 月分发病率最高,在这个时期饲养雏鸭尤其要注意球虫病的预防。又如鸭裂口线虫病,据临床观察发病季节为 5～10 月份,由于随粪便排出的虫卵在 23℃ 及适当的湿度下几天内就发育成感染性幼虫,若雏鸭吞食受感染性幼虫污染的食物、水草或水时即遭受感染,因此,在温暖多雨潮湿的季节里特别要加强此类寄生虫病的预防。

鸭体表的寄生虫寄生在鸭的皮肤和羽毛上,包括永久性寄生的羽虱、羽螨和暂时性寄生的蚊、蝇等。驱杀鸭体外寄生虫,常用胺菊酯、溴氢菊酯或敌百虫溶液等驱虫剂对鸭群体表进行喷雾,这对于永久性寄生的羽螨、羽虱可将其杀灭;而对于暂时性寄生的蚊、蝇等,由于它们白天栖息在鸭舍(棚)的角落里或鸭舍(棚)外面的草丛中,因此除了用驱虫剂对鸭体表喷雾,还应对鸭舍(棚)周围的环境进行喷雾驱杀。但值得提醒的是在配制驱虫药时,应注意药物的浓度,以避免发生鸭体中毒。

(2)杀灭外界环境的寄生虫:除了驱杀鸭体内外的寄生

虫,杀灭外界环境的寄生虫,尤其是粪便中的寄生虫也是预防寄生虫病的十分重要的措施。许多寄生虫的虫卵、幼虫、卵囊等病原体随鸭粪排出体外,污染环境,也会引起寄生虫病在鸭群中的传播和重复感染。因此鸭舍(棚)内清除的粪便必须放置在远离饲养场和水源的地方堆积发酵,进行无害化处理,利用生物热杀死寄生虫卵、卵囊和幼虫、以防止粪便中的病原体污染环境和引起重复感染。

5. 灭鼠

鼠是人、畜多种传染病的传播媒介,鼠还盗食饲料和咬死雏鸭,咬坏物品,污染饲料和饮水,危害极大,因此鸭场必须做好灭鼠工作。

(1)防止鼠类进入建筑物:鼠类多从墙基、天棚、瓦顶等处窜入室内,在设计施工时注意墙基最好用水泥制成,碎石和砖砌的墙基,应用灰浆抹缝。墙面应平直光滑,防鼠沿粗糙墙面攀登。砌缝不严的空心墙体,易使鼠隐匿营巢,要填补抹平。为防止鼠类爬上屋顶,可将墙角处做成圆弧形。墙体上部与大棚衔接处应砌实,不留空隙。用砖、石铺设的地面,应衔接紧密并用水泥灰浆填缝。各种管道周围要用水泥填平。通气孔、地脚窗、排水沟(粪尿沟)出口均应安装孔径小于1厘米的铁丝网,以防鼠类窜入。

(2)灭鼠方法

①器械灭鼠:器械灭鼠方法简单易行,效果可靠,对人、畜无害。灭鼠器械种类繁多,主要有夹、关、压、卡、翻、扣、淹、黏等。近年来还采用电灭鼠和超声波灭鼠等方法。

②化学灭鼠:化学灭鼠效率高、使用方便、成本低、见效快,缺点是能引起人、畜中毒,有些鼠对药剂有选择性、拒食性

和耐药性。所以,使用时需选好药剂和注意使用方法,以保证安全有效。灭鼠药剂种类很多,主要有灭鼠剂、熏蒸剂、烟剂、化学绝育剂等。鸭场的鼠类以孵化室、饲料库、鸭舍最多,是灭鼠的重点场所。饲料库可用熏蒸剂毒杀。养殖场所投放毒饵时,机械化养鸭场,因实行笼养,只要防止毒饵混入饲料中即可。在采用全进全出制的生产程序时,可结合舍内消毒时一并进行。鼠尸应及时清理,以防被畜误食而发生二次中毒。选用鼠长期吃惯了的食物作饵料,突然投放,饵料充足,分布广泛,以保证灭鼠的效果。

(3)及时进行无害化处理:及时收集死鼠和残余鼠药并做无害化处理。

6. 杀虫

鸭场易孳生蚊、蝇等有害昆虫,骚扰人、畜和传播疾病,给人、禽健康带来危害,应采取综合措施杀灭。

(1)环境卫生:搞好鸭场环境卫生,保持环境清洁、干燥,是杀灭蚊蝇的基本措施。蚊虫需在水中产卵、孵化和发育,蝇蛆也需在潮湿的环境及粪便等废弃物中生长。因此,填平无用的污水池、土坑、水沟和洼地。保持排水系统畅通,对阴沟、沟渠等定期疏通,勿使污水储积。对贮水池等容器加盖,以防蚊蝇飞入产卵。对不能清除或加盖的防火贮水器,在蚊蝇孳生季节,应定期换水。永久性水体(如鱼塘、池塘等),蚊虫多孳生在水浅而有植被的边缘区域,修整边岸,加大坡度和填充浅塘,能有效地防止蚊虫孳生。鸭舍内的粪便应定时清除,并及时处理,贮粪池应加盖并保持四周环境的清洁。

(2)化学杀灭:化学杀灭是使用天然或合成的毒物,以不同的剂型(粉剂、乳剂、油剂、水悬剂、颗粒剂、缓释剂等),通过不同途径(胃毒、触杀、熏杀、内吸等),毒杀或驱逐蚊蝇。化学杀虫法具有使用方便、见效快等优点,是当前杀灭蚊蝇的较好方法。但要注意喷洒杀虫剂时避免喷洒到鸭蛋表面、饲料中和鸭体上。

①马拉硫磷:为有机磷杀虫剂,它是世界卫生组织推荐用的室内滞留喷洒杀虫剂,其杀虫作用强而快,具有胃毒、触毒作用,也可作熏杀,杀虫范围广,可杀灭蚊、蝇、蛆、虱等,对人、畜的毒害小,故适于畜禽舍内使用。

②敌敌畏:为有机磷杀虫剂,具有胃毒、触毒和熏杀作用,杀虫范围广,可杀灭蚊、蝇等多种害虫,杀虫效果好。但对人、畜有较大毒害,易被皮肤吸收而中毒,故在畜舍内使用时,应特别注意安全。

③合成拟菊酯:是一种神经毒药剂,可使蚊蝇等迅速呈现神经麻痹而死亡。杀虫力强,特别是对蚊的毒效比敌敌畏、马拉硫磷等高 10 倍以上,对蝇类,因不产生抗药性,故可长期使用。

7. 发现疫情迅速采取扑灭措施

(1)及时发现疫情,并尽快确诊:鸭群中出现传染病的早期症状多为精神沉郁,缩颈,喜卧,眼鼻有分泌物,减食或不食,产蛋量急剧下降。此时应迅速将可疑病鸭隔离观察,并将死亡鸭送往兽医部门检验,以便及早做出诊断,采取防治措施。早期诊断,能及时采取针对性强的有效治疗措施,把鸭场的损失降到最低。

(2)加强封锁和控制,严禁出售和转运病鸭:疫情发生时,要加强封锁和控制,严防传染病的流行和扩散。严禁食用或出售病死鸭,严格隔离病鸭群。病死鸭的尸体、内脏、羽毛、污物等不能随意乱扔,必须焚烧或深埋,对慢性传染病鸭宜早淘汰。病鸭舍和病鸭用过的饲养用具、车辆、接触病鸭的人员、衣物及污染场地必须严格消毒,粪便经彻底消毒或生物发酵处理后方可利用。处理完毕后,经半个月如无新的病例,再进行一次终末彻底消毒,才能解除封锁。

第三节 常见病的治疗

一、鸭病的判断

作为饲养者准确地诊断鸭疾病,主要应从两方面着手:一是看;二是查。

看也就是视诊,首先对发病鸭群的整体状态,如精神、食欲、饮水、营养体况、姿势、羽毛变化及粪便等状况进行全面的观察,以发现其临床症状及病理变化。

查主要是抽查个体病例机体内外的病理变化(包括外部观察和剖检),尤其是体内脏器的特殊病变,以反映出某种鸭病应有的性质,从而做出初步的诊断。这是一种对鸭病最重要的诊断手段。

(一)群体检查

为了预防鸭群疫病的发生、传播、蔓延,降低养殖成本,经常对鸭群进行定期的检疫检查,在鸭群的整个饲养过程中具有很重要的现实意义。

1. 精神状态检测

健康鸭站立有神,敏感性强,翅膀收缩有力,紧贴体躯,尾羽上翘,行走有力,采食敏捷,食欲旺盛。如果体温高,精神萎靡,缩颈垂翅,离群独居,闭目呆立,尾羽下垂,食欲废绝,常见于临床症状明显期的某些急性、热性传染病,如副黏病毒病、急性型禽霍乱;体温"正常"或偏高,精神差,食欲不振,临床上见于某些慢性传染病和寄生虫病以及某些营养代谢病,如慢性鸭瘟、慢性禽副伤寒,绦虫病、吸虫病、硒或维生素 E 缺乏症等;精神萎靡,体温下降,缩颈闭目,蹲地伏卧,不愿站立,临床上见于濒死期的病鸭。

2. 采食、饮水状况检测

在正常的情况下,健康的鸭群走动活泼自如,采食正常,其采食量和食完料槽内饲料的时间是有规律的。若发现在一定时间内(1~2 小时)采食量减少,料槽中仍堆放不少未食完饲料,而饲养员感到喂料比前几天大减,则说明鸭群中的鸭食欲减退或不食。此时,鸭群中会出现精神不振、沉郁等异常变化的鸭,说明鸭群中出现病态,应及时进一步详细观察和检查。若此种情况出现在雏鸭群,并有呼吸道症状(如打喷嚏、咳嗽、张口呼吸等),应考虑感冒、细小病毒病等疾病的可能性。如果发现有歪头、扭颈、软脚或犬坐姿势的鸭只,应考虑鸭疫默氏杆菌病和大肠杆菌病的可能性。

3. 运动行为检测

行走摇晃,步态不稳,临床上见于明显期的急性传染病和寄生虫病等,如副黏病毒病、球虫病以及严重的绦虫病、吸虫病等。两肢行走无力,并有痛感,行走间常呈蹲伏姿势,临床上见于鸭佝偻病或骨软症以及葡萄球菌关节炎等。两肢交叉行走或运动失调,跗关节着地,常见于雏鸭维生素 E 和维生素 D 缺乏症,两肢不能站立、仰头蹲伏呈观星姿势,临床上见

于雏鸭维生素 B_1 缺乏症。两肢麻痹、瘫痪、不能站立,常见于雏鸭维生素 B_2 缺乏症。企鹅样立起或行走,临床见于母鸭严重的卵黄性腹膜炎。

4. 呼吸动作检测

气喘、咳嗽、呼吸困难,临床上见于某些传染病,如曲霉菌病、流行性感冒、大肠杆菌病等,也可见于某些寄生虫病。

5. 神经症状检测

扭颈,出现神经症状,临床上见于某些传染病如副黏病毒病等,亦可见于某些中毒病和某些营养代谢病,如痢特灵中毒等。

6. 声音检测

健康鸭叫声响亮,而患病鸭则叫声无力。若叫声嘶哑,临床上见于鸭疾病晚期的病例,如慢性鸭瘟、流行性感冒、禽流感以及副黏病毒病等,也见于某些寄生虫病。

7. 羽毛检测

羽毛是鸭皮肤特有的衍生物,具有保温、散热、防水及防止外界损伤的作用。健康的成年鸭羽毛紧凑、平整、光滑。若羽毛蓬松、污秽、无光泽,临床上见于慢性传染病、寄生虫病和营养代谢病,如禽副伤寒、大肠杆菌病、鸭瘟、慢性禽霍乱、绦虫病、吸虫病、维生素 A 和维生素 B_1 缺乏症等。羽毛稀少,常见于烟酸、叶酸缺乏症,也可见于维生素 D 和泛酸缺乏症。羽毛松乱或脱落,临床上见于鸭 B 族维生素缺乏症和含硫氨基酸不平衡。头颈部羽毛脱落见于泛酸缺乏症。羽毛脱落也可见于 70～80 日龄鸭的正常换羽引起的掉毛。羽毛断裂或脱落多见于鸭外寄生虫病,如羽毛虱和羽螨。

（二）个体检查

1. 鸭的捕捉

及时将病鸭捉出，单独处理和及时淘汰，以提高养鸭经济效益。

（1）捉鸭方法：将欲捉鸭所在的鸭群围赶到一个空栏内，如果鸭群较大，应适当分群，将鸭群缩小（40～50 只为宜），然后将缩小的鸭群赶到围栏的一侧，捉鸭者手持捉鸭用具，站在离鸭群 3～4 米处，让鸭只在围栏和捉鸭者中间的通道中零散地、慢慢地通过，当欲捉鸭出现时，用捉鸭用具迅速、准确地朝鸭脖子勾去，即可将鸭捉住。

（2）注意事项：鸭群分群时，动做要稳、慢，让鸭群在行走间分离；捉鸭用具开口及扁圆的大小，在使用过程中应经常调整，以适应捕捉不同大小鸭只的需要；捉鸭时，身体不要快速前倾，而是身体慢行，持捉鸭用具的手突然、快速伸出，勾住鸭脖子。

2. 检查方法

检查者以右手握持鸭的两翅，举起鸭体，从头到尾视检全身。

（1）头部检查

①头部皮肤：主要观察皮肤有没有损伤、炎症，皮肤颜色变化，皮下有没有水肿等情况。外伤、打斗可造成头部皮肤的损伤和炎症肿胀；某些传染病和中毒病可引起机体缺氧，头部皮肤颜色表现为发紫，如亚硝酸盐中毒鸭；患鸭瘟病时，头部皮下水肿。

②喙：喙的质地和形态是否改变，颜色是否正常，色泽有

否消退。幼鸭患软骨病时喙发软，容易弯曲出现变形。喙色泽淡，常见于慢性寄生虫病和营养代谢病，如绦虫病、吸虫病或维生素 E 缺乏症。喙色泽发紫，常见于禽霍乱、鸭卵黄性腹膜炎、维生素 E 缺乏症等疾病。喙变软、易扭曲，常见于幼鸭钙磷代谢障碍、维生素 D 缺乏症等。

　　③口腔：主要观察口腔内有无过多的分泌物，黏膜是否苍白、充血、出血，口腔与喉头部有无假膜覆盖，有无溃疡或异物存在等。检查者可用手指抵住鸭咽喉部皮肤或用手捏住两嘴角喙根部，令其张开口腔以观察。口腔流出水样混浊液体，临床上见于裂口线虫病、副黏病毒病、鸭瘟等。口腔流涎，见于鸭误食喷洒农药的蔬菜或谷物引起的中毒，也偶见于鸭误食万年青引起的中毒。口腔流血，临床上见于某些中毒病，如鸭敌鼠钠盐中毒。口腔内有刺鼻的气味，常见于有机磷及其他农药中毒，如有机磷农药中毒具有大蒜气味。口腔黏膜有炎症或有白色针尖大的结节，见于雏鸭维生素 A 缺乏症和烟酸缺乏症，也见于鸭采食被蚜虫或蝶类幼虫寄生的蔬菜或青草引起的口腔炎症。口腔黏膜形成黄白色、干酪样假膜或溃疡，严重者甚至蔓延至口腔外部，嘴角亦形成黄白色假膜，临床上见于鸭霉菌性口炎，即鸭口疮。

　　④鼻腔：鸭鼻腔有分泌物是鼻道疾病最显著的征候，鼻孔及其窦腔内有黏液性或浆液性分泌物，常见于鸭流行性感冒、鸭曲霉菌感染、大肠杆菌病、霉形体病，也见于棉籽饼中毒等。鼻腔内有牛奶样或豆腐渣样物质，则见于维生素 A 缺乏症。

　　⑤喉及气管：打开鸭的口腔也可观察到喉头的变化，主要观察喉头是否有充血、出血、水肿，分泌物情况，有无假膜覆盖等。如喉头干燥、有易剥落的白色假膜，多见于各种维生素缺

乏症。压迫气管，鸭即表现为疼痛反应性咳嗽、甩头、张口吸气等，多表示气管和喉有炎症。

⑥眼睛：主要观察眼结膜的颜色，有无出血、损伤，分泌物及眶下窦情况。如眼球下陷，临床上常见于某些传染病、寄生虫病等因腹泻引起机体脱水所致，如副黏病毒病、禽副伤寒、大肠杆菌病、绦虫病、棘口吸虫病以及某些中毒病等。眼结膜充血、潮红、流泪、眼睑水肿，临床上见于禽霍乱、嗜眼吸虫病、禽眼线虫病以及维生素 A 缺乏症。眼睛有黏性或脓性分泌物，常见于鸭瘟、禽副伤寒、大肠杆菌眼炎以及其他细菌或霉菌引起的眼结膜炎。眼结膜有出血斑点，临床上见于禽霍乱、鸭瘟等。眼结膜苍白常见于鸭剑带绦虫病、膜壳绦虫病、棘口吸虫病，住白细胞虫病以及慢性鸭瘟等。眼睛有黏液性分泌物流出，使眼睑变成粒状，则见于雏鸭生物素及泛酸缺乏症等。角膜混浊，流泪，见于维生素 A 缺乏症；角膜混浊，严重者形成溃疡，临床上见于慢性鸭瘟，也见于嗜眼吸虫病。瞬膜下形成黄色干酪样小球、角膜中央溃疡，临床上见于曲霉菌性眼炎。

⑦外耳孔：当禽舍卫生条件太差时，常会出现外耳孔被饲料、污泥或粪便等堵塞。这种鸭场喂养的鸭群多见生长发育不良，并逐渐衰弱、消瘦、生产性能下降等。

(2)食道膨大部检查：鸭的食道膨大部相当于鸡的嗉囊，检查者可以用手按摸以了解其内容物性质，必要时可将鸭倒提使头下垂并挤压，检查食道膨大部内有无酸臭并带气泡的液体从其口腔内流出。鸭口疮患鸭食道膨大部膨大，触诊松软，挤压或倒提即见从口腔流出酸败的带气泡的内容物。患硬嗉病时，按压食道膨大部有面团样感，有的感觉坚硬，里面充满硬内容物。

(3)胸部检查:通过触摸了解胸廓是否有疼痛、肋骨有无突起、胸骨有没有变软、变形。检查营养状况时,可触诊胸骨两侧的肌肉丰满程度。也可以听诊有无异常的呼吸音响,以考察呼吸系统的功能变化。如肺和气管的呼吸音粗厉、有啰音多说明呼吸系统有炎症。

(4)腹部检查:腹部检查常用视诊、触诊和穿刺等方法,主要了解腹围的变化和腹腔器官内容物的状态变化。腹围膨大见于产蛋鸭的卵黄性腹膜炎,有时亦见于产蛋鸭的腹围缩小,常见于慢性传染病和寄生虫病,如慢性副伤寒、裂口线虫病、绦虫病等;还有卵黄性腹膜炎时,触诊腹部有波动感,穿刺可抽出多量淡黄色或污灰色腥臭浑浊渗出液。

(5)肛门、泄殖腔检查:注意观察肛门周围有无粪便污染,泄殖腔有否肿胀、外翻,再用拇指和食指翻开泄殖腔,观察黏膜色泽、完整性及其状态。肛门周围有稀粪沾污,见于多种腹泻性疾病;肛门周围有炎症、坏死和结痂病灶,常见于泛酸缺乏症。泄殖腔黏膜充血或有出血点,见于各种原因引起的泄殖腔炎症,如前殖吸虫病、副黏病毒病等,有时也见于禽霍乱;患鸭瘟病时,肛门水肿、泄殖腔黏膜充血、肿胀,严重者泄殖腔外翻,患病公鸭阴茎不能收回。

(6)腿、关节、脚和蹼检查:主要检查腿的各部的完整性,关节的活动性,关节和韧带的连接状况,腿部骨骼的形状,脚、蹼的完整性和颜色等。如触摸腿部各关节,检查有无肿胀、骨折、变形或运动不灵活等现象,这些部位常见的征候和相应的疾病有趾关节、附关节发生关节囊炎时,关节肿胀,并有波动感,有的还含有脓汁,通常滑膜支原体、金黄色葡萄球菌、沙门菌属病原体都可引发这些变化;跖骨软、易折,临床上见于骨软症,以及氟中毒引起的骨质疏松;脚、蹼前端逐渐变黑、干燥,有时脱落是由葡萄球菌引起。脚、蹼发紫,常见于卵黄性腹膜炎、维生素 E 缺乏症等;脚、蹼干燥或有炎症,常见于 B 族维生素缺乏症,以及各种疾病引起的慢性腹泻;脚蹼趾爪蜷曲或麻痹见于雏鸭维生素 B₂ 缺乏症;锰缺乏的鸭跗关节异常肿大,常一只腿从跗关节处曲屈而无法站立,可因麻痹而饥饿死亡。

(7)体温测量:必要时可进行体温测量,将体温计插入泄殖腔的直肠部约 2~3 厘米深处 3~5 分钟,注意不要损伤输卵管。鸭的正常体温为 41℃左右,其变动范围受年龄、品种、测温时间、季节、外界温度和饲料等因素的影响。某些疾病因素可造成鸭体温的升高,如禽霍乱、鸭瘟等急性传染病;体质衰弱、严重营养不良、贫血及濒死期的病鸭体温可下降。

(8)粪便:大便拉稀,临床上见于细菌、霉菌、病毒和寄生虫等病原引起鸭的腹泻,如禽副伤寒、绦虫病、吸虫病等,也见于某些营养代谢病和中毒病,如维生素 E 缺乏症、有机磷农药中毒等以及采食寄生蔬菜、青草的蚜虫、蝶类幼虫引起的中毒等。大便呈石灰样,临床上多见于鸭痛风病,也可见于维生素 A 缺乏症和磺胺药中毒等。大便拉稀,带有黏液状并混有小气泡,临床上见于雏鸭维生素 B₂ 缺乏症,或采食过量的蛋白质饲料引起的消化不良等。大便稀,带有黏稠、半透明的蛋清或蛋黄样,临床上见于卵黄性腹膜炎、输卵管炎、产蛋鸭的前殖吸虫病等。大便拉稀,呈青绿色,临床上见于鸭副黏病毒病、慢性禽霍乱等。大便拉稀,呈灰白色并混有白色米粒样物质(绦虫节片),临床上见于鸭绦虫病。大便拉稀,并混有暗红或深紫色血黏液,临床上见于鸭球虫病、鸭裂口线虫病,有时亦见于禽霍乱。大便呈血水样,临床上见于球虫病,有时也偶见于磺胺药中毒以及呋喃丹中毒。

(9)鸭蛋:鸭蛋的蛋壳薄,临床上见于禽副伤寒、大肠杆菌病、副黏病毒病、鸭瘟以及维生素 D 和钙磷缺乏症等疾病,也见于夏季热应激引起蛋壳变薄。鸭蛋无蛋黄,临床上见于异物(如寄生虫、脱落的黏膜组织、小的血块等)落入输卵管内,刺激输卵管的蛋白分泌部位,使其分泌出蛋白包住异物,然后再包上壳膜和蛋壳而形成的,也见于输卵管太狭窄,产出很小的无蛋黄的畸形蛋。双黄蛋,临床上偶见于食欲旺盛的产蛋鸭,这是因为两个蛋黄同时从卵巢放出,同时通过输卵管,也同时被蛋白壳膜和蛋壳包上而形成体积特别大的双黄蛋。双壳蛋,即具有两层蛋壳的蛋,临床上见鸭产蛋时受惊后输卵管发生逆蠕动,蛋又退回蛋壳分泌部,刺激蛋壳腺再次分泌出一层蛋壳,而使蛋具有两层蛋壳。

以上这些只是一般临床检查方法,对有些特殊的传染病确诊,多数情况下是不能确定的。因为很多传染病特异的临床症状是在发病的中、后期才能表现出来。在病的初期,不同传染病大多呈现出类似的临床症状,如体温升高、心跳加快、呼吸急促、食欲不振、精神萎靡等。同时,因为病原体毒力的大小、机体抵抗力的强弱、病原体侵入的途径、环境条件的优劣等不同,可使鸭只表现出不同的临床症状。并不是所有传染病的经过都具有特征性症状,某些传染病表现为消散型、顿挫型或非典型型,有些传染病的经过是无症状的。所以,临场症状的观察不可能确定诊断,必须结合其他辅助诊断方法综合分析判断。

(三)病理剖检

病理剖检即是对患鸭或病死鸭的尸体进行剖解,以全面、细致地检查病鸭各个器官、组织的病理变化,为快速诊断疾病提供重要依据。在临床上,大多数鸭病没有特征性的临床症状,想从临床症状上把每种病鉴别开是比较困难的。另外,尽管实验室检查对鸭病的诊断起决定作用,但它往往要有一定的设备条件,且常需要较长的时间。而禽的病理剖检诊断方法简单易行,也比较容易掌握,因此,对于经验丰富的禽病工作者来说,病理剖检是鸭病诊断最主要的手段。

1. 病理剖检的准备

(1)剖检器械的准备:正常剖检鸭所用器械包括手术刀、手术剪、骨剪、消毒桶、搪瓷盘等。作为家庭养殖鸭,无上述器械时,也可用家用剪子、剔骨刀、塑料桶等代替。

(2)剖检防护用具的准备:在条件允许情况下剖检人员应穿工作服、戴工作帽和胶手套,穿工作靴。剖检中如遇手等部位受伤,应立即停止剖检,用碘酒消毒伤口。

对活的病鸭,应先扭颈使其死亡再剖检。

等检病死鸭应先对其外部形态变化进行认真观察、记录,然后再实施剖检。剖检前先对待检鸭进行尸体消毒处理。方法是将病死鸭在桶内的消毒液里浸湿,然后放到解剖盘里进行解剖检查。

(3)剖检消毒药的准备

①0.1%的新洁尔灭溶液:多用于剖检人员皮肤和器械的消毒;

②来苏儿(煤酚皂)、芳香来苏儿(甲酚皂):1%～2%水溶

液用于皮肤和器械消毒,3%～5%水溶液用于地面、墙壁、用具、待检鸭鹅尸体、粪便等的消毒;

③也可采用其他含溴消毒剂、含碘消毒剂等进行消毒。

2. 病理剖检的程序

剖检病鸭最好在死后或濒死期进行。对于已经死亡的鸭只,越早剖检越好,因时间长了尸体易腐败,尤其夏季,易使病理变化模糊不清,失去剖检意义。如暂时不剖检的,可装入塑料袋暂存放在 4℃冰箱内。解剖前先进行体表检查。

病理剖检一般遵循由外向内,先无菌后污染,先健部后患部的原则,按顺序、分器官逐步完成。活鸭应首先放血处死、死鸭能放出血的尽量放血,检查并记录患鸭外表情况,如皮肤、羽毛、口腔、眼睛、鼻孔、泄殖腔等有无异常。用消毒液将禽尸羽毛沾湿或浸湿,避免羽毛、尘屑飞扬,然后将鸭尸放在解剖盘中或塑料布上。

(1)体表检查:选择症状比较典型的病鸭作为剖检对象,解剖前先做体表检查,即测量体温,观察呼吸、姿态、精神状况、羽毛光泽、头部皮肤的颜色,特别是鸭冠和肉髯的颜色,仔细检查鸭体的外部变化并记录症状。如有必要,可采集血液(静脉或心脏采血),以备实验室检验。

①病鸭的体况:姿势,肥胖或消瘦,羽毛是否粗乱、污秽、有无光泽。

②面部、冠和肉髯:注意皮肤的颜色,是否苍白贫血或暗红,表面有无棕色的痘痂(鸭痘)或鳞片结痂,冠髯是否肿胀和有结节(传染性鼻炎、慢性鸭霍乱或禽痘)。

③口、鼻、眼:注意鼻孔和口腔有无分泌物(传染性鼻炎、传染性支气管炎),咽喉黏膜有无干酪样物质形成的假膜(白

喉型禽痘)或白色针头状小结节(维生素 A 缺乏症)、注意虹膜的色泽和瞳孔的形状,眼部是否肿胀,眼睑内有无干酪样渗出物蓄积(传染性鼻炎、黏膜型鸭瘟、维生素 A 缺乏症)。

④肛门:肛门周围羽毛有无稀粪粘污,泄殖孔附近是否有粪污或白色粪便所阻塞。

⑤肿瘤:身体各部分都可能发生肿瘤,必须仔细检查,马立克病有时在皮肤可以检查到肿瘤;鸭脚皮肤是否粗糙或裂缝,是否有石灰样物附着,脚底是否有趾瘤等。

⑥体外寄生虫:鸭羽毛根部是否有虱卵缀着。如鸭有外寄生虫感染时,表现有羽毛粗乱。

(2)鸭体剖检方法:病理剖检一般遵循由外向内,先无菌后污染,先健部后患部的原则,按顺序,分器官逐步完成。

①活禽应首先放血处死、死禽能放出血的尽量放血,检查并记录患鸭外表情况,如皮肤、羽毛、口腔、眼睛、鼻孔、泄殖腔等有无异常。

②用消毒液将禽尸羽毛沾湿或浸湿,避免羽毛、尘屑飞扬,然后将禽尸放在解剖盘中或塑料布上。

③用刀或剪把腹壁和两侧大腿间的疏松皮肤纵向切开,剪断连接处的肌膜,两手将两股骨向外压,使股关节脱臼,卧位平稳。

④将龙骨末端后方皮肤横行切断,提起皮肤向前方剥离并翻置于头颈部,使整个胸部至颈部皮下组织和肌肉充分暴露,观察皮下、胸肌、腿肌等处有无病变,如有无出血、水肿,脂肪是否发黄,以及血管有无淤血或出血等。

⑤皮下及肌肉检查完之后,在胸骨末端与肛门之间作一切线,切开腹壁,再顺胸骨的两边剪开体腔,以剪刀就肋骨的

中点,由后向前将肋骨、胸肌、锁骨全部剪断,然后将胸部翻向头部,使体腔器官完全暴露。然后观察各脏器的位置、颜色、有无畸形,浆膜的情况如有无渗出物和粘连,体腔有无积水、渗出物或出血。接着剪断腺胃前的食管,拉出胃肠道、肝和脾,剪断与体腔的联系,即可摘出肝、脾、生殖器官、心、肺和肾等进行观察。若要采取病料进行微生物学检查,一定要用无菌方法打开体腔,并用无菌法采取需要的病料(肠道病料的采集应放到最后),后再分别进行各脏器的检查。

⑥将禽尸的位置倒转,使头朝向剖检者,剪开嘴的上下连合,伸进口腔和咽喉,直至食管和食道膨大部,检查整个上部消化道,以后再从喉头剪开整个气管和两侧支气管。观察后鼻孔、腭裂及喉口有无分泌物堵塞;口腔内有无伪膜或结节;再检查咽、食道和喉、气管黏膜的颜色,有无充血、出血、黏液和渗出物。

⑦根据需要,还可对鸭的神经器官如脑、关节囊等剖检。脑的剖检可先切开头顶部皮肤,从两眼内角之间横行剪断颅骨,再从两侧剪开顶骨、枕骨,掀除脑盖,暴露大、小脑,检查脑膜以及脑髓的情况。

3. 各器官常见病变及其诊断

各种不同的致病因子作用所造成的病理变化有差别,因此,鸭患病时,各器官组织表现的病理变化常常有着十分重要的诊断意义。

(1)皮下组织

①皮下水肿:常发生在胸、腹部及两腿之间的皮下,患部呈蓝紫色或蓝绿色,见于鸭的渗出性素质(鸭硒或维生素 E 缺乏)。

②皮下出血：见于某些传染病，如鸭霍乱、禽流感、大肠杆菌性败血症、传染性贫血等。

③皮下化脓或坏死：常发生在胸骨的前部，见于由金黄色葡萄球菌、链球菌或大肠杆菌引起的胸骨（龙骨）囊肿。

（2）肌肉

①肌肉苍白：常见于各种原因引起的内出血。如白痢、硒/维生素 E 缺乏、磺胺药中毒、肝脏破裂等。

②肌肉出血：胸肌、腿肌的条状出血，见于传染性法氏囊病、维生素 K 缺乏症；另外，在传染性贫血、鸭霍乱、土霉素中毒、黄曲霉素中毒等也可见到。

③肌肉坏死：见于维生素 E 缺乏症；由金黄色葡萄球菌、链球菌等感染性炎症引起的坏死；由厌氧梭菌感染引起的腐败变质；由注射油乳剂疫苗不当所致的局部肌肉坏死。

④肌肉出现肿瘤：见于马立克病。

⑤腓肠肌断裂：见于病毒性关节炎。

⑥肌肉表面出现霉菌斑块：见于曲霉菌病。

（3）腹腔

①腹腔内腹水过多：见于腹水综合征、大肠杆菌病、黄曲霉素中毒；也可见于副伤寒等。

②蛋鸭输卵管积液（囊肿）：见于传染性支气管炎病毒、沙眼衣原体感染、禽流感病毒、大肠杆菌病、激素分泌紊乱等。

③腹腔内有血液或凝血块：见于各种原因引起的急性肝破裂，如副伤寒等。

④腹腔有淡黄色或纤维素性或干酪样或胶胨样渗出物：见于由大肠杆菌或沙门杆菌引起的产蛋母鸭的卵黄性腹膜炎、腹水综合征等。

⑤腹腔器官表面有许多菜花样增生物或大小不等的结节：见于马立克病等。

（4）肝脏

①肝脏肿大，表面有圆形或不规则形的粟粒大至黄豆大小的坏死灶：见于盲肠肝炎（组织滴虫病）。

②肝脏肿大，表面有呈放射状（星状）坏死灶：见于弯曲杆菌性肝炎。

③肝脏肿大，表面有广泛密集的点状灰白色坏死灶：见于急性鸭霍乱、细小病毒病。

④肝脏肿大，表面有散在的灰白色或灰黄色坏死灶：见于急性白痢、伤寒、副伤寒、链球菌病、大肠杆菌病等。

⑤肝脏肿大，表面有灰白色斑纹：见于青年、成年鸭伤寒等。

⑥肝脏肿大，有斑状出血：见于包涵体肝炎、磺胺类药物中毒、雏鸭肝炎、雏鸭应激综合征等。

⑦肝脏肿大并出现肉芽肿：见于大肠杆菌性肉芽肿。

⑧肝脏肿大，表面有纤维素性物质覆盖（肝周炎）：大肠杆菌病、鸭传染性浆膜炎。

⑨肝脏肿大，呈青铜色或墨绿色：见于副伤寒、大肠杆菌病；也可见于葡萄球菌病、链球菌病。

⑩肝脏肿大，硬化，呈土黄色，表面粗糙不平：见于慢性黄曲霉毒素中毒。

⑪肝脏肿大，呈淡黄色或土黄色，质地柔软易碎：见于鸭脂肪肝综合征、维生素E缺乏症；也可见于住白细胞虫病、传染性法氏囊病。

⑫肝脏肿大，肝被膜下形成血肿：常由肝破裂引起，见于

脂肪肝综合征等;肝被膜下形成血肿,有时也见于胸部肌内注射疫苗不当刺破肝脏后引起的。

⑬肝脏萎缩,硬化:见于腹水综合征的晚期、成年鸭慢性黄曲霉毒素中毒。

⑭肝脏表面树枝状出血:见于鸭出血症。

(5)胆囊及胆管

①胆囊充盈、肿大:见于急性传染病,如鸭霍乱、住白细胞虫病、某些药物中毒等。

②胆囊缩小、胆汁少、色淡或胆囊黏膜水肿:见于严重的绦虫病、蛔虫病、吸虫病、蛋白质营养缺乏症等。

③胆汁浓、呈墨绿色:见于急性传染病死亡的病例,如急性鸭霍乱、禽流感、大肠杆菌性败血症等。

(6)脾脏

①脾脏肿大、有散在的灰白色点状坏死灶:见于伤寒、副伤寒、鸭霍乱、鸭衣原体病、鸭传染性浆膜炎;也可见于禽流感、鸭瘟、葡萄球菌病、住白细胞虫病等。

②脾脏肿大、表面有灰白色斑驳:见于伤寒、副伤寒、大肠杆菌性败血症、李氏杆菌病、螺旋体病、弯曲杆菌病等。

③脾脏表面树枝状出血:见于鸭出血症。

(7)腺胃

①球状肿大:表现为腺胃肿胀得较肌胃还大,如其乳头并不肿胀,则见于饲料中纤维素缺乏,也有报道认为喂给大量劣质鱼粉时也会发生;如腺胃乳头肿大,见于传染性腺胃炎。

②腺胃乳头或黏膜出血:见于新城疫、禽流感、喹乙醇中毒、急性鸭霍乱。

③腺胃黏膜溃疡、坏死:见于鸭流感。

④腺胃乳头水肿、出血:见于维生素 E 缺乏症、禽脑脊髓炎。

⑤腺胃膨大、胃壁增厚、切面呈煮肉样:见于胃肠型的鸭传染性支气管炎。

⑥腺胃与肌胃交界处形成出血带或出血点:见于禽流感、鸭螺旋体病。

(8)肌胃

①肌胃穿孔:多因肌胃内存在的铁钉或其他异物在肌胃收缩时,穿透肌胃壁所致,这种病常伴有腹膜炎。

②肌胃糜烂、角质膜变黑脱落:多见于饲喂变质鱼粉、蚕蛹、霉变饲料或胆汁反流引起胆酸或氧化胆酸的作用所致。也可见于硫酸铜中毒。

③肌胃角质膜易脱落、角质层下有出血斑点或溃疡:见于新城疫、住白细胞虫病;也可见于禽流感、李氏杆菌病及某些中毒病。

④肌胃、腺胃黏膜坏死:见于赤霉菌毒素中毒。

(9)肠道

①出血性肠炎:在小肠的上 1/3 肠壁肿胀,上有白斑或出血点,黏膜表面有血液,多见于由巨型艾美球虫引起的小肠球虫病;小肠后半部肿胀,肠腔内充满红色黏液,多见于由毒害艾美尔球虫引起的小肠球虫病;盲肠肿胀,充满鲜血液或血凝块,病鸭排出鲜血样粪便,多见于盲肠球虫病。此外,新城疫、禽流感、氟乙酰胺中毒、冠状病毒性肠炎也可见到类似的变化。

②坏死性肠炎:表现为肠道变色、肿胀、黏膜出血、有炎性渗出物(在回肠处变化最明显),小肠肠管增粗,肠道黏膜坏死

或肠黏膜上覆盖一层灰白色伪膜,多见于魏氏梭菌(C型)感染。

③溃疡性肠炎:急性病例为十二指肠出血,肠壁上有小点出血。慢性时从肠壁的浆膜和黏膜面上都能看到一种边缘出血的黄色小溃疡灶或呈圆形、凸起的较大溃疡,此种溃疡边缘常无出血,或由于溃疡的相互融合而形成一种大的固膜性坏死性斑块,多见于棒状杆菌病。

④十二指肠前段有芝麻粒大的出血点:见于副伤寒。也有人报道,在新城疫强毒感染后也可见此种病变。

⑤寄生于十二指肠和空肠内的寄生虫:有蛔虫、绦虫、有伞毛细线虫。

⑥寄生于盲肠内的寄生虫:有异刺线虫、组织滴虫、鸟类圆线虫。

⑦寄生于直肠内的寄生虫:有前殖吸虫。

⑧肠道黏膜坏死:见于伤寒、副伤寒、大肠杆菌病、维生素E缺乏症等。

⑨小肠某节段肠管呈现出血发紫且肠腔内有出血黏液或暗红色血凝块:见于禽肠系膜疝、肠扭转。

⑩小肠肠管膨大、阻塞:见于鸭的肠梗阻(常由饲料中的粗纤维和严重的蛔虫感染引起)。

⑪肠壁上有大小不等的肿瘤状结节:见于棘沟赖利绦虫病,肠壁上有出血小结节,可见于住白细胞虫病。

⑫盲肠肿大,内含有黄色干酪样凝固渗出物:见于盲肠肝炎。

⑬盲肠不肿大,内含有干酪样凝性栓塞:见于伤寒、副伤寒;也可见于恢复期的盲肠球虫病。

⑭卵黄蒂出血:见于鸭瘟。

⑮直肠的条纹状出血:多见于新城疫。

(10)盲肠扁桃体

①盲肠扁桃体肿大、出血:见于新城疫、传染性法氏囊病、伤寒、大肠杆菌病、禽流感、球虫病、喹乙醇中毒。

②盲肠扁桃体肿大、出血、坏死:见于住白细胞虫病。

(11)胰腺

①胰腺肿大,有灰白色坏死灶:见于鸭单核白细胞增多症。

②胰腺出血,有针尖大小的白色坏死点或坏死灶:见于禽流感。

③胰腺肿大,有出血性小结节:见于住白细胞虫病。

④胰腺肿大、出血、滤泡增大:见于新城疫、急性败血性传染病,如急性鸭霍乱、细小病毒病、伤寒、副伤寒、鸭脑脊髓炎、大肠杆菌性败血症、氟乙酰胺中毒等。

⑤胰腺出现肿瘤或肉芽肿:见于大肠杆菌、沙门杆菌引起的肉芽肿。

⑥胰腺萎缩、苍白而坚硬、腺管阻塞:见于传染性生长障碍综合征(矮小综合征);胰腺萎缩呈棉线状,见于慢性霉败饲料中毒;胰腺萎缩、腺细胞内有空泡形成,并有透明小体,见于硒/维生素 E 缺乏症。

(12)肾脏、输尿管

①肾脏显著肿大,呈灰白色或有肿瘤结节:见于大肠杆菌性肉芽肿。

②肾脏肿大,淤血:见于伤寒、副伤寒、链球菌病、螺旋体病;也可见于禽流感、雏鸭肝炎、食盐中毒等。

③肾脏肿大且表面有尿酸盐沉着，呈"花斑肾"：见于肾型传染性支气管炎、传染性法氏囊病、磺胺药中毒、高钙日粮、维生素 A 缺乏症、饮水不足等。

④肾脏有霉菌结节：见于霉菌感染。

⑤肾脏苍白：见于副伤寒、严重的绦虫病、吸虫病、球虫病；也可见于各种原因引起的内脏出血等。

⑥输尿管有尿酸盐沉积（或结石）：见于肾型传染性支气管炎、传染性法氏囊病、磺胺药中毒、维生素 A 缺乏症、钙磷比例失调等。

（13）卵巢、输卵管或睾丸、阴茎

①卵泡形态不完整、皱缩、变性：见于伤寒、副伤寒、大肠杆菌病；也可见于成年鸭的传染性支气管炎、慢性鸭霍乱。

②卵泡充血、出血或卵泡血肿：见于新城疫、禽流感等。

③输卵管内有凝固性坏死物质：见于产蛋禽的卵黄性腹膜炎、伤寒、副伤寒；输卵管内有絮状凝固蛋白，则见于低致病性禽流感。

④输卵管内有寄生虫：见于前殖吸虫病。

⑤输卵管翻出泄殖腔外：见于产蛋鸭的输卵管脱垂。

⑥左侧输卵管细小：见于肾型传染性支气管炎。

⑦输卵管积液（囊肿）：见于传染性支气管炎病毒、沙眼衣原体感染、禽流感病毒、大肠杆菌病、激素分泌紊乱等。

⑧输卵管炎：见于大肠杆菌、沙门杆菌等引起的感染。

⑨睾丸萎缩、变性：见于维生素 E 缺乏症。

⑩阴茎脱垂、红肿、糜烂或有坏死小结节或结痂：见于阴茎外伤感染。

（14）法氏囊

①法氏囊黏膜肿大、出血：见于传染性法氏囊病、鸭瘟、隐孢子虫病；偶见于禽流感、严重的绦虫病。

②法氏囊内有干酪样物质：见于恢复期的传染性法氏囊病、隐孢子虫病；也可见于其他引起法氏囊炎症的疾病。

③法氏囊萎缩：见于包涵体肝炎、肉鸭传染性生长障碍综合征、黄曲霉毒素慢性中毒、一些细菌内毒素引起的法氏囊萎缩；也可见于正常的生理性退化、萎缩。

（15）心包和心脏

①心包膜有纤维素渗出：见于大肠杆菌病、败血霉形体病、衣原体病、鸭传染性浆膜炎。

②心包积液或含有纤维蛋白：大肠杆菌病、败血霉形体病、鸭霍乱、副伤寒；也可见于禽流感、李氏杆菌病、衣原体病、食盐中毒、氟乙酰胺中毒、磷化锌中毒。

③心肌有灰白色坏死或有小结节或肉芽肿：见于伤寒、副伤寒、大肠杆菌病、李氏杆菌病、马立克病。

④心冠脂肪出血或心内膜有出血斑点：见于鸭霍乱、禽流感、鸭瘟、伤寒、大肠杆菌性败血症；也可见于食盐中毒、磺胺药中毒、棉籽饼中毒、氟乙酰胺中毒。

⑤心肌缩小、心冠脂肪呈现透明样外观：见于慢性传染病、严重寄生虫病或严重的营养不良，如慢性伤寒、副伤寒、严重的蛔虫病和绦虫病等。

⑥心内膜炎：见于葡萄球菌病。

⑦右心衰竭：见于腹水综合征。

（16）肺脏和气囊

①肺脏有黄色粟粒大至豌豆大的结节：见于曲霉菌病。

②肺脏表面有灰黑色或淡绿色霉斑：见于青年或成年鸭

曲霉菌病。

③肺脏淤血、水肿：见于鸭霍乱、鸭链球菌病、雏鸭败血性鸭白痢、传染性法氏囊病、大肠杆菌性败血症；也可见于棉籽饼中毒。

④肺脏出现肉芽肿：见于大肠杆菌病；也可见于感染气囊螨病。

⑤囊浑浊、囊壁增厚、有纤维素性渗出物：见于败血霉形体病、大肠杆菌病。

⑥副伤寒、禽流感、鸭传染性支气管炎、传染性鼻炎、鸭衣原体病、鸭传染性浆膜炎、鸭变形杆菌病；也可见于链球菌病、新城疫、隐孢子虫病。

⑦气囊上有白色小点：见于气囊螨感染。

(17)口腔、食道、嗉囊

①舌头边缘有白斑：见于霉菌毒素中毒或禽舍内的湿度过低。

②口腔、咽喉部的黏膜上有"白喉型"假膜：见于鸭痘。

③口腔、食道、嗉囊上的白色假膜和溃疡：见于毛细线虫属的蠕虫、酵母菌、念珠菌、组织滴虫或某些霉菌的感染等。

④口腔、咽和食道有小的白色的脓疮，且可蔓延到嗉囊，脓疮的直径可达2毫米：见于维生素A缺乏、鸭瘟等。

⑤食道下段黏膜有出血斑：见于呋喃丹中毒。

⑥嗉囊内积满煤焦油样的液体：见于肌胃糜烂。

⑦嗉囊内充满食物：见于嗉囊异物阻塞。

⑧嗉囊内充满黄色液体：见于喹乙醇中毒等。

⑨嗉囊内充满酸臭的内容物：见于嗉囊秘结。

⑩嗉囊内容物有刺鼻的蒜臭味：见于有机磷中毒。

⑪嗉囊内积满黏液:见于新城疫。

(18)喉头、气管、支气管

①喉头、气管出血:见于新城疫、禽流感、鸭瘟。

②喉头、气管有血性黏液或淡黄色干酪样附着物:见于传染性喉气管炎。

③喉头、气管有黏液性渗出物:见于新城疫、禽流感、曲霉菌病、鸭败血霉形体病、氨气过浓等。

④喉头、气管、支气管内的寄生虫:见于比翼吸虫、支气管杯口线虫。

⑤喉头、气管黏膜上有干酪样坏死斑点:见于黏膜型鸭痘。

⑥气管、支气管环充血、出血:见于新城疫、传染性支气管炎。

⑦支气管内有渗出液或淡黄色干酪样凝固栓子:见于支气管炎型的传染性支气管炎。

⑧气管内有干酪样渗出物:见于鸭变形杆菌病。

(19)胸腺

①胸腺肿大、出血:见于鸭霍乱、败血性大肠杆菌病等。

②胸腺萎缩:见于马立克病;也可见于鸭传染性贫血、肉鸭传染性生长障碍综合征、蛋白质缺乏症、慢性黄曲霉毒素中毒。

(20)甲状旁腺肿大:见于产蛋疲劳综合征、佝偻病、成年鸭骨软症、产蛋鸭骨质疏松症。

(21)鼻腔及眶下窦

①鼻腔肿胀,内有奶油样或豆腐渣样渗出物:见于传染性鼻炎、维生素 A 缺乏症等。

②眶下窦肿胀:见于慢性呼吸道病、败血霉形体病。

(22)脑

①小脑软化、肿胀、有出血点或坏死灶:见于维生素 E/硒缺乏症。

②脑水肿:见于传染性脑脊髓炎。

③脑及脑膜有淡黄色结节或坏死灶:见于霉菌性脑炎。

④大脑呈树枝状充血或有出血点、脑实质水肿或坏死:见于脑炎型大肠杆菌或沙门杆菌感染。

⑤脑膜充血、水肿或点状出血:见于禽流感、中暑,酚类消毒剂中毒等。

(23)外周神经

①坐骨神经、臂神经的体积显著肿大(多为一侧):见于维生素 B$_2$ 缺乏症等。

②颈神经受损:见于肉毒梭菌毒素中毒、颈椎侧突凸出等。

(24)骨骼和关节

①后脑颅骨变薄、变软:见于维生素 E 缺乏症、佝偻病。

②胸骨(龙骨)呈现 S 状弯曲:见于佝偻病、严重的绦虫病。

③跗骨软、易弯曲:见于佝偻病、成年鸭骨软症。

④跗骨较硬、易折断:见于饲喂含氟磷酸氢钙引起的氟中毒。

⑤关节肿胀,有炎性渗出物:见于葡萄球菌、链球菌、大肠杆菌、沙门杆菌、巴氏杆菌等引起的感染。

⑥腱滑脱:见于锰缺乏症。

⑦肌腱出血、断裂:见于病毒性关节炎。

218

⑧骨髓发黑：见于葡萄球菌、大肠杆菌、腺病毒等感染引起的骨髓炎。

4. 剖检结果的描述、记录

对在剖检时看到的病理变化，要进行客观地描述并及时准确地记录下来，为兽医做出诊断提供可靠的材料。在描述病变时常采用如下的方法。

（1）用尺量病变器官的长度、宽度和厚度，以厘米为计量单位。

（2）用实物形容病变的大小和形状，但不要悬殊太大，并采用当地都熟悉的实物。如表示圆形体积时可用小米粒大、豌豆大、核桃大等；表示椭圆时，可用黄豆大、鸽蛋大等；表示面积时可用一分、五分硬币大等；表示形状时可用圆形、椭圆形、线状、条状、点状、斑状等。

（3）描述病变色泽时，若为混合色，应次色在前，主色在后，如鲜红色、紫红色、灰白色等；也可用实物形容色泽，如青石板色、红葡萄酒色及大理石状、斑驳状等。

（4）描述硬度时，常用坚硬、坚实、脆弱、柔软来形容，也可用疏松、致密来描述。

（5）描述弹性时，常用橡皮样、面团样、胶胨样来表示。

此外，在剖检记录中还应写明病禽品种、日龄、饲喂何种饲料，疫苗使用情况及病禽死前症状等。剖检工作完成后，要注意把尸体、羽毛、血液等物深埋或焚烧。剖检工具、剖检人员的外露皮肤用消毒液进行消毒，剖检人员的衣服、鞋子也要换洗，以防病原扩散。

5. 病理剖检的注意事项

（1）在进行病理剖检时，如果怀疑待检的家禽已感染的疾病可能对人有接触传染时（如鸟疫、丹毒、禽流感等），必须采取严格的卫生预防措施。剖检人员在剖检前换上工作服、胶靴、佩戴优质的橡胶手套、帽子、口罩等，在条件许可的条件下最好戴上面具，以防吸入病禽的组织或粪便形成的尘埃等。

（2）在进行剖检时应注意所剖检的病（死）禽应在禽群中具有代表性。如果病禽已死亡则应立即剖检（须于患病畜禽死后立即进行，最好不超过6小时，夏季不超过4小时），应尽可能对多只死禽进行剖检。

（3）剖检前应当用消毒药液将病禽的尸体和剖检的台面完全浸湿。

（4）剖检过程应遵循从无菌到有菌的程序，对未经仔细检查且粘连的组织，不可随意切断，更不可在腹腔内的管状器官（如肠道）切断，造成其他器官的污染，给病原分离带来困难。

（5）剖检人员应认真地检查病变，切忌草率行事。如需进一步检查病原和病理变化，应取病料送检。

（6）在剖检中，如剖检人员不慎割破自己的皮肤，应立即停止工作，先用清水洗净，挤出污血，涂上药物，用纱布包扎或贴上创可贴；如剖检的液体溅入眼中时，应先用清水洗净，再用20%的硼酸冲洗。

（7）剖检后，所用的工作服、剖检的用具要清洗干净，消毒后保存。剖检人员应用肥皂或洗衣粉洗手，洗脸，并用75%的酒精消毒手部，再用清水洗净。

（四）病理材料的采集

若养殖者自己有条件进行病理检查，可自行检查，若无条件可送兽医检验部门等相关部门检查。

1. 病料采集的注意事项

(1)采集病料的时间:内脏病料的采取,须于患畜禽死后立即进行,最好不超过6小时,夏季不超过4小时,否则时间过长,由肠内侵入其他细菌,致使尸体腐败,有碍于病原菌的检验。

(2)采集器械的消毒:刀、剪、镊子等用具可煮沸30分钟,最好用酒精擦拭,并在火焰上烧一下。器皿在高压灭菌器内或干烤箱内灭菌,或放于0.5%~1%的碳酸氢钠水中煮沸;软木塞或橡皮塞置于0.5%石炭酸溶液中煮沸10分钟。载玻片应在1%~2%的碳酸氢钠溶液中煮沸10~15分钟,水洗后,再用清洁纱布擦干,将其保存于酒精、乙醚等液体中。注射器和针头放于清洁水中煮沸30分钟即可。

(3)采集病料的所有工序必须是无菌操作:采取一种病料,使用一套器械。并将取下的材料分别置于灭菌的容器中,绝不可将多种病料或多头禽的病料混放在一个容器内。病变的检查应在病料采集后进行,以防所采的病料被污染,影响检查结果。

(4)需要采取的病料,应按疾病的种类适当选择:当难以估计是哪种传染病时,应采取有病变的脏器、组织。但心血、肺、脾、肝、肾、淋巴结等,不论有无肉眼可见病变,一般均应采取。

(5)病料采集后,如不能立即进行检验,应立即装入塑料袋内保存于4℃的冰箱中。

2. 病料的采集方法

(1)脓汁、渗出液:用灭菌注射器无菌抽取未破溃的脓肿深部的脓汁,置于灭菌的细玻璃管中,然后将两端熔封,用棉花包好放于试管中,亦可直接用注射器采取后,放试管中,如系开放的化脓灶或鼻腔时,可用无菌的棉签浸蘸后,放在灭菌试管中。也可直接用接种环经消毒的部位插入,提取病料直接接种在培养基上。

(2)淋巴结及内脏:将淋巴结、肺、肝、脾、肾等有病变的部位各采取1~2平方厘米的小方块,分别置于灭菌试管或平皿中。若为供病理组织切片的材料,应将典型病变部分及相连的健康组织一并切取,组织块的大小每边约2厘米左右,同时要避免使用金属容器,尤其是当病料供色素检查时,更应注意。此外,若有细菌分离条件,也可首先以烧红的铁片烫烙脏器的表面,用接种环(火焰灭菌后)自烫烙的部位插入组织中缓慢转动接种环,取少量组织或液体,做涂片镜检或接种在培养基上。培养基可根据不同情况而进行选择。一般常用鲜血琼脂平板,普通琼脂平板或营养琼脂平板培养等。

(3)血液:血液是动物新陈代谢必需营养物质输送和代谢产物排除的载体,也是信息传递的重要媒介,它保证了机体正常生命活动的进行。任何致病因子对机体的有害刺激,都可以造成血液成分的变化,因此,血液的检验在动物疾病的诊断中有着广泛的应用。

根据检验所需血液量的多少,可选择鸭的不同部位采血。微量血液的采取,可选择在胫部,方法是局部常规消毒,干燥后涂抹少量凡士林,用消毒的针尖扎刺,使血液自然流出,弃去开始的几滴血后取血检查,采血完毕后局部消毒并压迫止血;较多量血液则一般从翅内静脉采取,方法是选择翅内静脉不易滑动的部位,助手保定并在翅根压迫静脉,用连接针头的注射器刺入静脉抽血;若需更多量血液时,可采用心脏采血法,方法是左手从翅根部抓住两翅膀,使鸭腹部向上,另一手持连接针头的注射器从胸骨和两锁骨连接的凹陷处贴着胸骨柄稍偏向左侧以 10°～20°角刺入 3 厘米左右即可抽出血液。

对死亡动物采取心血时,通常在右心室采血,先用烧红的铁片烫烙心肌表面,再用灭菌注射器在烫烙处插入,吸取血液,置于无菌试管中。

(4)胆汁:先用烧红的刀片或铁片烙烫胆囊的表面,再用灭菌吸管或注射器刺入胆囊内吸取胆汁,盛于灭菌试管中。也可直接用接种环经消毒的部位插入,提取病料直接接种在培养基上。

(5)肠:用烧红的刀片或铁片将欲采取的肠表面格烫后穿一个小孔,持灭菌棉签插入肠内擦取肠道黏膜及其内容物,将棉花置于灭菌试管中内,亦可将肠内容物直接放入容器内。亦可用线扎紧一段肠道(约 7～10 厘米)的两端,然后在两线处稍远处切断,放于灭菌容器中。采取后应急速送检,不得迟于 24 小时。

(6)皮肤:取大小约 10 厘米×10 厘米的皮肤一块,保存于 30％甘油缓冲液中,或 10％的饱和盐水溶液中,或 10％福尔马林溶液中。或不加保存液直接放在灭菌的密闭容器中。

(7)羽毛:应在病变明显部分采集,用刀将羽毛及其根部皮屑刮取少许放入灭菌试管中送检。

(8)脑、脊髓:如采取脑、脊髓做病毒检查,可将脑、脊髓浸入 50％甘油盐水液中或将整个头部割下,包入浸过 0.1％汞液的纱布或油布中,装入木箱或铁桶中送检。

3. 病料的保存

(1)直接保存于 4℃冰箱中。

(2)保存液保存:常用的有甘油盐水缓冲保存液,配比为甘油 300 毫升,氯化钠 4.2 克,磷酸氢二钾 1.0 克,0.02％酚红溶液 1.5 毫升,蒸馏水加至 1000 毫升。将这些配比成分混合于水中,加热溶化,校正 pH 为 7.6,分装于试管中(约 7 毫升),15 磅压力下,灭菌 15 分钟,保存于冰箱中备用。

4. 病料的运送

(1)要附带病情记录:如发病禽品种、性别、日龄,送检病料的数量和种类,检验的目的,死亡时间并附临床病例摘要等。

(2)装在试管和广口瓶中的病料密封后装在冰筒中送检,防止容器和试管翻倒。且送至检验部门的时间,应越快越好。

(3)运送整个尸体,用浸透适宜消毒液的布包好后,装入塑料袋中。

二、鸭的给药方法

药物种类繁多,有些药物需要通过固定的途径进入机体才能发挥作用。另外,一些药物,不同的给药途径,可以发挥不同的药理作用。因此,临床上应根据具体情况选择不同的给药方法。

1. 群体给药法

(1)饮水给药法:即将药物溶解于水中,让鸭自由饮水的同时将药液饮入体内。对易溶于水的药物,可直接将药物加入水中混合均匀即可。对难溶于水中的药物,可将药物加入少量水中加热,搅拌或加助溶剂,待其达到一定程度的溶解或全溶后,再混入全量饮水中,也可将其做悬液再混入饮水中。

(2)混饲给药:是鸭疾病防治经常使用的方法,将药物混合在饲料中搅拌均匀即可。但少量药物很难和大量的饲料混合均匀,可先将药物和一种饲料或一定量的配合饲料混合均匀,然后再和较大量的饲料混合搅拌,逐级增大混合的饲料量,直至最后混合搅拌均匀。

(3)气雾给药:是通过呼吸道吸入或作用于皮肤黏膜的一种给药法。由于鸭肺泡面积很大,并有丰富的毛细血管,用此法给药时,药物吸收快,药效出现迅速,不仅能起到局部作用,也能经肺部吸收后呈现全身作用。

2. 个体给药法

(1)口服法:指经人工从口投药,药物口服后经胃、肠道吸收而作用于全身或停留在胃、肠道发挥局部作用。对片剂、丸剂、粉剂,用左手食指伸入鸭的舌基部将舌拉出并与拇指配合固定在下腭上,右手将药物投入。对液体药液,用左手拇指和食指抓住冠和头部皮肤,使向后倒,当喙张开时,即用右手将药液滴入,令其咽下,反复进行,直到服完。也可用鸭的输导管,套上玻璃注射器,将喙拨开插入导管,将注射器中的药液推入食道。

(2)肌内注射法:常用于预防接种或药物治疗。肌内注射部位有翼根内侧肌肉、胸部肌肉及腿部外侧肌肉,尤以胸部肌肉为常用注射部位。

(3)气管内注入法:多用于寄生虫治疗时的用药。左手抓住鸭的双翅提取,使其头朝前方,右手持注射器,在鸭的右侧颈部旁,靠近右侧翅膀基部约1厘米处进针,针刺方向可由上向下直刺,也可向前下方斜刺,进针0.5～1厘米,即可推入药液。

(4)食道膨大部注入法:当鸭张喙困难,且急需用药时可采用此法。注射时,左手拿双翅并提举,使头朝前方,右手持注射器,在鸭的食道膨大部向前下方斜刺入针头,进针深度为0.5~1厘米,进针后推入药液即可。

3. 鸭用药注意事项

(1)应根据每种药物的适应证合理地选择药物,并根据所患疾病和所选药物自身的特点选用不同的给药方法。

(2)用药时用量应适当、疗程应充足、途径应正确。本着高效、方便、经济的原则,科学地用药物。

(3)应充分利用联合用药的有利作用,避免各种配伍禁忌和不良反应的发生。

(4)应注意可能产生的机体耐药性和病原体抗药性,并通过药敏试验、轮换用药等手段加以克服。

(5)注意预防药物残留和蓄积中毒。长期使用的药物,应按疗程间隔使用,某些易引起残留的药物在鸭宰前15~20天内不宜使用,以免影响产品质量和危害人体健康。

(6)饮水给药,应确保药物完全溶解于水后再投喂,并应保证每个鸭都能饮到;拌料给药,应确保饲料的搅拌均匀。否则不仅影响效果,而且可能造成中毒。

(7)在使用药物其间,应注意观察鸭群的反应性。有良好效果的应坚持使用;应用后出现不良反应的,应立即停止用药;使用效果不佳的,应从适应证、耐药性、剂量、给药途径、病因诊断是否正确等多方面仔细分析原因,及时调整方案。

三、鸭常见疾病诊治

1. 禽流感

禽流感是由 A 型流感病毒感染,引起鸭轻度呼吸道症状的一种疾病。

【发病原因】禽流感病是由正黏病毒群的 A 型流感病毒感染,引起轻度呼吸道症状的一种疾病,继发细菌感染是致死的重要因素。病鸭和带毒鸭是主要传染源,它们排出的粪便中含毒量较高,很容易污染饲料、湖泊和水塘。本病一般经口感染,2～6 周龄的雏鸭最易感,其发病率和死亡率与病毒株的强弱及其他病的继发感染紧密相关,可以从无症状、无病理变化到发生 100％死亡。

【临床症状】发病时鸭群中先有几只出现症状,1～2 天后波及全群,病程 3～15 天。病仔鸭废食、离群,羽毛松乱,呼吸困难,眼眶湿润;下痢,排绿色粪便,出现跛行、扭颈等神经症状;干脚脱水,头冠部、颈部明显肿胀,眼睑、结膜充血出血,舌头出血。育成期鸭和种鸭也会感染,但其危害性要小一些,病鸭生长停滞,精神不振,嗜睡,肿头,眼眶湿润,眼睑充血或高度水肿向外突出呈金鱼眼样子,病程长的仅表现出单侧或双侧眼睑结膜混浊,不能康复;发病的种鸭产蛋率、受精率均急剧下降,畸形蛋增多。

【病理剖检】主要病变是鼻腔黏膜发炎,在鼻腔和眶下窦中,充有浆液或黏液,有的病例则呈干酪样。鼻咽部和气管黏膜充血,气囊混浊、水肿或有纤维素性炎症。

当出现上述症状及剖检变化时,应立即报告动物防疫监督机构进行确诊。

【诊断】鸭流感虽然有一定特征性症状和病理变化可供参考,但由于病毒株毒力不同,在症状和病变的差异可能很大。因此本病确诊必须进行病毒分离鉴定和血清学试验。

【治疗方法】一旦发生疫情,要立即上报,在动物防疫监督机构的指导下按法定要求采取封锁、隔离、焚尸、消毒等综合措施扑灭疫情。消毒可用5％甲酚、4％氢氧化钠、0.2％过氧乙酸等消毒药液。对疫区或威胁区内的健康鸭群或疑似感染群,应使用农业部指定的禽流感灭活苗紧急接种。

(1)经多个病例用药治疗,"感毒清"(50千克料/500克)＋"奇强"(100千克水/100克)饮水,"清瘟败毒散"(100千克料/袋)拌料有明显效果。

(2)经多个病例用药治疗,"强效感康"(125千克水/瓶)＋"征宇消刻"(200千克水/袋)或"强效感康＋征宇肠泰"(100千克水/瓶)饮水,"清瘟败毒散"(30千克料/袋)拌料有明显效果。将全天饮水量集中于上、下午2次饮水,每次饮水2～3小时,每天用"洁王"带鸭喷雾消毒,用药3天后,鸭群精神好转,采食、饮水量明显升高。待鸭采食饮水、精神恢复正常时用"健鸡增蛋散"(125千克料/袋)＋"21维他王"(250千克料/50克)拌料,"征宇消刻"＋电解多维＋超浓缩鱼肝油饮水,产蛋可逐渐上升到80％以上。

(3)每天每1000只病鸭使用喘毒必治2瓶(每瓶100克)、双黄连口服液5瓶(每瓶100毫升)、黄芪金丝1袋(每袋100克)、病毒威3袋(每袋100克)、感康3袋(每袋100克)、浆炎速康2袋半(每袋100克)共同混水1500毫升。早晨喂食前每只病鸭用无针头注射器灌服2～3毫升,每天灌服一次也有明显效果。

【防治措施】控制本病的传入是关键,应做好引进种鸭、种蛋的检疫工作坚持"全进全出"的饲养方式,平时加强消毒,做好一般疫病的免疫,以提高鸭的抵抗力。

(1)严禁从疫区或发病禽场引进水禽。

(2)禽场实行"全进全出"制度,禁止鸡、鸭、鹅混养。

(3)对禽舍内、外环境加强消毒。消毒剂两种以上交替使用,如含氯类、季铵盐类、碘制剂、火碱等消毒剂。

(4)严格控制进入禽场的人员、车辆和物品,彻底消毒后方允许进入禽场。饲养员更换鞋帽,消毒后才能进入禽舍,要经常灭鼠、蚊、蝇,阻止飞鸟和昆虫进入禽舍。

(5)鸭和鹅群发病后,要及时上报有关部门,按照 A 类疾病的处理措施进行,封锁发病禽场或禽舍,人员、用具和饲料要隔离,不能串舍或混用,病禽要隔离或淘汰,死亡禽及其粪便、分泌物进行焚烧或深埋,病愈禽不能留做种用,病禽所产种蛋,不能用于孵化,防止雏禽的早期感染。并对未发病禽群紧急免疫接种。鸭和鹅淘汰后,禽舍要严格消毒,空舍 1～2 个月后方可进鸭和鹅。

(6)做好免疫工作,增强鸭的特异性抵抗力:鸭的流感目前是由禽流感病毒特定亚型引起,必须用含特定型的禽流感油乳剂灭活苗免疫才有效,如青岛易邦公司生产的水禽流感油乳剂灭活苗含有当前流行毒株,对目前流行的鸭的流感有很好的预防效果。

①免疫方法:禽流感灭活苗分肌内注射和皮下注射。小日龄的采取皮下注射,大日龄采取肌内或皮下注射。

②免疫程序:禽流感免疫程序的制定和实施受许多因素的影响,除疫苗外,还与免疫方法、母源抗体水平、疫情流行情况、饲养方式和管理水平、水禽的日龄和应激状态、技术条件等因素有关。

③免疫剂量:应根据环境污染程度和鸭、鹅的体重来确定。一般 2 千克以下注射 0.3～0.8 毫升,2 千克以上注射

1～1.5毫升。

2. 细小病毒病

本病是由细小病毒引起的一种急性、败血性的传染病,主要侵害1～3周龄的雏鸭,特别多见于10～18日龄者。

【发病原因】鸭细小病毒病是由细小病毒引起的一种高度传染和致死性的疾病。在我国、欧洲一些国家、日本等国家的家鸭和鸭群中广泛流行,不同国家鸭的病毒分离物,在血清型上相似,近来发现鸭和鸭的病毒之间有些差异。

【临床症状】发病鸭普遍出现下痢、口吐黏液、采食量减少等症状,个别鸭出现转脖、抽搐的情况。日龄较大一般没有神经症状,发病鸭表现为下痢、采食量减少。

【病理剖检】胰脏表面有大量的白色坏死点或出血,肠道黏膜有不同程度的充血和出血,十二指肠和直肠后段黏膜出血更甚,胆囊肿胀、充满胆汁。

【诊断】根据临床症状、感染禽的日龄、剖检和组织病理学变化,可做出初步诊断,确诊必须分离和鉴定病毒。

【治疗方法】本病无特效药物。一旦发生雏番鸭细小病毒病,必须立即注射高免血清或卵黄抗体治疗。

(1)高免血清:每羽皮下注射0.8～1毫升,连用2次(2天)效果最好。采用卵黄抗体时,可加入利巴韦林一起注射。

(2)利巴韦林混料喂服,每25千克料加入1克,连用3～4天。也可同时在饮水中加入抗病毒灵。

(3)复方金刚乙胺,用于饮水每50克加水250千克,一天一次,连用3～5天。

【防治措施】

(1)平时应加强饲养管理,日粮中必须配有适量的维生素和矿物质。同时要注意卫生消毒工作。

（2）用高免血清或高免蛋黄液在雏鸭于1周龄时或本病发生初期，给雏鸭每只注射1毫升，可起到最好保护作用；若重复使用，效果更好。

（3）鸭感康或鸭独利康饮水，或用祛瘟神250克，用水2千克，浸泡半小时，再兑水100千克左右，让雏鸭自由饮水，每周2次，连用3周，药渣拌料，也可有效防治本病的发生。

（4）严格按照消毒计划进行消毒。用水禽碘福或菌毒清带鸭喷雾消毒。

（5）于母鸭产蛋前20～30天和产蛋中期，采用雏鸭细小病毒病弱毒疫苗作免疫接种，肌注，2～4头份/只。母鸭经过上述免疫接种，一般可使其生产的雏鸭获得对本病的抵抗力。上述疫苗亦可以用于雏鸭1日龄时作免疫接种，以预防本病。

3. 鸭瘟

本病又名鸭病毒性肠炎，俗称"大头瘟"，是由鸭瘟病毒引起的一种高死亡率的急性、热性传染病。本病对不同品种、日龄及性别的鸭均可感染，在秋季和低洼多水的污染地区最易发生和流行。

【发病原因】鸭瘟是由疱疹病毒引起的鹅、鸭的一种急性、高度传染性疾病，各种年龄和品种的鸭均可感染，但在鸭瘟流行时，成年鸭发病和死亡比较严重，1月龄以下的小鸭发病较少。本病一年四季均可发生，但以春夏之交和秋季最易流行。其传染源主要是病鸭和带毒鸭，以及其他带毒的水禽、飞鸟之类。当健康鸭一旦接触这些带毒的禽类所排出的粪便及其分泌物污染的饲料、饮水、饲养工具等，即感染发病。本病的主要传染方式是消化道感染，也可通过滴鼻、泄殖腔、注射及某些吸血昆虫等引起发病,从而造成疫病流行。

【临床症状】潜伏期一般为 2～4 天,病鸭初期表现精神萎靡,头颈缩起,呼吸困难,常伴有湿啰音,食欲降低,渴欲增加,不愿下水;两肢发软,步态蹒跚,经常卧地,难于走动,驱赶时两翅扑地而走;眼四周湿润、怕光、流泪,有的因附有脓性分泌物而两眼黏合;鼻孔内流浆液性或黏液性分泌物;部分病鸭头颈部肿胀;体温急剧升高达 43～44℃,呈稽留热型;病鸭下痢、排绿色稀便,有时为灰白色,肛门周围羽毛被污染,常附有稀粪结块。后期,病鸭体温下降,体质衰竭,不久死亡。产蛋鸭群的产蛋量减少 30％左右,随着死亡率的增高,可减产 60％以上,甚至停产。病鸭在出现症状后 1～5 天内死亡。

【病理剖检】剖检病变主要在消化道,即口腔咽喉头周围可能有坏死灶,食道内有条纹状溃疡,泄殖腔黏膜有出血或溃疡,小肠有出血环,心脏有出血点,肝脏微肿胀、淤血和出血斑点。

【诊断】根据症状、剖检和组织病理学变化可做出初步诊断,确诊需分离和鉴定病毒。

【治疗方法】

(1)一旦发生疫情,立即向当地动物防疫监督机构上报疫情,按法定要求采取封锁、隔离、焚尸、消毒等综合措施扑灭疫情。患疫场舍等也可用 3％热氢氧化钠液或菌毒特 1∶100 热水稀释后喷洒消毒。对疫区或威胁区内的健康鸭群或疑似感染群,应立即使用鸭瘟鸭胚弱毒苗等接种,1～2 头份/只。

(2)早期治疗可取抗鸭瘟高免血清,肌注 0.5 毫升/只,有一定疗效;也可肌注聚肌胞,0.5～1 毫升/只,1 次/3 天,连用 2～3 次。有的用盐酸吗啉胍可溶性粉剂或恩诺沙星可溶性粉剂,按 2 克/升拌水混饮,1～2 次/天,连用 3～5 天(产蛋鸭禁用,肉用鸭停药 8 天)。

(3)清瘟败毒散＋蜂胶疫苗,一般 3～5 天即可治愈。

(4)取含羞草的根和茎切成小段,加水煮成黄色,弃渣后给患病的鸭灌食,或拌在饲料中喂食亦可,1 日 3～4 次,一般 1～2 天病鸭即会康复。若经常用含羞草根煮水给鸭饮食,则可起到预防瘟病的作用。

【防治措施】

(1)严防从疫区引进种蛋或病鸭,严格做好各环节防检疫及消毒工作,日常定期用 10％石灰乳或 5％漂白粉液消毒场舍等。

(2)加强饲养管理,提高鸭群健康水平,适当添喂电解多维,增强机体免疫力。定期注射鸭瘟弱毒冻干苗,2 月龄以上每只胸肌注射 1 毫升,免疫期 6 个月,雏鸭按每只 2 毫升加水拌入饲料内,早餐空腹一次喂给。

(3)发生鸭瘟流行时,应仔细检查,及早剔出病鸭,隔离可疑病鸭,健康鸭群另行隔离饲养,用 10％～20％生石灰水或热草木灰水,对鸭棚、场地、工具等进行消毒,对健康鸭进行紧急疫苗接种。

4. 鸭病毒性肝炎

鸭病毒性肝炎是由鸭病毒性肝炎病毒引起雏鸭的一种急性、烈性和致死性传染病,该病的特征是发病急、传播迅速、死亡率高。在自然条件下,鸭病毒性肝炎只发生于雏鸭,成鸭亦可感染,但不表现症状而成为隐性带毒者。

【发病原因】本病主要经消化道和呼吸道传播。暴发本病的鸭场多是由于从疫区或发病鸭场购入带病的雏鸭传染所

233

致。此外,人员流动如饲养员窜圈,外场人员参观,卫生检查人员的窜场走动,收购病残鸭的小贩等都可能成为传播本病的重要途径。车辆往来,用具和垫草不经消毒处理反复使用,在场内乱扔病死鸭等,也常是传播本病的重要方式。

【临床症状】病鸭精神委顿,体质衰弱,食欲废绝,缩颈,翅下垂,呆立瞌睡,强行驱赶则行走迟缓。不久,病鸭出现神经症状,运动失调,身体歪向一侧,全身抽搐,头向后仰,背部着地,转圈下蹲,两脚痉挛性踢蹬,呈角弓反张姿势,常在出现神经症状数小时或数分钟后死亡。死后喙端和爪尖淤血,呈暗紫色,少数病雏死前出现腹泻,排黄白色或绿色稀粪。

【病理剖检】剖检病死鸭,特征性病变在肝脏。所有剖检病例肝脏均肿大、质脆,肝脏表面有大小不等的出血斑点,色暗淡或发黄,呈斑驳状,有的肝脏呈土黄色或红黄色;胆囊肿大,充满胆汁,胆汁草青色或淡红色;脾脏肿大,呈斑驳状花纹样;大多数病例肾脏肿胀,呈树枝状充血;胰脏充血呈粉红色;心肌质软,脑充血及软化。病理组织学变化为肝细胞弥漫性变性坏死,其间有大量红细胞,肝小叶之间的血管和胆管的纤维组织内有单核细胞聚集,胆管和结缔组织增生等病理变化。

【诊断】根据本病发病急,传播迅速,病程短;3周龄内死亡率高,成年鸭不发病;病鸭有明显的神经症状;病变主要表现为肝脏的变性和出血,这些特点可做出初步诊断。

确诊可用病毒分离物接种 1～7 日龄的敏感雏鸭。复制出该病的典型症状与病变,而接种同一日龄的具有鸭病毒性肝炎母源抗体的雏鸭,则有 80%～100% 的保护率,即可确诊。将病鸭肝细胞悬液或血液无菌处理后,接种 9 日龄鸭胚,根据所出现的鸭胚特征性病变也可确诊。

【治疗方法】鸭群发病后立即与其他假定健康鸭群严格隔离,并实行专人管理,禁止无关人员进入或接近,以避免病情进一步向周围扩散。饲养人员出入养殖大棚要严格遵守消毒制度。淘汰的病重鸭与死鸭,经过焚烧或在远离水源的地方深埋处理。污染的垫料、粪便和饲料用具等未经消毒处理不能随便运出场外。对发病鸭棚的周围环境,用过氧乙酸进行喷雾消毒,每天1次,直至鸭群出栏。对发病鸭群,用百毒杀带鸭消毒,每天1次,直至病情完全康复,带鸭消毒时要预先提高育雏室的温度2～3℃,以避免应激而造成鸭群病情加重。

(1)对发病初期死亡较少的鸭群,立即逐只注射鸭病毒性肝炎高免血清,每只0.5毫升,对有发病症状的鸭只,可注射0.8毫升;没有高免血清时,可注射高免蛋黄抗体,根据体重分别注射1～2毫升。在注射血清和蛋黄抗体的同时,应用1瓶禽用白细胞干扰素溶于10升干净饮用水,供500～1000羽饮用,每天3次,连用3～5天。

(2)对发病鸭群,用雏鸭病毒性肝炎高免蛋黄液皮下或肌内注射每只0.5～1毫升,一般2～3天内可控制病情,为避免针头接种性传染,要做到一只一个针头注射。

(3)0.01%病毒唑、0.01%恩诺沙星饮水,同时饮水中加入倍量电解多维,连用3～5天。

(4)板蓝根、黄芩、蒲公英、地丁各100克,茵陈、地骨皮、夏枯草各120克,连翘80克,柴胡、升麻各70克,苍术、白术各40克,共同粉碎后按每只鸭每日3克的量加入饲料中饲喂,连用5～7天。

(5)茵陈、胆草、黄芩、黄柏、枝子、柴胡、板蓝根、银花、钩藤、建曲各 30 克,防风、荆芥各 15 克,甘草 20 克(200 只用量),煎水饮喂,喂前先给雏鸭断水断食 2~3 小时,待其饥渴时给药,并多给水盆,使其每只鸭都能吃到吃足,连用 3 天;或研末拌入饲料中喂鸭。

【防治措施】

(1)加强饲养管理,建立严格的卫生消毒制度。实践证明,暴发本病的鸭场多是由于从疫区或发病鸭场购入带病的雏鸭所致。因此应严禁从发病鸭场或孵化房购买雏鸭,严禁场外人员不经消毒进场或窜圈,育雏室门前设消毒池,严格按卫生消毒要求处理病死鸭等。进雏前与饲养过程中应建立完善的卫生消毒制度,确保饲养环境卫生洁净。

(2)特异性预防

①给 1 日龄雏鸭接种弱毒疫苗,在肌肉或鼻腔接种,4 天后即产生免疫。

②给刚出壳的雏鸭肌内注射血清,每只肌注康复鸭血清 0.5~1 毫升,即可预防。

③给 1 日龄雏鸭皮下注射"鸭肝炎灵" 0.5 毫升,可防此病发生。

5. 鸭冠状病毒性肠炎

鸭冠状病毒性肠炎俗称烂嘴壳,是由冠状病毒属的鸭肠炎病毒引起的以剧烈腹泻为特征的急性传染病。

【发病原因】病原主要随传染源的排泄物向外界排出,以水平传播的方式传播。20 日龄前后的鸭发病率最高,甚至凶猛爆发流行。开始少数发病,1~2 天后出现死亡高峰,发病率和死亡率几乎 100%。

【临床症状】发病急,病雏缩头凸背,畏寒,眼半闭。开始排稀粪,进而腹泻,粪呈白色或黄绿色。喙壳由黄变紫,喙上皮脱落破溃。眼有黏液性分泌物,有的表现神经症状,两脚后蹬、直伸,头向后弯曲,呈观星状,稍加驱逐可促进死亡。

【病理剖检】病鸭咽喉黏膜呈卡他性炎症,黏膜易脱落,整个肠管充血、水肿。尤以十二指肠为严重,十二指肠及肠系膜出血,外观呈紫红色,内有血性黏液,黏膜脱落,并形成溃疡。盲肠盲端黏膜有白色附着物。

【诊断】临床症状和病理变化只能作为诊断的参考依据,通过接种鸭胚或1~4日龄雏鸭,检查其感染性。采用免疫电镜,病毒中和实验,直接荧光抗体等方法进行确诊。

【治疗方法】目前对本病尚无特效治疗药物,可采用河欣大抗毒或河欣毒康注射控制继发感染,可降低死亡率,减少经济损失。

【防治措施】可在种鸭产蛋前建立主动免疫,使雏鸭出壳时即具有母源抗体,到10日龄时再给予高免抗体,对预防本病有明显效果。

6. 鸭霍乱

本病是一种急性败血性传染病,秋季易发,对养鸭业的危害严重。

【发病原因】鸭霍乱是由多杀性巴氏杆菌引起的一种家禽和野禽的接触性传染性、败血性疾病,该病在鸭发生呈急性和慢性型两种。多杀性巴氏杆菌是一种多形性革兰阴性球杆菌,呈两极染色特征。根据特异的荚膜抗原与菌体抗原,将多杀性巴氏杆菌定为各种血清型。它是养鸭业最为主要的疾病之一,出现气温较高,多雨潮湿,天气骤变,饲养管理不良等多种因素,都可促进本病的发生和流行。各种日龄的鸭群均可因接触病禽污染的场地、饲料、饮水、运输工具及往来人员等而感染发病，但以 30 日龄内的雏鸭发病率和死亡率最高。

【临床症状】3 周龄以上小鸭对本病高度敏感，小鸭常发生急性和最急性霍乱，种鸭通常为慢性感染。小鸭发病后常见死亡，病鸭精神委顿，口腔流出绿色的黏液性分泌物和发生腹泻。患慢性型的种鸭表现为呼吸困难和腹泻。

【病理剖检】病变为典型的败血症。心脏、肠系膜和腹部脂肪有小出血点，肝肿胀、质脆，在发病早期有出血现象，然后在肝脏表面见有白色针尖大小的凝固性坏死病灶。脾脏呈花斑状且质脆。气囊无病变，但肺有时有出血和发硬，慢性病例产生化脓性和局灶性病变；种鸭可见有纤维素性心包炎、肝周炎和气囊炎，在肺和皮下组织也可见类似病变；产蛋鸭常见蛋黄破裂和卵黄性腹膜炎。

【诊断】根据临床症状和病理变化能做出诊断，但确诊必须分离和进行细菌鉴定。在鉴定本病时要注意和鸭病毒性肠炎、大肠杆菌病、鸭疫里氏杆菌病及丹毒病区分。

【治疗方法】

(1)本病治疗选用磺胺类和抗生素类药物效果较好，尤以肌内注射＋拌料(饮水)效果明显。如青霉素钠盐用复方安基比林液稀释后，肌注 1 万～2 万单位/只，1 次/天，连用 3 天；同时取土霉素粉按 60～250 毫克/升拌水混饮，连喂 5～7 天。

(2)肌内注射链霉素 5 万～10 万单位/只，磺胺二甲基嘧啶按 0.1％拌水混饮，或按 0.5％拌料混饲病鸭群。

(3)肌内注射强效阿莫仙 20～50 毫克/只，1 次/天。

(4)双黄连口服液按 2.5 毫升/升拌水混饮，连用 3～5 天。

【防治措施】

(1)日常加强饲养管理和防疫消毒工作,对各阶段的鸭群分群饲养,严防外来畜禽及鸟等入场。不从疫区引进种鸭或雏鸭,引进鸭群要隔离饲养 15～30 天,确认无病后方能入场。一旦发生疫情,要及时上报并按法定要求做好扑疫工作。消毒灭疫可用 0.5%优安净、0.5%漂白粉、0.3%过氧乙酸等。

(2)对 50 日龄以上的鸭进行注射禽霍乱菌苗,每只鸭肌内注射 2 毫升,一般能免疫 5～6 个月。

(3)复方新诺明按 0.02%混于饲料中有良好的预防效果。

7. 鸭疫巴氏杆菌病

本病又称鸭传染性浆膜炎,是由鸭疫巴氏杆菌引起的,主要侵害小鸭的传染病,亦称鸭疫巴氏杆菌病。本病是鸭养殖业中的主要疾病,急性型发作的特点是发病迅速,高的发病率以及出现神经症状,由于高死亡率、体重下降以及淘汰,常会造成很大经济损失。

【发病原因】鸭传染性浆膜炎主要是小鸭的一种传染病,病原为鸭疫巴氏杆菌病,为革兰阴性的小杆菌,血清型较多,1～8 周龄的鸭对自然感染易感,尤以 2～3 周龄的小鸭最易感。

【临床症状】

(1)最急性型:常见不到任何明显症状而突然死亡。

(2)急性型:病初表现眼流出浆液性或黏性的分泌物,常使眼周围羽毛粘连或脱落。鼻孔流出浆液或黏液性分泌物,有时分泌物干涸,堵塞鼻孔。轻度咳嗽和打喷嚏。粪便稀薄呈绿色或黄绿色。嗜睡,缩颈或嘴抵地面,腿软,不愿走动、步态蹒跚。濒死前出现神经系统症状，如痉挛、背脖、两腿伸直呈角弓反张状，尾部摇摆等，不久抽搐而死，病程一般 2～3 天。

(3)慢性型：多见于日龄较大的小鸭，病程 1 周以上。病鸭表现精神沉郁，少食，共济失调，痉挛性点头运动、前仰后翻、翻转后仰卧、不易翻起等症状。少数鸭出现头颈歪斜，遇惊扰时不断鸣叫和转圈、倒退等，而安静时头颈稍弯曲，尤如正常，因采食困难，逐渐消瘦而死亡。

【病理剖检】特征性病理变化是浆膜面上有纤维素性炎性渗出物，以心包膜、肝被膜和气囊壁的炎症为主。气囊混浊增厚，气囊壁上附有纤维素性渗出物。脾脏肿大或肿大不明显，表面附有纤维素性薄膜，有的病例脾脏明显肿大，呈红灰色斑驳状。脑膜及脑实质血管扩张、淤血。慢性病例常见胫跗关节及跗关节肿胀，切开见关节液增多。少数输卵管内有干酪样渗出物。

【诊断】根据流行病学、临床症状、病理变化进行综合分析，可以做出初步诊断。如果要进行确诊，可采取镜检和细菌培养等实验室手段，在细菌分离培养时，可用血液培养基培养再接种到鉴别培养基上进行鉴定。

【治疗方法】

(1)一旦发生本病，氯霉素按 0.04％～0.06％比例拌料口服 3～5 天；庆大霉素按 4000～8000 单位/千克体重肌注，每天 1～2 次，连用 2～3 天；利高霉素按药物有效成分0.044％拌料口服 3～5 天；复方敌菌净 0.04％比例拌料口服4～6 天；磺胺喹沙啉，按 0.1％～0.2％比例拌料口服 3 天，停药 2 天后再喂 3 天；青霉素、链霉素肌内注射，雏鸭各

0.5 万～1 万单位,中幼鸭各 4 万～8 万单位。注意四环素对本病无效。

(2)最有效的治疗措施是单独肌内注射链霉素和双氢链霉素,剂量为每一种药物 83 毫克。在发病前期或疾病的极早期,利用三甲氧苄氨嘧啶-磺胺嘧啶(8％/40％)联合饮水给药亦能取得较为满意的效果。方法是每 4 升饮水加入 1 毫升,给药 3～5 天。治疗用药也可用林肯霉素和壮观霉素联合肌内注射或青链霉素联合肌内注射。青链霉素剂量为每千克体重各 2 万～4 万单位,每天 2 次,连用 3 天。还可肌内注射 2.5％海达注射液,每千克体重 0.5 毫升,每天 2 次,连用 3 天。

【防治措施】

(1)合理的饲养管理可以有效地预防本病,特别是注意环境污染和应激。饲料中混饲磺胺喹恶啉(125×10^{-6})效果很好。还可使用泰维露,每 50 千克清水中加入泰维露 100 克,让小鸭自由饮用 3～5 天。

(2)接种鸭疫巴氏杆菌疫苗,7～10 日龄时注射 1 次,20～25 日龄再注射 1 次,保护率可达 90％以上。

(3)发病的鸭场,应采取综合防治措施,消除和切断传染源,达到控制和预防本病的目的。可用抗毒威带鸭消毒,每 2 周带鸭消毒 1 次。烧毁死鸭,隔离发病鸭群,以制止疾病传播。鸭舍经彻底清洁消毒后,空闲 2～4 周方能使用。不同年龄的鸭群应分开饲养。

(4)平时应加强鸭舍通风、干燥、防寒及清洁卫生工作。鸭疫巴氏杆菌灭活苗或与大肠杆菌混合灭活苗接种 7～10 日龄雏鸭,可预防本病。

8. 鸭伤寒

鸭伤寒是因管理不当而引发的一种急性的、条件性致病传染病。

【发病原因】其病原体为伤寒杆菌,又称沙门菌。正常情况下,该菌存在于污染的环境中,突如其来的应激,常导致鸭发病。

【临床症状】病鸭精神不振,离群、不爱活动,眼半闭,双翅下垂,食欲废绝,口渴,腹泻排黄绿色稀粪,肛门附近的羽毛沾有大量污粪,个别高烧不退羽毛脱落,产蛋下降,死亡率可达 2%左右。

【病理剖检】剖检病死鸭,气管轮层和胸腺有明显的出血,胸腔有积液,心包膜增厚,心冠有出血点,肝肿大,肝和心肌有灰白色针尖大小的病灶,肝囊肿大,充满多量绿色油状胆汁,胆囊和黏膜粗糙见粟粒大小的坏死点,卵泡出血、变形。

【诊断】鸭伤寒的初步诊断可根据发病史、死亡率、临床症状及病理变化,但确诊需通过禽伤寒沙门菌的分离鉴定和血清学试验。

【治疗方法】

(1)用中草药流感克星或禽保安拌料连喂 5～6 天,同时用恩诺沙星饮水,每日 2 次。

(2)用万分之二的痢特灵粉拌料连喂 3 天,协同药物选用速补-14 和肾肿解毒灵饮水,一天 2 次,连用 4 天。

(3)选用支喉必治,按 0.4%拌料连吃 4 天,协助药物选用庆大霉素原粉与电解多维一起饮水,一天 2 次,连用 3 天。

【防治措施】首先是饲喂全价饲料,控制产蛋期的体重,培养健康鸭群;其次是抓好管理,特别是早春季节,昼夜温差

大,注意保温和通风,减少诱发原因。另外要认真消毒,防止
饲料和饮水的污染。

9. 鸭副伤寒

鸭副伤寒病是由沙门菌引起的一种急性或慢性传染病,
以下痢和内脏器官的灶性坏死为特征。

【发病原因】病原为沙门杆菌属的多种细菌,有 6～7 种,
最主要的是鼠伤寒沙门菌。革兰阴性菌,无芽孢,有鞭毛能运
动,能在多种培养基生长。其抵抗力不强,60℃时 5 分钟死
亡,一般消毒药很快杀死。病菌在土壤、粪便和水中生存时间
很长。

【临床症状】本病潜伏期一般为 10～20 小时,少数潜伏
期长。其症状分急性、慢性和隐性 3 种类型。

(1)急性:常发生在 3 周龄以内的雏鸭。感染的雏鸭精神
不振,不思饮食,两翅下垂,缩颈呆立,不愿活动,两眼流泪或
有黏性分泌物。常见腹泻、颤抖和共济失调,最后常因抽搐、
角弓反张而死,病程一般 1～5 天。

(2)慢性:常发生在 1 月龄左右的雏鸭和中鸭中,表现为
精神萎靡,食欲不振,粪便软稀,严重时下痢带血,逐渐消瘦,
羽毛松乱,也有喘气、关节肿胀、跛行等症状。通常死亡率不
高,只有在其他细菌继发感染情况下,才呈现较高死亡率。

(3)隐性:不表现临床症状,但其粪便中带菌,能导致本病
流行。

【病理剖检】最急性暴发可能看不到病变,病程稍长者,
消瘦、失水、卵黄囊吸收不良。肝脏肿大,呈青铜色,有灰色坏
死灶,气囊轻微浑浊,有黄色纤维蛋白样斑点,盲肠扩张,内含
干酪样物质,直肠肿大、出血。心包、心外膜及心肌发生炎症。

【诊断】本病主要靠实验室诊断,分离和鉴定病原菌。

【治疗方法】

(1)每只鸭口服氯霉素 10 毫克,每天 2 次或每千克饲料 2 克拌料喂给。

(2)青霉素 1 万单位滴服,每天 2 次。

(3)用 0.04% 呋喃唑酮拌料喂给,连用 3 天,效果很好。

【防治措施】

(1)防止种蛋污染,保持产蛋箱清洁卫生,经常更换垫料,种蛋及时分类、消毒、入库。

(2)各种工具、设备定期消毒,注意灭鼠灭蚊蝇,饲料、饮水要消毒,防止雏鸭感染。

(3)加强饲养管理,防寒防暑防潮通风,常换垫草。

10. 鸭大肠杆菌病

鸭大肠杆菌病又称鸭大肠杆菌败血症,可侵害各种日龄的鸭,是鸭的常发病。

【发病原因】大肠杆菌病是由埃希大肠杆菌引起的侵害多种家禽和动物的一种常见病。致病大肠杆菌为革兰阴性,不产生芽孢,无抗酸性染色,在普通培养基上生长良好。

【临床症状】新出壳的雏鸭发病后,体弱,闭眼缩颈,常出现腹泻,多因败血病死亡。较大的雏鸭子病后,精神委顿,食欲减退,隔立一旁,缩颈嗜睡,两眼和鼻孔处常附有黏液性分泌物,有的病鸭排出灰绿色粪便,呼吸困难,常因败血症或体弱、脱水死亡。成年鸭表现喜卧,不愿走动,站立时可见腹围膨大,触诊腹部有波动感,穿刺有腹水流出。

【病理剖检】肝脏肿大,呈青铜色或胆汁状的铜绿色。脾脏肿大,卵巢出血,全身浆膜呈急性渗出性炎症,心包、肝被膜表面附有黄白色纤维性渗出物。腹水为淡黄色。有些病例卵黄破裂,腹腔内混有卵黄物质。肠道呈卡他性或坏死性炎症,有些雏鸭卵黄吸收不全。

【诊断】根据流行特点、临床症状和病理剖检可初步诊断,确诊需进行细菌培养和分离。

【治疗方法】应选择敏感药物在发病日龄前1～2天进行预防性投药,或发病后做紧急治疗。

(1)抗生素:氨苄青霉素按0.2克/升饮水或按5～10毫克/千克拌料内服;阿莫西林按0.2克/升饮水;庆大霉素2万～4万微克/升饮水;土霉素类按0.1%～0.6%拌饲或0.04%饮水,连用3～5天。

(2)合成抗菌药:磺胺嘧啶0.2%拌饲,0.1%～0.2%饮水,连用3天;磺胺喹噁林0.05%～0.1%拌饲,0.025%～0.05%饮水,连用2～3天,停2天,再用3天;呋喃唑酮0.03%～0.04%混饲,0.01%～0.03%饮水,连用3～5天,一般不超过7天。

【防治措施】

(1)搞好禽舍空气净化:降低鸭舍内氨气等有害气体的产生和积聚是养鸭场必须采取的一项非常重要的措施。

①药物喷雾:用0.3%过氧乙酸,按30毫升/立方米喷雾,每周1～2次,对发病鸭舍每天1～2次;在25平方米垫料中加入4.5千克多聚甲醛,它可和空气中的氨中和,氨浓度很快下降,但21天后又回升到原来水平,因此应重新使用。

②及时清粪,并堆积密封发酵,及时通风换气。

③重视环境治理,饲养场地绿化,种草植树。

(2)搞好种蛋:孵化室及禽舍内外环境清洁卫生,并按消

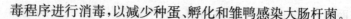

毒程序进行消毒,以减少种蛋、孵化和雏鸭感染大肠杆菌。

（3）防止水源和饲料污染：可使用颗粒饲料,饮水中加消毒剂,如含氯或含碘消毒剂；水槽、料槽每天应清洗消毒。

11. 鸭曲霉菌病

本病又称为曲霉菌肺炎,由真菌中的曲霉菌引起的,主要侵害呼吸器官的急性传染病。本病常在雏鸭中暴发,发病率和死亡率均较高,成年鸭多为散发。

【发病原因】主要是由烟曲霉等真菌引起的鸭呼吸道传染病。其特征是在呼吸器官组织中发生炎症,尤其是在肺和气囊出现灰黄色的结节,胸腹部气囊也可能有霉菌斑。此病主要发生于雏鸭,多呈急性经过,发病率高,可造成大批死亡,成年鸭多为散发。

【临床症状】潜伏期为3～10天。病初见雏鸭精神不振,眼半闭,羽毛松乱无光,食欲减退或废绝,随着病情发展,病鸭气喘、呼吸困难、加快,胸膜部明显扇动,渴欲增加,嗜睡,常呆立或伏卧在地喘气,口腔和鼻腔常流出浆液性分泌物,粪便稀薄,呈白色或绿色,急剧消瘦直至死亡。

【病理剖检】剖检病死鸭,主要病变在肺和气囊,肺充血、切面流出红色泡沫液,肺实质中有大量大头针帽或小米粒大小的灰黄色结节,有的在胸部气囊也可见,病程稍长的鸭肺部结节融合成更大的黄白干酪样结节,结节切面呈明显的层状结构,气囊增厚、混浊,肝脏轻度肿大,肠黏膜充血,有的可见腹膜炎。

【诊断】根据症状、流行病学情况、剖检病变及了解有无发霉的垫料和饲料可做出初步诊断。确诊需查到霉菌,取病变结节或病斑,显微镜下看到菌丝或培养出丝绒状菌落。

【治疗方法】

(1)碘化钾,每1000毫升饮水中加碘化钾5～10克,连用3～5天。

(2)硫酸铜,按1∶3000硫酸铜溶液饮水,连用3～5天。

(3)用2%金霉素溶液治疗,每天注射3次,每次2毫升,连用3天。

(4)制霉菌有一定疗效,可按5000～8000单位/只雏鸭和2万～4万单位/只成年鸭口服,一天2次。

(5)连用3～5天或克霉唑按0.01克/只雏鸭混料。

(6)口服灰黄霉素,每只鸭500毫克,每天2次,连服4天。

【防治措施】

(1)此病重在预防,特别要注意鸭舍的通风和防潮湿。

(2)搞好环境卫生,及时清理鸭粪,更换垫料,不垫发霉的垫料。鸭舍、饲槽、饮水器等器具要定期消毒。

(3)加强饲料贮存和保管工作,不喂已霉变的饲料。

(4)喂料时要少喂勤添,避免料槽中饲料积压。

(5)如果鸭群已被污染发病,病鸭要及时隔离,清除垫料和更换饲料,鸭舍要彻底消毒。

12. 慢性呼吸道病

鸭慢性呼吸道病可能是由鸭霉形体引起的一种疾病,其临诊特征是出现眶下窦炎,故又名"鸭窦炎"。该病的发病率高,但死亡率较低。一般病鸭均可自愈,但产蛋量减少,生长发育受阻,对养鸭业会造成较大的损失。

【发病原因】本病病原是霉形体,革兰阴性,常与流行性感冒并发,多发生于秋末冬初。霉形体对低温抵抗力较强,一般消毒药均能将它迅速杀灭。本病主要发生于 2～3 周龄的雏鸭,发病率可高达 80%,传染源为病鸭和带菌鸭。可经呼吸道传染,也可经污染的种蛋垂直传染。雏鸭孵出后带菌,如果育雏舍温度过低,空气污浊,饲养密度过大,很容易导致本病的发生。一年四季均可发生。

【临床症状】初期病雏打喷嚏,从鼻孔流出浆液性渗出物,以后变成黏性,在鼻孔周围形成结痂。病久则成干酪样变化。病鸭用脚踢抓鼻额部,露出红色的皮。部分病鸭呼吸困难,频频摇头,患病后期,眶下窦积液,一侧或两侧肿胀,按压无痛感,一般保持 10～20 天不散。严重的病例眼结膜潮红,流泪,并排出脓性分泌物,有的甚至眼睛失明。

【病理剖检】眼结膜炎,鼻腔、喉、气管等上呼吸道黏膜有炎症,有分泌物附着,气囊增厚、水肿、混浊。眶下窦有浆液、黏性分泌物或干酪样物,窦黏膜肥厚、淤血、水肿。肺有不同程度的充血、淤血,颜色似肝。

【诊断】根据眶下窦显著肿大和上呼吸道疾患,结合流行病学及参考病理变化即可做出诊断。至于病原分离,可借有条件的实验室进行。

【治疗方法】发病鸭舍,将鸭子全部转走,用清水冲洗网子和地面后,再用火碱水刷洗,最后用烟熏王或福尔马林熏蒸消毒,可以大大降低发病率。对病鸭用 2% 硼酸水清洗鼻腔,再用青霉素、链霉素液滴鼻。剪开肿胀的眶下窦皮肤,挑出积液或干酪样物,伤口内外涂消毒药膏,可自愈。也可用青霉素 5 万国际单位或链霉素 0.1 克肌内注射,每只每天 1～2 次,连用 3～4 天。另可用泰乐菌素或抗支原体药治疗,可获良效。

【防治措施】饲养管理条件差,密度过大,通风不良,舍内温度忽高忽低,是引起发病的主要诱因。因此加强饲养管理,提高雏鸭的抵抗力,是预防本病的重要一环。

(1)加强舍饲期鸭群的饲养管理,注意舍内清洁卫生,及时通风换气,做好冬季防寒保温工作,防止地面过度潮湿,饲养密度不宜过大。

(2)要实行"全进全出"的制度,成批进雏,成批转群,空舍后要严格消毒。

(3)及时淘汰病鸭或隔离育肥。

(4)严重污染的鸭舍,常是本病延续发生的重要传播途径,在有条件的鸭场可以对新生雏采取异地饲养,待原污染鸭舍经彻底消毒后再进雏鸭。

(5)疫场的新生雏鸭可采用药物防治,如用泰乐菌素加入饮水中自由饮用,预防用量为 0.05%,治疗量为 0.1%～0.2%,连续用 3～5 天。

13. 鸭球虫病

鸭球虫病在鸭群中经常发生,耐过的病鸭生长发育受阻,增重缓慢,对养鸭业危害极大。

【发病原因】由鸭球虫引起的一种寄生虫病,通过被病鸭或带虫鸭粪便污染的饲料、饮水、土壤或用具传播。各种年龄的鸭均易感,10 日龄左右的雏鸭最易感。

【临床症状】急性鸭球虫病多发生于 2～3 周龄的雏鸭,于感染后第 4 天出现精神委顿,缩颈,不食,喜卧,渴欲增加等症状;病初拉稀,随后排暗红色或深紫色血便,发病当天或第 2、3 天发生急性死亡,耐过的病鸭逐渐恢复食欲,死亡停止,但生长受阻,增重缓慢。慢性型一般不显症状,偶见有拉稀,

常成为球虫携带者和传染源。

【病理剖检】毁灭泰泽球虫危害严重,肉眼病变为整个小肠呈泛发性出血性肠炎,尤以卵黄蒂前后范围的病变严重。肠壁肿胀、出血;黏膜上有出血斑或密布针尖大小的出血点,有的见有红白相间的小点,有的黏膜上覆盖一层糠麸状或奶酪状黏液,或有淡红色或深红色胶胨状出血性黏液,但不形成肠心。组织学病变为肠绒毛上皮细胞广泛崩解脱落,几乎为裂殖体和配子体所取代。宿主细胞核被压挤到一端或消失。肠绒毛固有层充血、出血,组织细胞大量增生,嗜酸性白细胞浸润。感染后第7天肠道变化已不明显,趋于恢复。

菲莱温扬球虫致病性不强,肉眼病变不明显,仅可见回肠后部和直肠轻度充血,偶尔在回肠后部黏膜上见有散在的出血点,直肠黏膜弥漫性充血。

【诊断】鸭的带虫现象极为普遍,所以不能仅根据粪便中有无卵囊做出诊断,应根据临诊症状、流行病学资料和病理变化,结合病原检查综合判断。

【治疗方法】在球虫病流行季节,当地面饲养达到12日龄的雏鸭,可将下列药物的任何一种混于饲料中喂服,均有良效。

(1)球虫病流行季节,雏鸭由网上转为地面饲养时,或已在地面饲养达12日龄的雏鸭,按0.1%浓度将磺胺间甲氧嘧啶或0.02%复方甲基异恶唑或0.04%复方磺胺脒均匀混入饲料饲喂,连用5～7天,停药3天,再喂3天。

(2)氯苯胍,按每100千克饲料拌4克的用量,连用5天,停药3～4天,再进行一个疗程。可同时在饲料中拌入酵母、鱼肝油和多维等作为辅助治疗。

(3)痢特灵,按 0.02%～0.04%比例均匀拌饲料饲喂,连用 5～7 天。

(4)可爱丹或克球灵,按 0.02%～0.04%比例均匀拌饲料饲喂。

(5)5%球安,按每千克饲料均匀拌 0.15～0.25 克的用量,连用 3 天。

(6)杀球净饮水,每包 50 千克,加水 50 千克,自由饮用,也可拌入饲料,每包拌饲料 40 千克饲喂。

【防治措施】鉴于本病是由于鸭吃了含鸭球虫卵囊的饲料或饮水而感染发病的。因此,首先要改善养鸭的环境卫生,特别是鸭舍的卫生,如勤换垫草,地面垫新土或新沙,并尽可能保持干燥,清除粪便,堆肥发酵以消灭虫卵和其他病原微生物。保持饲养与饮水设施的清洁卫生。防止饲养员乱窜圈,谢绝外场人参观,以免从外带进球虫卵囊,以上是较有效的预防措施。如果鸭群一旦暴发本病,应迅速采用药物防治。

(1)用磺胺六甲氧嘧啶,按 0.1%的量加入饲料,即 5 千克饲料中加入 5 克药,搅拌均匀,连喂 3～5 天,具有良好的防治效果,而且还不影响增重。

(2)用万分之二的复方新诺明,即 5 千克料加 1 克药(0.5 克的药片用 2 片)连喂 3～5 天。被鸭粪污染的垫草应烧掉或发酵积肥,清圈后用火焰喷灯烧地面,否则下批鸭转入后仍可感染发病。

如果不能彻底清除消毒,则应于鸭转入污染圈舍后,立即喂以上加药饲料 3～4 天,这样可起到预防的作用。

14. 鸭有机磷农药中毒

有机磷类农药有多种,鸭最常发生的有机磷中毒为敌百虫、敌敌畏和乐果等。

【发病原因】有机磷杀虫剂是一种神经毒剂,可经消化道、呼吸道、皮肤和黏膜吸入,进入体内后,通过血流迅速分布到全身各器官组织,可透过血脑屏障,对中枢神经系统产生毒害作用。

【临床症状】发病初期,病鸭表现精神沉郁,不食,不愿行动,流涎,鼻腔流出浆液性鼻液,瞳孔缩小,可视黏膜苍白,两翅下垂,双腿无力,伏卧,下痢,排出带有灰白色泡沫性黏液的稀粪。随病情进一步发展,则病鸭出现呼吸困难,伸颈抬头,最后昏迷倒地死亡。

【病理剖检】血液凝固不良,鼻腔黏膜充血、出血,内有浆液性液体。肺充血、肿胀,支气管内充有白色泡沫。肾肿大质脆,肾膜充血,切片暗红,小肠黏膜充血或出血。

【诊断】根据发病迅速,有喷洒过敌敌畏,采食或喂饲过死于敌敌畏的蝇蛆等;临床症状为沉郁,瞳孔缩小,鼻腔流出浆液以及呼吸困难;剖检见血液凝固不良,支气管内有泡沫等可做出初步诊断。

【治疗方法】有机磷农药中毒多为急性,往往来不及治疗。发现早的可以进行抢救,以减少损失。抢救可有以下几种方法:

(1)立即皮下注射0.05%的硫酸阿托品注射液,每次0.2~0.5毫升,必要时,间隔30分钟再重复注射一次,本药使用越早,效果越好。

(2)胸肌内注射碘解磷定,每只鸭每次2毫升,数分钟内中毒症状即可缓解,对病情严重的鸭,可于1~2小时后再注射一次,疗效显著。

(3)静脉或肌内注射解磷定,用量每千克体重20～40毫克,用生理盐水或等渗葡萄糖液稀释后用。

(4)严重病例,可用硫酸阿托品和双复磷混合,同时进行肌内注射,剂量为阿托品0.05毫克、双复磷13毫克。

(5)手术切开嗉囊,用冷开水冲洗干净,而后分层缝合。此方法方便简单、效果甚佳,适于病鸭发现早、数量少的情况。

【防治措施】加强对农药的保管,防止鸭误食农药污染的稻谷、饲料、饮水。

15. 鸭呋喃唑酮中毒

呋喃唑酮又名痢特灵,具有广谱抗菌作用和抗鸭球虫作用,在养鸭生产中常用作添加剂,以控制雏鸭沙门菌和大肠杆菌性败血症,防止肠道感染。

【发病原因】大剂量或长时间连续喂鸭能引起毒性反应。经料饲喂,未搅拌均匀。

【临床症状】该病多在用药后发生。病鸭表现不安,站立不稳,乱跑,鸣叫。食欲废绝,嗉囊积食和充气。口渴而抢水喝,呕吐,吐出黄色液体,眼结膜发绀。有的鸭弓背,缩颈,垂头,闭眼,两翅下垂,常常挤在一起。严重的病鸭痉挛,抽搐,倒地死亡。

【病理剖检】病死鸭尸僵不全,肺淤血、稍肿,腺胃和肌胃的内含物呈黄色,小肠及大肠部分肠段充血、出血,整个肠管浆膜呈黄褐色。胆囊肿大,胆汁充盈。

【诊断】根据用药量临床症状及剖检变化即可确诊。也可以用病鸭吃剩下的饲料喂10只健康雏鸭(未吃过药),会出现同样症状。

【治疗方法】发现鸭中毒后,立即停止饲喂含有此药的饲料,将轻病鸭自由饮水可使症状减轻。对重病鸭则肌内注射维生素 C 500 毫克/5 毫升和维生素 B₁ 10 毫克/2 毫克混合液,每只雏鸭 0.5 毫升,每日 1 次。可同时口服 10%葡萄糖水。

【防治措施】拌饲料喂服一般不要超过 0.02%,最高剂量不要超过 0.04%,饲喂时一定要搅拌均匀。为 0.02%剂量时,最多喂 1 周,然后降至 0.01%再喂 1 周。

16. 鸭亚硝酸盐中毒

【发病原因】鸭亚硝酸盐中毒是由于采食了因堆放发热而变质或加工不当的包菜、白菜而发生的一种中毒。菜中含有硝酸盐,在一定温度、湿度及酸碱度条件下,由于反硝化细菌及其分泌的酶的作用,使之转化为亚硝酸盐,鸭采食后会发生中毒死亡。

【临床症状】鸭采食变质菜后约 1 小时,出现不安,流涎,口吐白沫,驱赶时行走无力,摇摆并呈瘫痪状。结膜发绀,呼吸困难等。

【病理剖检】血液呈酱油色,凝固不良。食道或嗉囊内充满菜料,并有浓烈的酸败味。小肠黏膜充血,大肠臌气。心肌无弹力,心外膜有出血点。肝呈黄白色,质软肿胀。

【诊断】根据调查,鸭是否采食过堆放变质或经煮后加盖闷放过夜的菜帮、菜叶而迅速发病。流涎,呼吸困难,死后剖检血液呈酱油色并凝固不良,据此即可做出初步诊断。确诊需取饲料送兽医检验部门做实验诊断。

【治疗方法】可静脉或肌内注射 1%美蓝溶液(美蓝溶液的配法:取美蓝溶液 1~2 克溶于 10 毫升纯酒精中,加生理盐水 90 毫升混合),每千克体重注射 0.1 毫升,必要时重复一次。

【防治措施】对于腐烂变质的青饲料,建议饲养户不要喂,最好不要加热,要新鲜生喂,以减少亚硝酸盐中毒事件的发生。

17. 鸭食盐中毒

食盐是鸭日粮中不可缺少的矿物质,适当给予,既可增强饲料的适口性,又能保证血液电解质平衡,但鸭摄入过量也会引起中毒。

【发病原因】饲料或饮水中食盐含量过高,饮水受到限制,均可导致食盐中毒。据报道,鸭子对食盐的毒性作用很敏感,饲料中加入2%的食盐,可使小鸭生长抑制,种鸭繁殖能力和蛋的孵化率降低。体重为0.6~0.8千克的鸭子,只要吃到5克以上的食盐就可引起死亡。

【临床症状】鸭食盐中毒后精神委顿,食欲消失,嗉囊软胀,口和鼻中流出黏性分泌物,频频喝水,运动失调,步态不稳,有的做转圈运动,时而倒地,两腿做划船动作。后期病鸭极度衰竭,腹泻,呼吸困难,吸气时伸颈,皮肤发绀,有时抽搐痉挛,最后虚脱而死。

【病理剖检】嗉囊、食道中充满黏液,黏膜脱落,腺胃黏膜发红,有的表面形成假膜;小肠黏膜充血有出血点,尤其是十二指肠呈弥漫性点状出血;腹腔积水;心包积水,心肌、心冠脂肪点状出血;肺水肿;肝脏肿大,淤血,表面覆有淡黄色的纤维素性渗出物;肾脏肿大,肾脏和输尿管有尿酸盐沉着;脑血管充血,有出血点并有脑炎变化;有的皮下水肿,切开后有黄色透明液体流出,脂肪呈胶样浸润。

【诊断】对可疑饲料、饮水或胃内容物进行氯化钠含量测

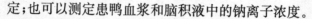

定;也可以测定患鸭血浆和脑积液中的钠离子浓度。

【治疗方法】

(1)全群停喂残羹,并停止在饲料中加盐,加喂易消化的青绿多汁饲料,供给充足5%的多维葡萄糖水,饮水中加入0.5%的醋酸钾,让其自饮,连用4天,中毒轻的雏鸭逐渐好转。

(2)对于重症者适当控制饮水,腹腔注射10%葡萄糖25毫升,同时每只肌内注射20%安钠咖0.1毫升。

(3)中药治疗用茶叶100克,葛根500克,加水2千克,煮沸半小时后待凉自饮,连用4天。

(4)喂给适量的鸭蛋清,以保护嗉囊及胃黏膜。

(5)供给新鲜牛奶,让病鸭饮用,连用2天。

【防治措施】雏鸭对食盐特别敏感,应严格控制在0.3%左右。所以,平时应经常供给雏鸭新鲜、清洁而充足的饮水。在利用残羹、酱渣等喂鸭时,应把它的含盐量估计进去,掌握适当的比例,切勿多喂。当雏鸭中毒后,应配合中药进行治疗,一般病雏会迅速康复。

18. 鸭黄曲霉素中毒

鸭黄曲霉毒素中毒是由于鸭吃了被黄曲霉毒素污染的饲料而引起的一种以肝坏死为特征的中毒性疾病。

【发病原因】本病是由黄曲霉所产生的毒素引起的一种中毒病。黄曲霉素的产生是由于花生、麸皮、破损玉米、干草、稻草等在潮湿的季节中收藏保管不善所致,当鸭吃了含有黄曲霉毒素的饲料,即引起本病的发生。

【临床症状】幼鸭常表现急性中毒,表现食欲消失,脱毛,鸣叫,步态不稳,跛行,死亡时头颈角弓反张。慢性中毒症状多不明显。

【病理剖检】解剖检查可见尸体消瘦,皮下、肌肉有出血点,皮下组织呈胶样浸润,水肿,肝脏明显肿大,色淡苍白,表面有出血斑点。长期发病的可见肝硬化或出现肝癌结节。

【诊断】根据曾饲喂过发霉饲料,表现的特征症状和剖检以肝肿大,颜色淡白等剖检变化,一般可做出初步诊断。但确诊应依靠菌的鉴定和黄曲霉毒素色层分析法。

【治疗方法】本病无有效药物治疗,若发现黄曲霉毒素中毒,应立即更换饲料,可给予病鸭盐类泻剂,排除肠道内毒素,同时采用对症疗法,并供给充足的青绿饲料和维生素 A,必要时投与盐类泻剂,排除肠道内的毒素。

【防治措施】只要停喂含有黄曲霉毒素的饲料,很快就会停止发病死亡。因此,在温暖多雨季节,饲料要注意防霉,防止饲料中黄曲霉毒素的生长。

19. 鸭痘

鸭痘是由痘病毒引起的一种急性传染病,其临床特征是在皮肤、口腔或眼睛上出现痘斑。

【发病原因】病原是一种比较大的痘病毒。鸭虽然可发生痘病,但一般并没有鸡发生鸡痘那么严重。鸭痘一年四季都能发生,尤其多流行于秋冬季节。鸭痘的传染途径,主要是通过皮肤或黏膜受损伤口侵入体内。蚊子(库蚊属和伊蚊属)能传带病毒。因此,夏、秋季由于蚊子较多,往往可成为鸭痘流行的一个重要传染媒介,此时发病的鸭只以种鸭为主也有部分“反季节”的早鸭。蚊子吸吮过病鸭的血液可以带毒10～30 天。

【临床症状】各种日龄的鸭均可感染,雏鸭比成年鸭易感。该病分为皮肤型、口腔型和眼型三种不同的临床类型。其中以皮肤型较多见，约占 90%，眼型约占 7%，口腔型约占 3%。有时，也出现皮肤型与眼型或与口腔型的混合型鸭痘。病初体温稍高，迟钝，食欲下降，产蛋下降或完全停止。

（1）皮肤型：在鸭的嘴角和与鸭喙连接的皮肤上、眼睑处皮肤上，出现大小不等的结节状痘样疹，并经常汇集成较大的疣状结节。其他如跗关节以下的足部趾或蹼上，也会出现结节状痘样疹，这样的病例约占 3%。

（2）口腔型：最初在口腔黏膜上出现灰白色痘疹，在口角处有结节样疹，痘疹逐渐变黄，后期形成溃疡，经 10～15 天愈合，不形成伪膜。

（3）眼型：病初有水样分泌物，后来逐渐形成脓性结膜炎，常将上下眼睑黏合在一起，严重时，可导致一侧或两侧眼睛失明。

一般鸭痘的病变除化脓外，痘样结节状病变干涸后成痂，痂脱落后留下一暂时性的瘢痕。

【病理剖检】一般鸭痘的病变除化脓期外，与鸡痘各阶段相似，痘样结节状病变干涸后成痂，痂脱落后留下一个暂时性的瘢痕。皮肤结节在上皮层发生坏死，破坏了正常的细胞结构，表皮下层细胞增生，个别细胞明显膨大似"气球"。真皮下层基底部发生水肿，有异嗜性细胞中有包涵体。真皮下层基底部发生水肿，有异嗜性细胞和其他炎性细胞聚集。该处毛细血管扩张，充满血液细胞。

【诊断】一般根据临床症状和病理变化可以做出诊断。为进一步确诊，可采取皮肤痘痂及病变组织送兽医检验部门做病毒分离和病理组织学检查。

【治疗方法】

(1)大群鸭用吗啉胍按照千分之一的量拌料,连用3～5天,为防继发感染,饲料内应加入0.2％土霉素,配以中药鸭痘散(龙胆草90克,板蓝根60克,升麻50克,野菊花80克,甘草20克,加工成粉,每日成年鸭2克/只,均匀拌料,分上下午集中喂服,一般连用3～5天)疗效更好。

(2)对于病重鸭,皮肤型可用镊子剥离痘痂,伤口涂抹碘酊或紫药水;白喉型可用镊子将黏膜假膜剥离取出,然后再撒上少许"喉症散"或"六神丸"粉,每日1次,连用3天即可。

(3)对于痘斑长在眼睑上,造成眼睑粘连,眼睛流泪的鸭可以采用注射治疗的方法给予个别治疗,用法为:青霉素1支(40万单位)、链霉素1支(10万单位)、病毒唑1支、地塞米松1支,混匀后肌注,40日龄以下注射10只鸭,40日龄以上注射5～7只鸭。一般连续注射3～5次,即可痊愈。

【防治措施】鸭痘鸡胚化弱毒疫苗肌内注射,其他通常采取一般综合性防治措施。

20. 瘫痪

鸭瘫痪多发生在中鸭阶段,高发率可达10％以上。

【发病原因】引起鸭瘫痪的原因很多,有品种方面的原因,也有疾病方面的原因,还有环境方面的原因,以及营养方面的原因。从发生情况看主要是疾病和营养方面的原因和一些机械伤害。疾病方面主要是细菌感染引起的滑膜炎、骨髓炎,病毒性关节炎并发葡萄球菌引起的葡萄球菌性关节炎和呼肠孤病毒引起的股骨头坏死。营养方面主要是钙磷缺乏、钙磷不平衡或维生素 D_3 缺乏引起的胫骨软骨发育不良、佝偻病、骨质疏松症和红色跗关节,另外饲料中锰和胆碱缺乏会引起软骨营养障碍,也称胫骨短粗症。

【临床症状】瘫痪引起生长发育受阻,产品的合格率低,瘫痪鸭表现体软、腿软、跛行、用跗关节行走、运动失调等软骨病症状,还有的出现"橡皮喙"现象。有些鸭精神状态良好,虽行动困难,可正常采食和饮水,但采食量和饮水量因受其他鸭的影响而减少。大部分瘫痪鸭行动困难,不能正常采食和饮水,鸭体消瘦甚至死亡。死亡大多由其他鸭踩压所致。

【诊断】运动艰难,走路摇摆,不能站立;喜睡、身体发抖,头不能抬起,严重时常以跗关节着地或靠两翼支撑着地。

【治疗方法】可采用肌内注射维丁胶性钙治疗。规格为每毫升含维生素 D 500 单位、胶性钙 0.5 毫升。成年鸭每次注射 1～2 毫升,每天 1 次,连续注射 2～3 次即可治愈。也可用每片含磷酸氢钙 0.5 克的糖钙片和每片含维生素 B_1 2～3 片同时喂服,成年鸭每日 1 次,连服几次即可康复。如能在针刺鸭趾血管放血的同时口服鱼肝油,则治疗效果更好。

【防治措施】防治鸭瘫痪的措施是饲料中有充足的钙磷,而且钙磷比例必须平衡;日粮中的维生素尤其是维生素 D_3 的量要足,其他微量元素的量也要有保证,有条件的饲养场定期进行户外运动,多晒太阳;鸭舍和运动场要防止阴暗潮湿,经常更换垫料;经常消毒防止细菌感染,注射疫苗防止病毒性疾病发生。

21. 蛋鸭腹水症

蛋鸭腹水症是多种因素引起鸭的一种综合征,本病的主要特征是腹腔积液、腹围下垂。

【发病原因】诱发本病的因素很多,包括饲养环境、遗传及营养水平等,主要的病因是缺氧,使肺动脉压升高,导致右心室衰竭和腹腔积液。遗传因素方面例如奥白星等品种生长速度较快,如果蛋鸭在育成期时不进行限料,任其过快地生长,机体蛋白质沉淀不足为后期发生腹水综合征埋下隐患。

蛋鸭在机体缺氧的情况下,右心室搏动代偿性增强,右心室肥大、扩张、衰竭,机体血管扩张,血管壁组织间隙增宽,最终导致血管内蛋白与水分大量外渗形成心包、腹腔积液。

【临床症状】病鸭精神不振,腹部膨大,触之有波动感,严重者可见喙端和脚的发绀现象。

【病理剖检】解剖腹腔内有大量黄色液体,腹水中混有纤维素凝块,肝脏肿大,各别萎缩,质地变脆。心包膜增厚、心包积液、心脏肿大,右心扩张,柔软,心壁变薄,肺淤血或水肿。

【诊断】根据本病的典型临床症状及特征性的剖检病变即可诊断。

【治疗方法】本病一旦发生,如果出现明显临床症状时,多以淘汰和死亡告终。蛋鸭一旦发生该病一般其产蛋期即结束,治疗的经济价值实际意义不大。所以对于本病应该早发现、早处理。

【防治措施】

(1)改善鸭群管理及环境条件,防止拥挤,改善通风换气条件,保证鸭舍内有较充足的氧气流通,防止过冷。

(2)早期限饲,控制生长速度或适当降低饲料的能量。禁止饲喂发霉的饲料。

(3)日粮中补充维生素 C。据报道,每千克饲料添加 0.5克的维生素 C,对预防腹水症能取得良好效果。

第七章　鸭产品的加工利用

鸭产品包括鸭蛋、商品鸭及其他副产品,在产蛋旺季利用无公害保鲜技术,可使蛋增值。

第一节　鸭蛋的贮藏与包装

鸭蛋除供人们直接食用外,还可加工成松花蛋、咸蛋、糟蛋、冰冻制品(冰冻类是将蛋壳去掉用蛋液冻结而成的制品,有冻全蛋、冻蛋黄、冻蛋白之分。这些冰冻类蛋品主要是用于食品工业)和干蛋制品类(干蛋类是把蛋壳去掉,利用内容物经加工制成干蛋品,有全蛋粉、蛋黄粉、蛋白粉之分。这些干蛋类制品不仅为食品加工所利用,而且还可为纺织、皮革、造纸、印刷、医药、塑料、化妆品等工业所利用)。

一、鸭蛋的贮藏

健康母鸭所产的鸭蛋内部是没有微生物的,新生蛋壳表面覆盖着一层由输卵管分泌的黏液所形成的蛋白质保护膜,蛋壳内也有一层由角蛋白和黏蛋白等构成的蛋壳膜,这些膜能够阻止微生物的侵入。因此,不能用水洗待贮放的鸭蛋,以免洗去蛋壳上的保护膜。此外,蛋清中含有多种防御细菌的蛋白质,如球蛋白、溶菌酶等,可保持鸭蛋长期不被污染变质。

在鸭蛋贮存过程中,由于蛋壳表面有气孔,蛋内容物中水分会不断蒸发,使蛋内气室增大,蛋的重量不断减轻。蛋的气室变化和重量损失程度与保存温度、湿度、贮存时间密切相关,久贮的鸭蛋,其蛋白和蛋黄成分也会发生明显变化,鲜度和品质不断降低。采取适当的贮存方法对保持鸭蛋品质是非常重要的。

1. 冷藏法

即利用适当的低温抑制微生物的生长繁殖,延缓蛋内容物自身的代谢,达到减少重量损耗,长时间保持蛋的新鲜度的目的。冷藏库温度以 0℃左右为宜,可降至−2℃,但不能使温度经常波动,相对湿度以 80% 为宜。鲜蛋入库前,库内应先消毒和通风。消毒方法可用漂白粉液(次氯酸)喷雾消毒和高锰酸钾甲醛法熏蒸消毒。送入冷藏库的蛋必须经严格的外观检查和灯光透视,只有新鲜清洁的鸭蛋才能贮放。经整理挑选的鸭蛋应整齐排列,大头朝上,在容器中排好,送入冷藏库前必须在 2～5℃环境中预冷,使蛋温逐渐降低,防止水蒸气在蛋表面凝结成水珠,给真菌生长创造适宜环境。同样原理,出库时则应使蛋逐渐升温,以防止出现"汗蛋"。冷藏开始后,应注意保持和监测库内温、湿度,定期透视抽查,每月翻蛋1 次,防止蛋黄黏附在蛋壳上。保存良好的鸭蛋,可贮放 10个月。

2. 涂膜法

常温涂膜保鲜法是在鲜蛋表面均匀地涂上一层有效薄膜,以堵塞蛋壳气孔,阻止微生物的侵入,减少蛋内水分和二氧化碳的挥发,延缓鲜蛋内的生化反应速度,达到较长时间保持鲜蛋品质和营养价值的方法,是目前较好的禽蛋保鲜方法。

一般多采用油质性涂膜剂,如液体石蜡、植物油、矿物油、凡士林等。此外还有聚乙烯醇、聚苯乙烯、聚乙酰甘油一酯、白油、虫胶、聚乙烯、气溶胶、硅脂膏等涂膜剂。据试验研究,用石蜡或凡士林加热溶化后,涂在蛋壳表面,室温下可保存 8 个月。鲜蛋涂膜的方法,有浸渍法、喷雾法和手搓法 3 种。但无论哪种方法,涂膜剂必须对鲜蛋进行消毒,消除蛋壳上已存在的微生物。此外要注意鲜蛋的质量,蛋越新鲜,涂膜保鲜效果越好。

(1)聚乙烯醇涂膜法

①严格选蛋:鲜蛋在涂膜前应经过照验检查,剔除各种次劣蛋,尤其是旺季收购的商品蛋,应严格把好照验关。

②配料:适宜涂膜的聚乙烯醇浓度为 5%。配制比例是 100 千克水加 5 千克聚乙烯醇。方法是先将聚乙烯醇放入冷水中浸泡 2 小时左右,再用铝桶或铁桶盛装浸泡过的聚乙烯醇,并放入沸水锅中,间接加热到聚乙烯醇全部溶化为止,取出冷却后便可使用。若用量较大时,为节省时间,可以先配制高浓度的聚乙烯醇。按上述方法浸泡和溶解,需用时再稀释使用。

③涂膜:将已照验的鲜蛋放入涂膜溶液中浸一下,或用柔软的毛刷边沾溶液边涂鲜蛋外壳。但涂膜必须均匀,蛋不露白。涂膜后摊开晾干,再装箱存放。在晾干过程中,要注意上下翻动,以防止相互粘连。

④注意事项:贮藏期内,要求每 20 天左右翻动一次。装蛋入箱或入篓时,应排列整齐,大头朝上,小头朝下,以防止日久蛋黄黏壳发生变质;对沾污不洁的蛋,特别是市购商品蛋,在涂膜前应注意做好杀菌消毒工作,防止发生霉蛋;经涂膜保

鲜的鲜蛋,必须放置在阴凉干燥、通气良好的库内,经常检查温湿度的变化,相对湿度控制在 70％～80％。因为温度高低直接影响蛋的品质,而湿度高低同蛋内水分蒸发和干耗失重有关。

(2)液体石蜡涂膜法

①选蛋:采用涂膜保鲜的蛋必须新鲜,并经光照检验,剔去次劣蛋。夏季最好是产后 1 周以内的蛋,春秋季最好是产后 10 天内的蛋。

②涂膜:先将少量液体石蜡油放入碗或盆中,用右手蘸取少许于左手心中,双手相搓,黏满双手,然后把蛋在手心中两手相搓,快速旋转,使液蜡均匀微量涂满蛋壳。涂抹时,不必涂得太多,也不可涂得太少。

③入库管理:将涂膜后的蛋放入蛋箱或蛋篓内贮存。放蛋装箱时,要放平放稳,以防贮存时移位破损,把码好蛋的箱或篓放入库房内,保持库房内通风良好,库温控制在 25℃以下,相对湿度 70％～80％。如遇气温过高或阴雨潮湿的天气,可用塑料膜制成帐子覆盖,帐中的涂膜蛋箱(篓)可叠几层,但层间要有间隔,排列整齐,并留有人行通道,以便定期抽查。如果在最上一层蛋箱上放置吸潮剂更好。入库管理时注意温湿度,定期观察,不要轻易翻动蛋箱。一般 20 天左右检查 1 次。

④注意事项:涂膜保存鲜蛋除严格按以上环节操作外,还应注意以下几个问题:一是放置的吸潮剂,若发现有结块、潮湿现象,应搅拌碾碎后,烘干再用,或者更换吸潮剂;二是掌握气温在 25℃以下时保鲜,炎热的夏季气温在 32℃以上时,要密切注意蛋的变化,防止变质;三是鲜蛋涂膜前要进行杀菌消

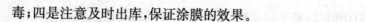

毒;四是注意及时出库,保证涂膜的效果。

(3)凡士林涂膜法

①涂膜剂配制:凡士林 500 克,硼酸 10 克。此用量可涂 1500 枚左右鲜蛋。配制时取市售医用凡士林(黄白均可),与硼酸混合后,置于锅内加温溶解,并搅拌均匀,冷却至常温后即可使用。

②涂膜:取配制好的凡士林涂剂少许(1 克左右)于手心中,左右手掌相搓,然后拿蛋于手心中逐个涂膜,做到均匀薄层涂饰,涂膜一个放好一个于蛋箱(篓)内。

③注意事项:涂膜前蛋须经过照验和杀菌消毒。冬季气温低,涂膜最好在室温内进行。涂膜后的蛋应放在通气的格子木箱或竹篓内,上下层蛋之间不必用垫草或草纸铺垫。贮蛋库通风换气条件要良好。

(4)蔗糖脂肪酸酯保鲜法:先将鲜蛋装入篓(筐)内,再将盛蛋篓(筐)置于 1％蔗糖脂肪酸酯溶液内,浸泡 2 秒钟,然后取出晾干,置库房内敞开贮存,不必翻蛋,适当开窗通风。在室温 25℃以下时,可保藏 6 个月,在气温 30℃以上时,也可贮藏 2 个月。

二、鸭蛋的包装

1. 鲜蛋的包装技术

首先要选择好包装材料,包装材料应当力求坚固耐用,经济方便。可以采用木箱、纸箱、塑料箱、蛋托和与之配套用的蛋箱。

(1)塑料箱包装:可以向生产场家购买塑料装蛋箱(图 7-1)。

图 7-1 塑料鸭蛋箱

（2）利用蛋托和蛋箱包装鲜蛋：蛋托是一种纸制或塑料制成的专用蛋盘，将蛋放在其中，蛋的小头朝下，大头朝上，呈倒立状态。每蛋一格，每箱 10 盘或 12 盘。蛋托可以重叠堆放而不致将蛋压破。蛋箱是蛋托配套使用的纸箱或塑料箱。利用此法包装鲜蛋能节省时间，便于计数，破损率小，蛋托和蛋箱可以经消毒后重复使用。

鸭蛋可用一次性纸蛋盘或塑料蛋盘盛放。盛放鸭蛋的用具使用前要用福尔马林熏蒸消毒。

2. 鲜蛋的运输

在运输过程中应尽量做到缩短运输时间，减少中转。根据不同的距离和交通状况选用不同的运输工具，做到快、稳、轻。"快"就是尽可能减少运输中的时间；"稳"就是减少震动，选择平稳的交通工具；"轻"就是装卸时要轻拿轻放。

此外，还要注意蛋箱要防止日晒雨淋；冬季要注意保暖防冻，夏季要预防受热变质；运输工具必须清洁干燥；凡装运过农药、氨水、煤油及其他有毒和有特殊气味的车、船,应经过消毒、清洗后没有异味时方可运输。

三、鸭蛋的加工

1. 咸鸭蛋的加工

在加工咸鸭蛋中食盐是主要的辅料,它具有防腐能力,能抑制细菌的繁殖。鲜鸭蛋中含水量适中,营养丰富,容易导致细菌的大量繁殖,从而引起蛋白质等营养物质的降解和变质。在腌制过程中,由于盐水的渗透压大于蛋内渗透压,食盐就渗透和扩散到蛋内,而水分则向蛋外渗出,从而抑制了细菌的繁殖,并增加了风味。

咸蛋的加工方法随地区而异,常用的有盐泥涂布法、盐水浸泡法和草灰法。

(1)盐泥涂布法:鸭蛋 80~100 只,食盐 0.6~0.75 千克,干黄泥粉 0.65 千克,冷开水 0.4~0.45 升,将食盐放入瓦缸或塑料桶中,加入冷开水,稍加搅拌,待盐全部溶解后加黄泥,并搅拌成为均匀的泥浆。泥浆的浓度,可用鸭蛋来试验,取一个鸭蛋放入泥浆中,如一半浮在泥浆上面,而另一半浸入泥浆内,则为最合适的浓度。把经挑选壳面无破裂的新鲜鸭蛋,放进泥浆中,使全蛋粘满泥浆后取出,放到缸内或箱内,逐层摆满后盖上盖即可;咸蛋的成熟时间,春秋两季一般约需 30 天左右,夏季约需 20 天。

(2)盐水浸泡法:用 20% 的盐水溶液(即 1 千克盐加 5 升水)倒入缸内,将经挑选洗净的鸭蛋浸入,浸泡时以盐水能浸过蛋面为准,腌多少蛋,就配多少盐水,盖上竹网盖并将它压住,以防咸蛋上浮。这样经 20 天即成咸蛋。夏季加工可把盐水浓度提高到 25%。盐水腌制咸蛋比盐泥涂布法时间要短一些,这主要是盐水对鲜蛋的渗透作用比盐泥法快。但盐水腌蛋不能久贮,否则蛋壳上会出现黑斑,甚至蛋黄变黑,直至腐败。

(3)草灰法:鸭蛋 80～100 只,稻草灰 2 千克,食盐 0.6 千克,清水 1.8 升。把清水煮开后,倒入食盐搅拌,待食盐全部溶解并冷却后加入稻草灰,边加边搅拌,使灰、盐、水混合均匀,然后把鸭蛋逐个放入灰浆中,使蛋表面全部粘上灰浆,然后再滚灰,即把有湿料的蛋再包上一层草灰,其目的是防止蛋与蛋之间互相粘连,包上的草灰厚薄要适中,如包得太厚,会吸去湿料中的盐水,影响鸭蛋腌制成熟的时间。包好的蛋放入密封的容器中,放 30～45 天即可,腌好的蛋在 25℃ 以下的条件可保存 2～3 个月。

2. 松花蛋的加工

(1)无泥松花蛋的加工:在铁锅里预置清水 2 千克,投入花椒、茴香及红茶适量,煮沸 5 分钟。加入碱面 300 克,待溶化后,慢慢投入生石灰 250 克,继续煮沸 10 分钟,加入食盐 50 克,高火随加松叶或柏枝少许,放凉至室温,倒入搪瓷或陶瓷容器内,放入生蛋 50 个左右,以液体浸没蛋壳为宜。加盖放置 1 周(气温低时可稍长),取出晾置数天,即可凝成清澈透明内带松花点的无泥松花蛋。

(2)无铅涂膜松花蛋的加工

①料液配制(以 200 枚鸭蛋计):纯碱 1.55 千克,生石灰 4.4 千克,食盐 0.77 千克,红茶末 50 克,氯化锌 28.4 克,水 22 千克。先将纯碱、红茶末放入缸底,再将沸水倒入缸中,充分搅拌使之全部溶解,然后分次投放生石灰(注意生石灰不能

一次投入太多,以防沸水溅出伤人),待自溶后搅拌。取少量上层溶液于研钵中,加入氯化锌并充分研磨使其溶解,然后倒入料液中,3～4小时后加入食盐,充分搅拌。放置24～48小时后,搅拌均匀并捞出残渣。

②原料蛋的检验:原料蛋应是大小基本一致、蛋壳完整、颜色相同的新鲜蛋。将挑选好的蛋洗净、晾干后备用。

③装缸与灌料:先在缸底加入少量料液,将挑选合格的原料蛋放入缸内,要横放,切忌直立,一层一层摆好,最上层的蛋应离缸口10厘米左右,以便封缸。蛋装好后,缸面放竹片压住,以防灌料液时蛋上浮,然后将凉至20℃以下的料液充分搅拌,边搅边灌入缸内,直至蛋全部被料液淹没为止,盖上缸盖。

④浸泡管理:首先要掌握好室内温度,一般为18～25℃;其次要定期检查。一般25～35天即可出缸。

⑤出缸:经浸泡成熟的皮蛋,需及时出缸,以免"老化"。将出缸的皮蛋放入竹篓内,用残料上清液(勿用生水)冲洗蛋壳上的污物。

⑥涂膜:液体石蜡30%,司班2.6%,吐温3.9%,三乙醇胺3.5%,水60%。将前三种原料按配方投入反应锅中,缓缓加热,慢慢搅动,使温度上升到92℃,然后将三乙醇胺快速倒入反应锅中,并加热使温度达到95℃,此时需不断搅拌。冷却至室温,所得白色乳液即为白油保质涂料。取涂料40%、水60%倒入容器中,搅匀,即可使用。将待涂皮蛋浸入涂液中,立即捞出,沥去多余涂液,装入蛋篓中即可入库或销售。此法制作的皮蛋可贮存半年。

3. 糟蛋的加工

(1)配料标准:按鲜鸭蛋 120 只计算,需用优质糯米 50 千克(熟糯米饭 75 千克),食盐 1.5 千克,甜酒药 200 克,白酒药 100 克。

(2)加工方法

①选用米粒饱满、颜色洁白、无异味、杂质少的糯米。先将糯米进行淘洗,放在缸内用清水浸泡 24 小时。将浸好的糯米捞出后,用清水冲洗干净,倒入蒸桶内摊平。锅内加水烧开后,放入锅内蒸煮,等到蒸汽从米层上升时再加桶盖。蒸 10 分钟,用小竹帚在饭面上洒一次热水,使米饭蒸胀均匀。再加盖蒸 15 分钟,使饭熟透。然后将蒸桶放到淋饭架上,用清水冲淋 2～3 分钟,使米饭温度降至 30℃左右。

②淋水后的米饭,沥去水分,倒入缸内,加上甜酒药和白酒药,充分搅拌均匀,拍平米面,并在中间挖一个上大下小的圆洞(上面直径约 30 厘米)。缸口用清洁干燥的草盖盖好,缸外包上保温用的草席。经过 22～30 小时,洞内酒汁有 3～4 厘米深时,可除去保温草席,每隔 6 小时把酒汁用小勺舀泼在糟面上,使其充分酿制。经过 7 天后,将酒糟拌和均匀,静置 14 天即酿制成熟可供糟蛋使用。

③选用质量合格的新鲜鸭蛋,洗净、晾干。手持竹片(长 13 厘米、宽 3 厘米、厚 0.7 厘米),对准蛋的纵侧从大头部分轻击两下,在小头再击一次,要使蛋壳略有裂痕,而蛋壳膜不能破裂。

④糟蛋用的坛子事先进行清洗消毒。装蛋时,先在坛底铺一层酒糟,将击破的蛋大头向上排放,蛋与蛋之间不能太紧,加入第二层糟,摆上第二层蛋,逐层装完,最上面平铺一层

酒糟,并撒上食盐。一般每坛装蛋120只。然后,用牛皮纸将坛口密封,再盖上竹箬,用绳索扎紧,入库存放。一般每四坛一叠,坛口垫上三丁纸,最上层坛口垫纸后压上方砖。一般经过5个月左右时间,即可糟制成熟。

第二节　淘汰蛋鸭的屠宰与加工

淘汰的蛋鸭除进行活体销售外,为了提高销售价值,可以通过屠宰加工使产品增值。根据饲养规模的大小,选取手工屠宰方式或半机械化屠宰方式。

一、屠宰前的准备

鸭子屠宰前的管理工作是十分重要的,因为它直接关系着毛鸭屠宰以后的质量问题。

1. 需要屠宰鸭只的准备

为避免药物在鸭肉中残留,一般在出售前20~30天停喂一切药物,对于磺胺类药物要在出售前45~60天停止使用。

2. 屠宰前的准备

(1)环境准备:屠宰加工场周围不能有污染,场内地面必须为水泥地面,墙壁也要平整,以便清洗消毒。保证周围环境安静,让鸭充分休息,便于放血。

(2)设备和用具准备:屠宰加工前要维修和完善加工设备和用具,如人工屠宰加工应将屠宰场地、设备及用具准备齐全。如用机械化或半机械化屠宰加工,应检修设备,配齐零部件,并试车进行,达到正常状态。

(3)各类产品包装用品及存放场地的准备:屠宰加工的过

程是分别采集各类产品的过程,因此对每类产品的包装用品应有足够的准备,并要确定存放场地。每类产品需用什么包装、需用多少、场地大小,要根据屠宰规模、数量和产品出售的时间而定。如屠宰规模大、数量多、短时间难以销出,就需较多的包装和较大的场地。

（4）人员准备:屠宰加工生产环节较多,各环节均需事先配备专人,并要进行上岗前的技术培训,使每个生产工作人员均要懂得自己工作岗位的技术要求和质量要求,以便在整个生产过程中减少浪费,降低成本,提高产品质量和经济效益。

（5）鸭只准备:屠宰前的管理工作主要包括宰前休息、宰前禁食和宰前淋浴三个方面。

①宰前检验:对成群的活鸭,一般是施行大群观察后再逐只进行检查。利用看、触、听、嗅等方法进行检验,根据精神状态,有无缩颈垂翅、羽毛松乱,闭目独立,发呆和呼吸困难或急促,有无"咕咕"或"嘎嘎"的怪叫声等异常表现,来确定鸭的健康情况,发现病鸭或可疑患有传染疾病的应单独急宰,依据宰后检验结果,分别处理。对被传染病污染的场地、设备、用具等要施行清扫、洗刷和消毒。

②宰前休息:毛鸭在屠宰前要充分休息,这样可以减少鸭的应激反应,从而有利于放血。一般需要休息 12～24 小时,天气炎热时,可延长至 36 小时。

③宰前禁食:鸭宰前休息时,要实行饥饿管理,即停食,但要给以定量的饮水。一般家禽断食为 12～24 小时为宜。停食的目的是为了使鸭尽量把肠胃内食物消化干净,排泄粪便,以便屠宰后处理内脏,避免污染肉体。同时饮水可以保持家禽正常的生理机能活动,降低血液的黏度,使鸭在屠宰时放血

流畅。同时,因为绝食肝脏中的糖原分解为乳糖及葡萄糖,分布于全身肌肉之中。而体内一部分蛋白质分解为氨基酸,使肉质嫩而甘美。绝食也节约了饲料,降低了成本。在绝食饮水时,绝食时间要掌握适当;太短不能达到绝食的目的,过长容易造成掉膘,减轻体重。喂水时要按照候宰禽的多少放置一定数量的水盆或水槽,避免鸭在饮水中打堆,鸭体受到损伤,甚至相互践踏引起死亡。但在宰前3小时左右要停止饮水,以免肠胃内含水分过多,宰时流出造成污染。

④清洗:鸭在宰杀前要进行淋浴或水浴。其目的是清洁鸭体,改善操作卫生条件,以保持宰后的鸭体清洁,避免污染,同时还可以使鸭精神舒畅,促进血液循环,放血干净,提高肉品质量,延长肉品的保存时间。一般可以用橡皮管接在自来水管上对鸭体进行喷淋,也可以在通道上设置数排淋浴喷头,在鸭经过时完成淋浴;或把鸭赶入人工构筑的浅水池内让其走过,以达到清洗鸭体的目的。赶鸭时要避免用竹竿或绳鞭抽打,防止鸭跌倒、滑、摔、压、挤而引起伤痕和淤血,在加工后出次品。

⑤活拔大翎:羽毛在即将屠宰之前,将两翼的刀翎、乌翎、尾毛及分水毛等大翎羽毛采集下来,可用于生产羽毛球等,应另行包装出售。如果用机械脱羽,会使羽片遭破坏,成为废料,而且大翎羽混在羽毛中也会影响羽绒的质量。

二、屠宰工艺

1. 感官检查

主要是指对毛鸭的精神和外观进行系统的观察。首先观察鸭的体表有无外伤,如果有外伤,则感染病菌的几率会成倍的增加。然后,察看鸭的眼睛是否明亮,眼角有没有过多的黏膜分泌物,如果过多,表明该鸭健康状况不好,属于不合格鸭。最后检查鸭的头、四肢及全身有无病变。经检验合格的毛鸭准予屠宰。

2. 屠宰工艺

从工艺流程上来分,鸭的屠宰工艺包括:吊挂、致昏、放血、烫毛、打毛、三次浸腊、拔鸭舌、拔小毛、验毛、掏膛、切爪、内外清洗工作、预冷等步骤。整体出售若是全净膛白条鸭,除留肺与肾以外,其余全部内脏取掉(包括气管、食道、胗、肠、肝、胆、胰、脾、心、肛门、生殖器等);半净膛白条,除肺、肾、肝、心、胗之外,其余去掉,但是,胗要去掉内溶物和角质膜。如果分割出售,就要按部位分割,分别包装,速冻冷藏。

(1)吊挂:双手握住鸭的跗关节倒挂在挂具上,使鸭的头朝下。每个挂具只挂一只毛鸭。

(2)致昏:致昏就是要将待宰鸭通过各种方法,使其昏迷,从而有利于下一步的屠宰工作。目前,使用最多的致昏方法是电麻法。所谓电麻法就是利用电流刺激使鸭昏迷。使用电压通常为110～220伏。可以设一个电击晕池,池底有电流通过,里边装满水,当毛鸭经过这里时,一触电就会自然晕厥。

(3)宰杀沥血:宰杀沥血是把活鸭杀死,采集鸭血产品的过程。在这个过程中沥血是主要的工作,沥血不仅能将鸭体内血液流出体外,使心脏停止跳动致死,把鸭血产品采集起来,而且沥血的程度直接影响鸭胴体及内脏的品质质量。如沥血干净,鸭胴体内无余血、表面无余血点,白净外观美,肉的品质好,有利于市场销售。

目前有三种宰杀沥血的方法:一是颈部宰杀沥血法;二是

口腔宰杀沥血法;三是颈静脉宰杀沥血法。在实际应用中,要根据产品用途及便于操作人员操作而决定。

①颈部宰杀沥血法:是我国传统的宰杀方法,应用比较普遍。具体做法是:操作人员将活鸭倒挂在屠宰架上,把鸭保定好,用一只手握住鸭头后颈部,另一只手用快刀将鸭颈部两侧血管和气管割断(有的还割断食管),让血从割断的静脉血管中流出,沥血2~3分钟左右。这种方法有时沥血不净,颈部不完整,刀口易污染,白条欠美观。

②口腔宰杀沥血法:又称舌根静脉放血法。具体做法是:操作人员将倒挂在屠宰架上的活鸭保定好,用双手将鸭嘴掰开,另一个人用剪刀将舌根两侧静脉剪断,使血流出,沥血3~4分钟即死。此法颈部完整美观,但操作难度大,有时沥血不净,一般不常用。

③颈侧静脉宰杀沥血法:具体做法是:操作人员将倒挂在屠宰架上的活鸭保定好,用一只手抓握头后颈部,两手配合摸准两侧静脉,用一只手固定住,并使静脉隆起,用另一只手将较粗的空心针头插入两侧静脉管内,使血液从空心针头流出,沥血4分钟左右即死。此法沥血干净,皮肤完整美观,内脏干净无淤血。

(4)浸烫脱羽:浸烫脱羽是用热水浸烫沥血后的鸭体,脱去鸭体周身羽绒的过程。具体做法是:将适度适量的热水放在较大的容器里,把沥血后的鸭体放入热水中,翻动数次,浸泡1~2分钟左右,使鸭体周身着水,并使热水浸透羽绒,拿出来趁热用手工或机械把周身的羽绒拔下来,再人工拔净体表的细毛及毛茬,并用温水冲洗数次,洗净皮肤表面血迹、油脂及皮膜等。

应用浸烫法要注意的是：一般把温度调整在 60～65℃ 就可以，整个浸烫过程需要 2～3 分钟。水温与品种、日龄、气温均有关，如肉用品种要比蛋用品种所需水温偏低；日龄短要比日龄长的鸭需用水温要低些；冬季气温低要比其他季节需用水温高些。总之，一要严防水温过高烫熟皮肤，也防水温过低退不干净羽绒，影响胴体质量；二要注意拔取羽绒时，防止扯破皮肤，应顺着羽绒拔取，勿要逆方向进行。在拔取翅毛和腿毛时，要随关节转动，防止掰断翅骨或腿骨，影响产品质量。

另外，浸烫的水要保持卫生并按时换水，每天上下午各换水一次；除此之外，还要注意每天工作结束后彻底清洗浸烫槽一次，以方便第二天使用。

(5)打毛：目前，成规模的屠宰场都采用机械拔毛，也称为打毛，这样，可以同时为数只鸭拔毛，大大提高了拔毛的效率。拔毛要结合两种打毛机才能达到效果。一种是打头脖机；另一种是卧式打毛机。先用打头脖机将鸭的头与脖子打一遍，然后再用卧式打毛机将鸭的全身打一遍，这样，就可以将鸭体表的毛拔掉。两个机器原理上是一样的，都是利用转轮上边的打毛指拍打鸭子从而把毛打掉。在打毛的过程中要及时更换破损的打毛指，以保证打毛效果。

打完毛之后，要有专人将鸭身上的毛择干净，然后再放入清洗池中清洗一下，才能进入下一个程序。

(6)三次浸蜡：鸭子在经过打毛以后，身上大部分的毛已经脱落，但是，仍然有一小部分毛还存留在鸭体上，为了使鸭体表的毛脱落得更干净，可以借助食用蜡对鸭体进行更彻底的脱毛。在这之前，要先用小木棍将鸭的鼻孔堵上，以免进蜡。

通常,我们将浸蜡槽的温度调整在 75℃左右。当鸭子经过浸蜡池时,全身都会沾满了蜡液,在快速通过浸蜡后,还要经过冷却槽及时冷却,冷却水温在 25℃以下,这样,才能在鸭体表结成一个完整的蜡壳,然后再通过人工剥蜡,最终使鸭体表小毛进一步减少。每只鸭子都要经过三次浸蜡、三次冷却、三次剥蜡,才能达到最终的脱毛效果。

在这个过程中要保证浸蜡槽温度的稳定,避免温度过高或过低,如果温度太高,就会使得鸭体表的蜡壳过薄,导致脱毛效果变差,严重者还会导致鸭体被烫坏,而温度过低,蜡壳过厚,脱毛效果也会变差。所以,一定要引起重视。

另外,为了不浪费原料,剥下来的蜡壳还可以放在旁边的溶蜡池里融化后继续使用。在最后一次冷却完毕后,要及时将鸭鼻孔上的木棍取下来,然后再进入下一道工序。

(7)拔鸭舌:浸蜡过程完毕后,要拔鸭舌。这里采用尖嘴钳。尖嘴钳在使用前要先经过消毒处理。只要用尖嘴钳夹住鸭舌,然后向外拔出即可。拔下来的鸭舌要放入专门的容器里存放。

(8)拔小毛:经过打毛和三次浸蜡后,鸭体表的毛看似已经完全脱落,但体表深处的一些小毛仍然没有脱掉,这时候就要借助人工拔毛。拔小毛使用的工具主要是镊子。这个操作一般在水槽中进行。因为只有在水里,鸭体上的小毛才会立起来,看得更清楚。

首先,用小刀将鸭嘴上的皮刮掉,然后,按照从头到尾的顺序小心的用镊子将鸭体表残留的小毛摘除干净。这个过程看似简单,但需要有足够的细心和耐心,拔毛的时候要注意千万不可损伤到鸭体,否则容易细菌感染。万一有破损的鸭体,要将其放在一旁,最后再单独处理。

(9)验毛:拔完小毛的鸭子要进行检验,如果发现有少量的毛还没有拔干净,要再重新返工,直到鸭体上的小毛全部拔干净为止。毛净度检验合格后要及时将鸭子挂上掏膛链条进行下一个步骤。

(10)胴体的外部检查:依据体表状态,放血程度,来判定加工质量和卫生状况。放血良好,浸烫适宜的健康肉尸,皮肤完整为白色或淡黄色,富有光泽,看不到皮下血管。否则皮肤是红色,皮下血管充血,影响质量。在检查肉尸的同时要注意体表有无肿瘤、寄生虫及传染的病变和天然孔的变化情况。

(11)开膛取内脏:开膛取内脏是分离胴体与内脏产品的过程,也是分别采集胴体与内脏各类产品的过程。目前有三种开口方法:一是腹部开口取脏法;二是翅下开口取脏法;三是背部开口取脏法。

①腹部开口法:是一种较为普遍采用的方法,具体做法是:操作人员将鸭体背向下腹向上放在平台(或案板)上,用刀从腹部的中线肛门边开口(勿割破肛门及肠管),然后沿腹中线向上延伸8厘米左右,将腹肌割透,用手掰开取出内脏。

②翅下开口法:操作人员将屠体腹向下放在平台上,将屠体的右翅翻起,在右翅下用尖刀在肋下垂直下刀,切口深3厘米左右,顺肋延伸8厘米左右,形成月牙形开口,在月牙下推断左右两根肋骨,用食指深入内腔摘取内脏。

③背部开口法:以最后胸椎为起点,沿背中线向后到尾根部切开皮肤肌肉及骨骼,然后从起点再从左右最后一根肋各延伸8厘米左右,形成"T"形开口,掰开首先取出肝脏,再取其他内脏。此法要特别注意的是,用快尖刀千万小心勿将内

脏刺破,尤其要注意肝脏完好无损。

摘取内脏所采用的方法应依据产品用途及销售的要求而定。但不论采用何种方法,均应注意保持产品的完整无损,特别是在开口的过程中要掌握好分寸,严防损伤内脏。

(12)宰后检验:拉肠后的鸭由专职卫检人员进行宰后检验,剔除不合格的次品,按标准进行分级。

(13)切爪:掏完膛以后要进行切爪操作。切爪用的刀必须经过消毒以后才能使用。用刀沿着鸭腿跗关节处切开,然后把切掉的鸭爪放到专门的容器里。

(14)整形:先用冷水洗净体内残留的破碎内脏和血液,然后放入冷水中浸泡4~5小时,以浸出体内血液,使肌肉洁白,同时迅速降低屠体温度,最大限度减少细菌污染。然后取出鸭体,挂起,沥去水分(一般沥水1~2小时)。

整形时,将鸭放在桌上,背部向下,腹部朝上,头向里,尾向外,以手掌用力压扁三叉骨,使鸭体呈长方形,鸭体方正,肥大,好看。

3. 加工注意事项

胴体红斑、次斑、皮下溃疡、破皮等都影响着冻鸭的分等分级和销售价格,因此在鸭饲养和加工中应注意以下几点。

(1)在出栏鸭时,每次赶鸭只数不超过200只,不得一次赶鸭太多,严禁用脚踢和用硬器赶及用手摔,以免造成鸭体伤痕。

(2)装卸时,一只手只能抓一只鸭子,过多易造成鸭红颈。同时注意要轻抓轻放,以防鸭体受伤。

(3)点刀部位要准,一刀点准避免红颈、红头、红身。

(4)浸烫温度一般控制在60~65℃,浸烫时间2~3分钟,如浸烫温度过高或浸烫时间过长容易造成破皮。

(5)在打毛过程中,应根据当日鸭子大小及时调整打毛机间隙,以防间隙过大打不干净,过小易造成破皮及断翅等现象,严禁二次打毛。

(6)小毛加工中,应严格按小毛要求操作,严禁人为拔毛造成破皮等。

三、白条鸭加工工艺

冻鸭的加工,一般对开膛、拉肠后的白条鸭,需在冷却间保持温度 0~4℃,相对湿度 85% 左右,1~2 小时的预冷(也称冷却)达到鸭体表面水分蒸发,形成一层干燥膜,防止微生物的侵入和繁殖,并有利于提高冻结效率和好的商品质量。在冷却期间一般是挂在吊钩上,往往易引起变形,应在冷却过程中进行一次整形,整形时要将两翅反折再将腿弯曲贴紧鸭体,双脚趾蹼分开贴平,使其保持外形丰满美观,然后装盘或装袋。装袋时,鸭的腹部朝上,背部向下,通常是每 6 只白条鸭装为一箱(袋)。

经过冷却的鸭肉要长期保藏或远途运输,必须加以冷冻,放入温度在零下 25℃ 以下,相对湿度为 90% 左右的速冻间,速冻不超过 48 小时。经测试肉温达到零下 15℃ 以下,才能防止肉质干枯和变黄的现象发生,保证肉的质量不受影响,在保管期内进行冷藏。

四、分割工艺

屠宰工序全部结束后,接下来还需要进行一系列的加工工艺。若分割出售则进入分割工艺,下面主要介绍胴体分割及副产品加工。

1. 鸭体分割要求

鸭肉的分割必须注意的是质量与效益的问题,在质量上分割鸭主要是将一只鸭按部位分割下来,如果不按照操作要求和工艺要求,就会影响产品规格、卫生以及产品质量。为了提高产品质量,达到最佳经济效益,必须做到以下几点:

(1)熟练掌握鸭分割的各道工序。

(2)下刀部位要准确,刀口要干净利索。

(3)按部位包装,斤量准确。

(4)清洗干净,防止血污、粪污以及其他污染。

2. 鸭肉的分割方法

我国对鸭胴体分割主要是按照分割后的加工顺序对鸭胴体进行分割去骨,通常分为鸭头、鸭脖、鸭翅、鸭爪等。

在分割的过程中,分割加工用具、手、案板、案台等要严格按规定进行清洗消毒;同时要避免产品堆积;对于落地的半成品、成品必须经过严格的清洗消毒处理。整个分割车间的温度应保持在15℃以下。

(1)取爪:用尖刀分别在跗关节处取下左、右爪,要求刀口平直、整齐。

(2)取翅:用尖刀分别在肩关节处卸下左、右翅,要求刀口平直、整齐。

(3)取头:在下颌后环椎处,平直斩下鸭头,要求去除嘴角皮。

(4)取颈:在颈椎基部与肩的接合处平直斩下颈部,去掉皮下的食管、气管及颈胸处的淋巴结。

(5)取胸:在胸骨后端剑状软骨处下刀,沿着肋骨与胸骨的连接处,分别从左、右两侧使其分离,直到前方与喙骨分离,取下整个胸肌及胸骨。

(6)取腿:可在左侧腿与躯体的连接处用刀在髋关节处取下左腿,再用同样的方法取下右腿。

(7)修整:将分割好的鸭块进行修整,用干净的毛巾擦去血水,去掉碎骨,修净伤斑、结缔组织、杂质等。

3. 整理加工

副产品加工主要是对掏出的心、肝、胗、肠等内脏及爪、舌等副产品按照加工要求,分别进行加工。

(1)鸭肉:鸭的分割包装,国内采用的主要是无毒的聚乙烯塑料薄膜制成的塑料袋,少数要求较高的,也有使用复合薄膜包装袋包装的。

(2)鸭头:去毛,去嘴角皮,水洗口腔,擦干。

(3)鸭脖:去毛,去斑痕和杂质,清除残留食管和气管,水洗,擦干。

(4)鸭翅:鸭翅不需要冲洗,取下来后只要用布擦干净就可以了。

(5)鸭爪:鸭爪取下来后,要将鸭掌上边的那层皮剥掉,然后用水洗干净就可以直接码入成品盒了。

(6)鸭舌:鸭舌是身体上最贵的一部分。只需要把上边的一段气管剪掉,然后冲洗干净即可。

(7)鸭胗(肫):取下来之后,首先用刀从中间割开,将里边的食料掏出来,用水洗干净后,再用小刀将表层黄色的皮刮去,最后把上边的油剥下来,冲洗干净即可。但在开刀摘除内容物和角质膜时,应横着开口保持两个肌肉块的完整,提高利用价值,鸭胗单独包装出售。

283

(8)鸭肝:去胆,修整(即胆部位和结缔组织),擦干血水。一般将摘胆后的肝放入白条腹腔内,随白条速冻冷藏,也可单独出售。如不慎胆囊破裂,立即用水冲洗肥肝上的胆汁。鸭肝在包装前不需要用水冲洗,以防变颜色。只需要用干净的布将其擦干净即可。

(9)鸭心:要清洗干净,去掉心内余血。若单独出售应单独包装,速冻冷藏;若随半净膛白条出售,清洗后放入腹腔内,随白条速冻冷藏。

(10)鸭肠:去肛门,去脂肪和结缔组织,划肠,去内容物,去盲肠和胰脏,水洗,去伤斑和杂质,晾干。整理鸭肠应去掉肠油,并将内外冲洗干净,单独包装,速冻冷藏。鸭肠过去是废物,现在经加工处理后售价比鸭肉还高。

(11)鸭腰:鸭腰可单独出售。

(12)鸭内金:取出后晒干可药用。

(13)其他副产物:胆和胰脏冲洗干净单独包装,可供制药厂加工药用物质,其利润为鸭本身价值的几十倍,甚至上百倍。其他物可收集到一起,供饲料加工厂加工饲料用。

4. 贮藏

(1)预冷:鸭产品的贮藏一般要经过预冷、冻结和冷藏三个过程。冷却设备一般采用冷风机降温,室内温度控制在0~4℃,相对湿度为80%~85%,经过几个小时的冷却,鸭产品内部的温度降至30℃左右时,则预冷阶段即可结束。

(2)冻结:分割好的鸭体应当分类,用无毒的包装容器包装好,按要求进行大件外包装,急冻库温要控制在零下25℃,在72小时以内,要使分割后的鸭肉中心温度降至零下15℃,贮存的冷藏库应控制在零下18℃左右,分割鸭的肉温要控制在零下 15℃以下。

(3)冷藏:冻结后的鸭产品,如果需要较长期保存,应当及时送入冷藏间保存,冷藏库和各种用具应经常保持清洁卫生。库内要求无污垢、无霉菌、无异味、无鼠害、无垃圾,以免污染冷冻的鸭产品。进入冷藏间的冻鸭产品,都应保持良好的质量,凡发现变质的、有异味的和没经过检验合格的鸭产品都不得放入,库内有包装和没有包装的冻鸭产品应当分别堆放。要注意安全,合理安排,充分利用库房。同时,要求堆与堆之间、堆与冷排管之间保持一定的距离,最底层要用木材垫起,堆放要整齐,便于盘查,有利于执行先进先出的原则,以保证鸭肉产品的质量。

进入冷藏间的冻鸭产品要掌握贮存安全期限,定期进行质量检查,发现有变质、酸败、脂肪黄变等现象,应及时迅速地加以处理,冻鸭的安全储存期,鸭肉在零下 6℃时可保藏 2.5 个月,零下 8℃时为 3.5 个月,零下 10℃时为 4 个月,零下 12℃时为 5 个月,零下 15℃时为 7 个月,零下 18℃时为 10 个月。另外,在保藏冻肉时,仓库内的空气要良好,要有一定风速的微风。相对湿度应为 87%~92%,以防肉质干缩。胴体在出售前仍需要保存在零下 8~12℃。

产品经过称重、包装、分级、冷藏、保鲜后就可以出厂了。

五、鸭血

鸭血制品以其柔嫩爽滑的口感,富含铁、钙、锌、维生素,逐渐成为大众喜爱的佐餐食品。鸭血有多种用途,因其容易腐败变质,应按用途及时处理。如食用,在采集血液过程中应加入适量食盐,屠宰后应及时加工,可加工血豆腐或血肠,供

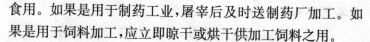

食用。如果是用于制药工业，屠宰后及时送制药厂加工。如果是用于饲料加工，应立即晾干或烘干供加工饲料之用。

1. 鸭血的收集

现代化的屠宰加工厂一般都用泵和管道来收集运送鸭血。即将装在沥血槽低端处的涡轮系将鸭血直接打入较大的贮血器，再采用自流或泵打两种方式将贮血器里的血输入罐车，送往鸭血所需的部门。贮血器容积的大小，根据生产规模和鸭血的运送次数而设计，一般禽血量约为活禽重的 4.5%。

2. 盒装鸭血豆腐

(1)工艺流程：采血→过滤→脱气→配料→装盒→凝固→灭菌→检验→成品入库。

(2)操作要点

①采血：食用血必须来自健康鸭群，在收血容器中加适量清水，水中加食盐，盐量约为水量的 20%，待盐溶化后，即可将鲜禽血接入，约为水的 2 倍。

②过滤和脱气：降温后的血液经过 20 目筛过滤，除去凝块，放入脱气罐进行真空脱气。脱气温度 40℃，真空度(0.08～0.09)兆帕，时间约 5 分钟。

③配料装盒：向脱气后的鸭血中加入凝血因子活化剂(依说明书加入)，搅拌均匀并快速装入盒内，使之在 15 分钟内自然凝固。

④封盒：鸭血在盒中凝固后，将盒边缘沾有的鸭血擦干净，即可用热封机封盒。

⑤灭菌：待水沸腾，水温升至 121℃，水浴杀菌 15～30 秒。

⑥检验：灭菌后的产品经检验无破损、无漏气、无变形，方

可入库。

该产品卫生、安全,销售过程无污染。夏季常温下保质期15天,冬季保质期30天。

3. 鸭血粉饲料

鸭血液中含有多种营养和生物活性物质,如蛋白质、氨基酸、各种酶类、维生素、激素、矿物质、糖类和脂类。鸭血液中营养物质不仅种类齐全,而且有些营养物质的含量很丰富,甚至超过进口鱼粉,如粗蛋白含量为84.7%,超过所有动物性蛋白质饲料,其中,赖氨酸、亮氨酸、缬氨酸含量很高,分别是进口鱼粉中同类氨基酸含量的1.79、2.65、2.79倍,含铁量为进口鱼粉的13倍。由此可见,血粉潜在的营养价值很高,具有很大的开发利用价值,下面介绍三种简单易行的方法。

(1)工艺流程:鲜血→拌入孔性载体→干燥→成品。

(2)操作要点

①吸附法:将1～2倍于血量的麸皮(米糠或饼粕粉)与血混合,搅拌均匀后摊晒于水泥地上,勤翻动,一般经4～6小时可晒干,然后粉碎即可。用麸皮或米糠制成的血粉含粗蛋白30%～35%,用饼粕粉制成的血粉含粗蛋白45%～50%。载体血粉在猪日粮中使用量不宜超过5%,在鸭日粮中一般用3%左右。

②蒸煮法:可用大豆磨成粉做载体,加工方法基本同上,但在制作时要把血豆粉做成块状,蒸20分钟,待其凉后搓成细条晾干,再粉碎。血豆粉含粗蛋白47%左右。用血豆粉喂雏鸭用量不宜超过日粮3%,喂青年鸭可全部代替鱼粉,喂蛋鸭可部分或全部代替鱼粉。

③晒干法:把鲜血倒入锅内,加入相当于血量1%～

1.5％的生石灰,煮熟使之形成松脆的团块,捞出团块切成5～6厘米的小块,摊放在水泥地上晒干至呈棕褐色,再用粉碎机粉碎成粉末状,即成血粉。此血粉用来喂鸭一般占日粮的3％,喂产蛋鸭占日粮的2％～3％。如果在血粉中加入0.2％丙酸钙,并将装血粉用的口袋在2％丙酸钙水溶液中浸泡,晒干后再装血粉,可以起到较好的防霉作用。

第三节 养殖副产品的加工及利用

鸭场的副产品,主要是指鸭的粪便、各种污水、死鸭,以及孵化场的蛋壳、死胚和屠宰后产生的副产物。鸭场副产品的处理是控制鸭环境卫生的重要环节,也是保持和促进鸭场生态良性循环不可缺少的部分。废弃物的科学处理,不仅直接影响到鸭场的卫生防疫,还能减少公害,改善生态环境,同时也可以收到很好的经济效益。

一、鸭尸的处理

在鸭生长过程中,由于各种原因使鸭死亡的情况时有发生。在正常情况下,鸭的死亡率每月为1％～2％。如果鸭群暴发某种传染病,则死鸭数会成倍增加。这些死鸭若不加处理或处理不当,尸体能很快分解腐败,散发臭气。特别应该注意的是患传染病死亡的鸭,其病原微生物会污染大气、水源和土壤,造成疾病的传播与蔓延。因此,必须正确而及时地处理死鸭。

1. 高温处理法

将鸭尸放入特设的高温锅(5个大气压、150℃)内熬煮,达到彻底消毒的目的。鸭场也可用普通大锅,经 100℃的高温熬煮处理。此法可保留一部分有价值的产品,使死鸭饲料化,但要注意熬煮的温度和时间必须达到消毒的要求。

2. 土埋法

这是利用土壤的自净作用使死鸭无害化。此法虽简单但并不理想,因其无害化过程很缓慢,某些病原微生物能长期生存,条件掌握不好就会污染土壤和地下水,造成二次污染,因此对土质的要求是决不能选用沙质土。采用土埋法,必须遵守卫生防疫要求,即尸坑应远离畜禽场、畜禽舍、居民点和水源,地势要高燥;掩埋深度不小于 2 米;必要时尸坑内四周应用水泥板等不透水材料砌严;鸭尸四周应洒上消毒药剂;尸坑四周最好设栅栏并作上标记。较大的尸坑盖板上还可预留几个孔道,套上 PVC 管,以便不断向坑内投放鸭尸。

3. 堆肥法

鸭尸因体积较小,可以与粪便的堆肥处理同时进行。这是一种需氧性堆肥法。死鸭与鸭粪进行混合堆肥处理时,一般按 1 份(重量)死鸭配 2 份鸭粪和 0.1 份秸秆的比例较为合适。这些成分要按一定规律分层码放。在发酵室的水泥地面上,先铺上 30 厘米厚的鸭粪,然后加上一层厚约 20 厘米厚的秸秆,然后再按死鸭、鸭粪、秸秆的规律逐层堆放,死鸭层还要加适量的水,最后要在顶部加上双层鸭粪。堆肥前,有时还要把鸭尸再分成小块,以便在堆制过程中更加彻底地得到分解。需要注意的是,因患传染病死亡的鸭尸一般不用此法处理,以保证防疫上的安全。

二、鸭粪的处理

鸭粪既可以制成优质肥料和饲料,还可作为能源加以利用,变废为宝。鸭粪是由饲料中未被消化吸收的部分以及体内代谢废物,与消化道黏膜脱落物和分泌物,肠道微生物及其分解产物等共同组成的。在实际生产中收集到的鸭粪中还含有在喂料及鸭采食时洒落的饲料、脱落的羽毛、破蛋等,其中的有机物含量非常高,作为有机肥料使用价值也很高。在采用地面垫料平养时,收集到的则是鸭粪与垫料的混合物。

1. 用作生产沼气的原料

鸭粪作为能源最常用的方法就是制作沼气。沼气是在厌氧环境中,有机物质在特殊的微生物作用下生成的混合气体,其主要成分是甲烷,占 60%～70%。沼气可用于鸭舍采暖和照明、职工做饭、供暖等,是一种优质生物能源。

2. 用作水产养殖的饲料

鸭粪是养鱼好饲料。如养 200 只鸭就可以供应 2000～2500 平方米鱼塘所需的肥料和饲料。实行水面养鸭,水下养鱼,鱼鸭结合,可达到鱼鸭都增收的目的。这是鸭粪再利用中最简便有效的出路之一。

3. 用作肥料

鸭粪中主要植物养分富含氮、磷、钾等主要植物成分。鸭粪中其他一些重要微量元素的含量亦很丰富,作肥料也是世界各国传统上最常用的办法。在当今人们对绿色食品及有机食品的需求日益高涨的情况下,畜禽粪便将再度受到重视,成为宝贵的资源。

畜禽粪便在作肥料时,有未加任何处理就直接施用的,也有先经某种处理再施用的。前者节省设备、能源、劳力和成本,但易污染环境、传播病虫害,可能危害农作物且肥效差;后者反之。根据处理方法的不同可分物理学处理、生物学处理和化学处理三类。

(1)物理处理:该方法是比较简单的处理方法,主要是对鸭粪进行脱水干燥处理。脱水干燥处理新鲜鸭粪的主要成分是水,通过脱水干燥处理使其含水量降到15%以下。这样,一方面减少了鸭粪的体积和重量,便于包装运输;另一方面可以有效地抑制鸭粪中微生物的活动,减少营养成分(特别是蛋白质)的损失。脱水干燥处理的主要方法有高温快速干燥、太阳能自然干燥以及鸭舍内干燥等。

①高温快速干燥:采用以回转圆筒烘干炉为代表的高温快速干燥设备,可在短时间(10分钟左右)将含水率达70%的湿鸭粪迅速干燥至含水仅10%～15%的鸭粪加工品,采用的烘干温度依机器类型不同有所区别。在加热干燥过程中,还可做到彻底杀灭病原体,消除臭味。烘干设备的附属设备有除尘器,有的还有除臭设备。热空气从供平炉中出来后,经密闭管道进入除尘器,清除空气中夹杂的粉尘。然后,气体被送至二次燃烧炉,在500～550℃高温下作处理,最后才能把符合环保要求的气体排入大气中。

②太阳能自然干燥处理:这种处理方法采用塑料大棚中形成的"温室效应",充分利用太阳能来对鸭粪作干燥处理。专用的塑料大棚长度可达60～90米,内有混凝土槽,两侧为导轨,在导轨上安装有搅拌装置。湿鸭粪装入混凝土槽,搅拌装置沿着导轨在大棚内反复行走,并通过搅拌板的正反向转动未捣碎、翻动和推送鸭粪。利用大棚内积蓄的太阳能使鸭

粪中的水分蒸发出来,并通过强制通风排除大棚内的湿气,从而达到干燥鸭粪的目的。在夏季,只需要约1周的时间即可把鸭粪的含水量降到10%左右。

在利用太阳能作自然干燥时,有的采用一次干燥的工艺,也有的采用发酵处理后再干燥的工艺。在后一种工艺中,发酵和干燥分别在两个大槽中进行。鸭粪从鸭舍铲出后,直接送到发酵槽中。发酵槽上装有搅拌机,定期来回搅拌,每次能把鸭粪向前推进2米。经过20天左右,将发酵的鸭粪转到干燥槽中,通过频繁的搅拌和粉碎,将鸭粪干燥,最终可获得经过发酵处理的干鸭粪产品。这种产品用做肥料时,肥效比未经发酵的干燥鸭粪要好,使用时也不易发生问题。这种处理方法可以充分利用自然能源,设备投资较少,运行成本也低。但是,本法受自然气候的影响大,在低温、高湿的季节或地区,生产效率较低;而且处理周期过长,鸭粪中营养成分损失较多,处理设施占地面积较大。

③鸭舍内鸭粪干燥处理:方法的核心就是直接将气流引向传送带上的鸭粪,使鸭粪在产出后得以迅速干燥。这种方法也可把鸭粪的含水率降至35%～40%,必须同其他干燥方法结合起来,才能生产出能长期保存的优质干燥鸭粪。

(2)生物学处理:鸭粪的生物学处理就是利用各种微生物的生命活动来分解鸭粪中的有机成分的方法。微生物处理主要是发酵处理,在发酵过程中形成的特殊理化环境也可基本杀灭鸭粪中的病原体。

①在水泥地或铺有塑料膜的泥地上将鸭粪堆成长条状,高不超过1.5～2米,宽度控制在1.5～3米,长度视场地大小和粪便多少而定。

②先较为疏松地堆一层,待堆温达 60～70℃,保持 3～5 天,或待堆温自然稍降后,将粪堆压实,在上面再疏松地堆加新鲜鸭粪一层,如此层层堆积至 1.5～2 米为止,用泥浆或塑料薄膜密封。

③为保持堆肥质量,若含水率超过 75%最好中途翻堆;若含水率低于 65%最好泼点水。

④密封后经 2～3 个月(热季)或 2～6 个月(冷季)才能启用。

⑤为了使肥堆中有足够的氧,可在肥堆中竖插或横插若干通气管。经济发达国家采用堆肥法时,常用堆肥舍、堆肥槽、堆肥塔、堆肥盘等设施,优点是腐熟快、臭气少并可连续生产。当然也需要配备特定的搅拌和通气装置,成本相应提高。

(3)化学处理:即在鸭粪中按比例加入化学物质,常用的化学物质有福尔马林、丙酸、乙酸、氢氧化钠、过磷酸钙、磷酸、尿素-甲醛聚合物等。化学处理法可使鸭粪中的养分损失明显减少,而消化系数明显提高(提高最明显的是碳水化合物、半纤维素和细胞壁),增加动物对粪便饲料的进食量。化学处理杀灭鸭粪中病原体极为有效。

4. 用作培养料

这是一种间接作饲料的方法。与畜禽粪便直接用作饲料相比,其饲用安全性较强,营养价值较高,但手续和设备复杂一些。作培养料有多种形式,如培养单细胞、培养蝇蛆、培养藻类、食用菌培养料、养蚯蚓和养虫等,为畜禽饲养业和水产养殖业提供了优质蛋白质饲料。

三、污水处理

养鸭场所排放的污水,主要来自清粪和冲洗鸭舍后的排放粪水,及屠宰加工厂和孵化厂等冲洗排放的污水。屠宰加工厂也是个用水和排放污水的大户,屠宰加工厂的污水主要来自血液、羽毛和内脏的处理用水,冲洗地面和设备所排放的污水。污水中含有大量的血液、羽毛、油脂、碎肉、未消化过的饲料和粪便等。

1. 污水的物理处理法

主要利用物理作用,将污水中的有机物、悬浮物、油类及其他固体物质分离出来。

(1)过滤法:过滤主要是污水通过具有孔隙的过滤装置以达到使污水变得澄清的过程。这是鸭场污水处理工艺流程中必不可少的部分。常用的简单设备有格栅或网筛。鸭场过滤污水采用的格栅由一组平行钢条组成,略斜放于污水通过的渠道中,用以清除粗大漂浮和悬浮物质,如饲料袋、塑料袋、羽毛、垫草等,以免堵塞后续设备的孔洞、闸门和管道。

(2)沉淀法:利用污水中部分悬浮固体密度大于水的原理使其在重力作用下自然下沉并与污水分离的方法,这是污水处理中应用最广的方法之一。沉淀法可用于在沉沙池中去除无机杂粒;在一次沉淀池中去除有机悬浮物和其他固体物;在二次沉淀池中去除生物处理产生的生物污泥;在化学絮凝法后去除絮凝体;在污泥浓缩池中分离污泥中的水分,使污泥得到浓缩。

(3)固液分离法:这是将污水中的固性物与液体分离的方法。可以使用固液分离机。目前常见的分离机有旋转筛压榨分离机和带压轮刷筛式分离机，其他的还有离心机、挤压式分离机等。

2. 污水的化学处理法

利用化学反应的作用使污水中的污染物质发生化学变化而改变其性质，最后将其除去。

（1）絮凝沉淀法：这是污水处理的一种重要方法。污水中含有的胶体物质、细微悬浮物质和乳化油等，可以采用该法进行处理。常用的絮凝剂有无机的明矾、硫酸铝、三氯化铁、硫酸亚铁等，有机高分子絮凝剂有十二烷基苯磺酸钠、羧甲基纤维素钠、聚丙烯酰胺、水溶性脲醛树脂等。在使用这些絮凝剂时还常用一些助凝剂，如无机酸或碱、漂白粉、膨润土、酸性白土、活性硅酸和高岭土等。

（2）化学消毒法：鸭场的污水中含有多种微生物和寄生虫卵，若鸭群暴发传染病时，所排放的污水中就可能含有病原微生物。因此，采用化学消毒的方式来处理污水就十分必要。经过物理、生物法处理后的污水再进行加药消毒，可以回收用作冲洗圈栏及一些用具，节约了鸭场的用水量。目前用于污水消毒的消毒剂有液氯、次氯酸、臭氧和紫外线等，以氯化消毒法最为方便有效，经济实用。

3. 鸭场污水的生物处理法

生物处理法原理是利用微生物的代谢作用分解污水中的有机物而达到净化的目的。

（1）氧化塘：氧化塘是将自然净化与人工措施结合起来的污水生物处理技术。主要是利用塘内细菌和藻类共生的作用处理污水中的有机污染物。污水中的有机物由细菌进行分解，而细菌赖以生长、繁殖所需的氧，则由藻类通过光合作用来提供。根据氧化塘内溶解氧的主要来源和在净化作用中起主要作用的微生物种类,可分为好氧塘、厌氧塘、兼性塘和曝气塘四种。氧化塘可利用旧河道、河滩、无农用价值的荒地、鸭场防疫沟等,基建投资少。氧化塘运行管理简单、费用低、耗能少,可以进行综合利用,如养殖水生动植物,形成多级食物网的复合生态系统。但氧化塘占地面积较大处理效果受气候的影响,如越冬问题和春、秋翻塘问题等。如果设计、运行或管理不当,可能形成二次污染,如污染地下水或产生臭气。因此氧化塘的面积与污水的水质、流量和塘的表面负荷等有关,须经计算确定。

(2)活性污泥法:由无数细菌、真菌、原生动物和其他微生物与吸附的有机及无机物组成的絮凝体称为活性污泥,其表面有一层多糖类的粘质层。活性污泥有巨大的表面能,对污水中悬浮态和胶态的有机颗粒有强烈的吸附和絮凝能力,在有氧气存在的情况下,其中的微生物可对有机物发生强烈的氧化分解作用。利用活性污泥来处理污水中的有机污染物的方法称为活性污泥法。该法的基本构筑物有生物反应池(曝气池)、二次沉淀池、污泥回流系统及空气扩散系统。

(3)厌氧生物处理法:厌氧生物处理法相当于沼气发酵。根据消化池运行方式的不同,可分为传统消化池和高速消化池。传统消化池投资少、设备简单,但消化速率较低,消化时间长,易受气温的影响,污水须在池内停留30~90天,多为南方小规模畜禽场和养殖专业户采用。高速消化池设有加热和搅拌装置,运行较为稳定,在中温(30~35℃)条件下,一般消化期约15天左右,常被大型畜禽场广泛采用。近年来根据沼气发酵的基本原理,发展出一种填充介质沼气池,如上流式厌氧污泥床、厌氧过滤器等。其特点是加入了介质,有利于池中微生物附着其上,形成菌膜或菌胶团,从而使池内保留有较多的微生物量,并能与污水充分接触,可提高有机物的消化分解效率。

四、垫料处理

工厂化鸭生产过程中,肉用仔鸭、育肥鸭和种鸭常采用地面平养,育雏也常在地面进行,这些过程中常需使用垫料。鸭场所用垫料多为锯木屑、稻草或其他秸秆。一般使用的规律是冬季多垫,夏季少垫或不垫;阴雨天多垫,晴天少垫。一个生产周期结束后,清除的垫料实际上是鸭粪与垫料的混合物。对这种混合物的处理有几种方法。

1. 堆贮

肉用仔鸭粪和垫料的混合物可以单独地堆贮。为了使发酵作用良好,混合物的含水量应调至40%。混合物在堆贮的第4~8天,堆温达到最高峰,(可杀死多种致病菌),保持若干天后,堆温逐渐下降与气温平衡。经过堆贮后的鸭粪与垫料混合物可以饲喂牛、羊等反刍动物。

2. 直接燃烧

在采用垫草平养时,由于清粪间隔较长,只要舍内通风良好且饮水器不漏水,那么收集到的鸭粪垫料都比较干燥。如果鸭粪垫料混合物的含水率在30%以下,就可以直接用作燃料来供热。据估算,一个较大型的鸭场,如能合理充分地利用本场生产的鸭粪垫料混合物作燃料,基本上就能满足本场的热能需要。当然,鸭粪垫料混合物的直接燃烧需要专门的燃烧装置,因此事先需要一定的投资。如果鸭场暴发某种传染

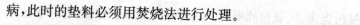

病,此时的垫料必须用焚烧法进行处理。

3. 生产沼气

使用粪便垫料混合物作沼气原料,由于其中已含有较多的垫草(主要是一些植物组织),碳氮比较为合适,作为沼气原料使用起来十分方便。

4. 直接还田用作肥料

锯木屑、稻草或其他秸秆在使用前是碎料者可直接还田。

五、羽毛处理和利用

鸭的羽毛上附着有大量病原微生物,如果不经加工处理而随地抛撒,则有可能造成疾病的四处传播。羽毛中蛋白质含量高达 85%,其中主要是角蛋白,其性质极其稳定,一般不溶于水、盐溶液及稀酸、碱,即使把羽毛磨成粉末,动物肠胃中的蛋白酶也很难对其进行分解和消化。

1. 羽毛的收集

羽毛收集方法大体可分人工法、输送带法和水流管泵法。人工收集法又有两种:一种是用耙子将拔毛机下面随意掉在地上的羽毛耙集在一起,再装入筐;另一种是拔下的羽毛靠装在拔毛机下的斜挡板和拔毛时流下的水将羽毛自行汇集;第三种方法是水流管泵集羽法,此法以长的明沟代替第二种集羽法的输送带,拔下的羽毛掉落到明沟里,随快速流动的水入流水池。快速流动的水源由水泵提供,然后由羽毛输送泵将池内的羽毛和水送到分离机,分离出羽毛。而分离后的水仍可流入水泵地,被重复利用。由于快速流动的水可将羽毛带得较远的地方,汇集羽毛的大池以及水泵也都可设置在加工车间的外面。由于开了明沟,脱毛车间的地面清洗方便,从而

保证环境卫生达到要求。一般现代化的鸭屠宰加工厂均用此集法。

2. 羽绒的初步加工

在一般情况下,羽绒加工有两种程序:一是水洗羽绒加工程序;二是不经水洗的羽绒加工程序。

(1)水洗羽绒加工程序:羽绒原料的质量检验→洗涤→甩干烘干→分选→质量检验。

(2)羽绒原料的质量检验:羽绒原料在加工前必须进行质量检验。因为加工前已知这批羽绒加工后的用途及质量要求,检验原料就能得知原料的质量,做到心中有数,并且依据加工过程中各环节绒的损失率及羽绒的清洁度,可确定加工方法和投入原料的数量,以便达到或接近加工后的质量要求。这样,就可减少加工中的盲目性,以便提高加工质量,降低加工成本,提高加工中的经济效益。原料的质量检验,要按照羽绒质量检验程序和方法进行。

(3)洗涤:将质检后的原料放入水洗机,加入适量适温中性热清水和适量中性洗涤剂,将羽绒洗涤干净,达到所需求的清洁度标准。

(4)甩干与烘干:甩干与烘干就是去掉洗涤后羽绒中的多余水分,使羽绒干燥蓬松、易干分选。这一加工过程,在一般情况下是先用甩干机甩干,再进入烘干机烘干。

(5)分选:将干燥、蓬松的羽绒原料送入分选机内,控制分选机的风力,把绒子和大、中、小毛片分开,落入不同的集毛箱内。

(6)质量检验:羽绒原料加工后的质量检验是必不可少的程序。检验不仅仅是验证加工后的羽绒是否达到要求,而且也是检验各加工过程中所采用的方法是否得当及绒子的损失率是否合理,以便总结经验提高加工技术水平,降低加工成本,提高效益。更主要的是得知各箱羽绒含绒率,可选择不同的用途,提高羽绒的综合利用率,增加经济收入。一般羽绒分选机是四箱(也有两箱的),每箱均要检验含绒率,含绒率最高一箱应全面质量检验。

(7)包装:将拼堆后的羽绒采样复检,若合乎标准,则倒入打包机内打包(每包重约165千克),然后取出缝好包头、编号、过秤即为成品。

(8)羽绒的贮存:羽绒若暂不出售,须放在干燥、通风的库房内贮藏,库房地面放置木垫,可以增加防潮效果。由于羽绒不易散失热量,保温性能好,且主要是蛋白质,易结块、虫蛀、发霉,特别是白鸭绒受潮发热,会使羽色变黄影响质量。因此,贮藏羽绒期间必须严格防潮、防霉、防热、防虫蛀,定期检查毛样,如发现异常,要及时采取改进措施。受潮的及时晾晒,受热的及时通风,发霉的及时烘干,虫蛀的及时杀虫。不同色泽的羽绒、片羽和绒羽,要分别标志,分区存放,以免混淆。当贮藏到一定数量和一定时间后,应尽快出售或加工处理。

(9)不经水洗的羽绒加工程序:羽绒原料的质量检验→除尘→分选→质量检验。这个加工程序与水洗羽绒加工程序相同的部分按水洗羽绒程序进行。除尘是将羽绒放入除灰机内,除去羽绒的杂质,达到标准要求。

3. 羽毛的加工处理

对羽毛的处理关键是破坏角蛋白稳定的空间结构,使之转变成能被畜禽所消化吸收的可溶性蛋白质。

(1)高温高压水煮法：将羽毛洗净、晾干，置于 120℃、450～500kPa 条件下用水煮 30 分钟，过滤、烘干后粉碎成粉。此法生产的产品质量好，试验证明，该产品的胃蛋酶消化率达 90％以上。

(2)酶处理法：从土壤中分离的旨氏链霉菌、细黄链霉菌及从人体和哺乳动物皮肤分离的真菌——粒状发癣菌，均可产生能迅速分解角蛋白的蛋白酶。其处理方法为：羽毛先置于 pH＞12 的条件下，用旨氏链霉菌等分泌的嗜碱性蛋白酶进行预处理。然后，加入 1～2 毫克/升盐酸，在温度 119～132℃、压力 98～2156kPa 的条件下分解 3～5 小时，经分离浓缩后，得到一种具有良好适口性的糊状浓缩饲料。

(3)酸水解法：其加工方法是将瓦罐中的 6～10 毫克/升盐酸加热至 80～100℃，随即将已除杂的洁净羽毛迅速投入瓦罐内，盖严罐盖，升温至 110～120℃，溶解 2 小时，使羽毛角蛋白的双硫键断裂，将羽毛蛋白分解成单个氨基酸分子，再将上述羽毛水解液抽入瓷缸中，徐徐加入 9 毫克/升氨水，并以 45 转/分的速度进行搅拌，使溶液 pH 值中和至 6.5～6.8。最后，在已中和的水解液中加入麸皮、血粉、米糠等吸附剂。当吸附剂含水率达 50％左右时，用 55～56℃的温度烘干，并粉碎成粉，即成产品。但加工过程会破坏一部分氨基酸，使粗蛋白含量减少。

(4)微生物法：这是一种好氧杆菌，可以在仅有羽毛作为碳原的培养基中生存。将羽毛放入接种有这种细菌的培养基后，经 3～5 天就可完全分解。在分解过程中，降解菌的数量增加很少，而羽毛则经过酶的水解而变成可溶性蛋白质及游离氨基酸。他们已开发出一套以这种细菌为核心的鸭场废弃物消化体系,不但可以处理羽毛,也可处理鸭等废弃物。利用这种羽毛分解物饲喂鸭(添加适量赖氨酸、蛋氨酸和组氨酸),其效果与大豆蛋白型日粮相同,而价格更便宜。

4. 羽毛蛋白饲料的利用

(1)鸭饲料:国内外大量试验和多年饲养实践表明,在雏鸭和成鸭日粮中配合 2％～4％的羽毛粉是可行的。

(2)猪饲料:研究表明,羽毛粉可代替猪日粮中 5％～6％的豆饼或国产鱼粉。在二元杂交猪日粮中加入羽毛蛋白饲料 5％～6％,与等量国产鱼粉相比,经济效益提高 16.9％。若配比过高,则不利于猪的生长。

(3)毛皮动物饲料:胱氨酸是毛皮动物不可缺少的一种氨基酸,而羽毛蛋白饲料中胱氨酸含量高达 4.65％,故羽毛蛋白是毛皮动物饲料的一种理想的胱氨酸补充剂。